2.2.5 制作圣诞帽

2.3.5 绘制水果标签

第 2 章 课堂练习 绘制卡通火箭

第 2 章 课后习题 绘制档案盒图标

3.2.4 绘制汽车标志

3.4.7 绘制汉堡图标

第 3 章 课堂练习 绘制抽象插画

第 3 章 课后习题 绘制节能环保插画

4.1.3 制作唱片封面

第 4 章 课堂练习 绘制热气球插画

第 4 章 课后习题
制作招聘广告

5.2.5 制作旅游插画

5.6.4 绘制风景插画

第 5 章 课堂练习 制作生日蛋糕插画

第 5 章 课后习题 制作新年贺卡

6.3.7 制作冰淇淋招贴

第 6 章 课堂练习 制作冲浪宣传单

第 6 章 课后习题 制作圣诞邀请卡

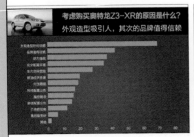

7.1.4 制作汽车数据统计表

7.3.3 制作汽车图案统计表

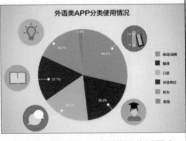

第 7 章 课堂练习 制作数据分析图表

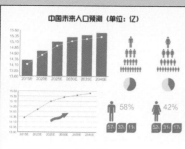

第 7 章 课后习题 制作人口预测图表　　　　　　　　8.2.3 制作体操门票

8.4.3 制作汽车广告　　　第 8 章 课堂练习 制作咖啡海报　　　第 8 章 课后习题 制作儿童节卡片

9.1.4 制作销售海报　　　　　　　　9.2.2 制作快餐广告

第 9 章 课堂练习 绘制星球插画　　　　　　第 9 章 课后习题 制作立体文字

10.3.5 绘制卡通小狐狸　　　　　　　　　　　　10.4.9 制作涂鸦文字

第 10 章 课堂练习 制作广告宣传页　　　　　　第 10 章 课后习题 制作月饼盒包装

11.2 绘制飞艇插画　　　11.3 绘制夏日沙滩插画　　第 11 章 课堂练习 1 绘制电话亭插画

第 11 章 课堂练习 2
绘制风景插画　　　第 11 章 课后习题 1 绘制情侣猫咪插画　　第 11 章 课后习题 2 绘制秋景插画

12.2 制作夏令营宣传单

12.3 制作促销宣传单

第 12 章 课堂练习 1 制作房地产宣传单

第 12 章 课堂练习 2 制作餐厅宣传单

第 12 章 课后习题 1 制作月饼宣传单

第 12 章 课后习题 2 制作书籍宣传单

13.2 制作太阳镜海报

13.3 制作汽车海报

第 13 章 课堂练习 1 制作手机海报

第 13 章 课堂练习 2
制作音乐会海报

第 13 章 课后习题 1 制作蛋糕海报

第 13 章 课后习题 2 制作旅游海报

14.2 制作冰箱广告

14.3 制作红酒广告

第 14 章 课堂练习 1
制作化妆品广告

第 14 章 课堂练习 2
制作果汁广告

第 14 章 课后习题 1
制作相机广告

第 14 章 课后习题 2
制作家居广告

15.2 制作杂志封面

15.3 制作旅游栏目

第 15 章 课堂练习 1 制作服饰栏目

第 15 章 课堂练习 2 制作家具栏目

第 15 章 课后习题 1 制作婚礼栏目

第 15 章 课后习题 2 制作珠宝栏目

16.2 制作文学书籍封面

16.3 制作旅行书籍封面

第 16 章 课堂练习 1 制作民间皮影书籍封面

第 16 章 课堂练习 2 制作旅游口语书籍封面

第 16 章 课后习题 1 制作心理学书籍封面

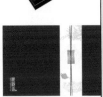

第 16 章 课后习题 2 制作儿童教育书籍封面　　17.2 制作麻辣香锅包装　　17.3 制作红枣酪包装　　第 17 章 课堂练习 1 制作茶包装盒

第 17 章 课堂练习 2 制作橄榄油包装　　第 17 章 课后习题 1 制作耳机包装　　第 17 章 课后习题 2 制作口香糖包装

18.2 制作标志　　18.3 制作模板　　18.4 制作标志制图

第 18 章 课堂练习 1 制作标志组合规范　　第 18 章 课堂练习 2 制作标准色　　第 18 章 课后习题 1 制作名片

第 18 章 课后习题 2 制作信封　　第 18 章 课后习题 3 制作纸杯　　第 18 章 课后习题 4 制作档案袋

工业和信息化人才培养规划教材

高职高专计算机系列

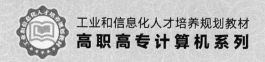

◎ 周建国 编著

Illustrator CC
平面设计应用教程

人民邮电出版社

北京

图书在版编目（CIP）数据

Illustrator CC平面设计应用教程 / 周建国编著
. -- 北京 ：人民邮电出版社，2015.9（2022.1重印）
工业和信息化人才培养规划教材. 高职高专计算机系列
ISBN 978-7-115-39329-6

Ⅰ. ①I… Ⅱ. ①周… Ⅲ. ①平面设计—图形软件—高等职业教育—教材 Ⅳ. ①TP391.412

中国版本图书馆CIP数据核字(2015)第107261号

内 容 提 要

  Illustrator 是一款功能强大的矢量图形处理和编辑软件。本书将对 Illustrator 目前的主流版本 Illustrator CC 的基本操作方法、各个绘图和编辑工具的使用、各种图表的设计方法以及效果的应用技巧进行详细的介绍。

  全书分为上下两篇。上篇为基础技能篇，主要包括初识 Illustrator CC、图形的绘制和编辑、路径的绘制与编辑、图形对象的组织、颜色填充与描边、文本的编辑、图表的编辑、图层和蒙版的使用、使用混合与封套效果、效果的使用等内容；下篇为案例实训篇，其中精心安排了插画设计、宣传单设计、海报设计、广告设计、杂志设计、书籍装帧设计、包装设计和 VI 设计几个应用领域的 51 个精彩实例，并对这些案例进行了全面的分析和讲解。

  本书适合作为高等职业院校数字媒体艺术类专业"Illustrator"课程的教材，也可供相关从业人员自学参考。

 ◆ 编　著　周建国
  责任编辑　桑　珊
  责任印制　杨林杰

 ◆ 人民邮电出版社出版发行　北京市丰台区成寿寺路 11 号
  邮编　100164　电子邮件　315@ptpress.com.cn
  网址　http://www.ptpress.com.cn
  北京九州迅驰传媒文化有限公司印刷

 ◆ 开本：787×1092　1/16　　　彩插：4
  印张：20　　　　　　　　　2015 年 9 月第 1 版
  字数：523 千字　　　　　　2022 年 1 月北京第 9 次印刷

定价：59.80 元（附光盘）

读者服务热线：**(010)81055256**　印装质量热线：**(010)81055316**
反盗版热线：**(010)81055315**
广告经营许可证：京东市监广登字 20170147 号

前言 FOREWORD

　　Illustrator 是由 Adobe 公司开发的矢量图形处理和编辑软件。它功能强大，易学易用，深受图形图像处理爱好者和平面设计人员的喜爱，已经成为这一领域最流行的软件之一。目前，我国很多高职院校的数字媒体艺术类专业，都将"Illustrator"作为一门重要的专业课程。为了帮助高职院校的教师全面、系统地讲授这门课程，使学生能够熟练地使用 Illustrator 来进行创意设计，我们几位长期在高职院校从事 Illustrator 教学的教师和专业平面设计公司中经验丰富的设计师，共同编写了本书。

　　本书具有完善的知识结构体系。在基础技能篇中，按照"软件功能解析 → 课堂案例 → 课堂练习 → 课后习题"这一思路进行编排。通过软件功能解析，使学生快速熟悉软件功能和制作特色；通过课堂案例演练，使学生深入学习软件功能和平面设计思路；通过课堂练习和课后习题，拓展学生的实际应用能力。在案例实训篇中，根据 Illustrator 在各个设计领域中的应用，精心安排了 51 个专业设计实例，通过对这些案例的全面分析和详细讲解，使学生在学习过程中更加贴近实际工作，艺术创意思维更加开阔，实际设计制作水平不断提升。在内容编写方面，我们力求细致全面、重点突出；在文字叙述方面，我们注意言简意赅、通俗易懂；在案例选取方面，我们强调案例的针对性和实用性。

　　本书配套光盘中包含了书中所有案例的素材及效果文件。另外，为方便教师教学，本书配备了详尽的课堂练习和课后习题的操作步骤视频以及 PPT 课件、教学大纲等丰富的教学资源，任课教师可到人民邮电出版社教学服务与资源网（www.ptpedu.com.cn）免费下载使用。本书的参考学时为 52 学时，其中实践环节为 24 学时，各章的参考学时见下面的学时分配表。

章　节	课程内容	学时分配	
		讲　授	实　训
第 1 章	初识 Illustrator CC	1	
第 2 章	图形的绘制和编辑	3	1
第 3 章	路径的绘制与编辑	1	1
第 4 章	图形对象的组织	1	1
第 5 章	颜色填充与描边	2	1
第 6 章	文本的编辑	2	1
第 7 章	图表的编辑	1	1
第 8 章	图层和蒙版的使用	1	1
第 9 章	使用混合与封套效果	1	1
第 10 章	效果的使用	3	1
第 11 章	插画设计	1	2
第 12 章	宣传单设计	1	2
第 13 章	海报设计	1	2
第 14 章	广告设计	1	1
第 15 章	杂志设计	2	2
第 16 章	书籍装帧设计	2	2
第 17 章	包装设计	2	2
第 18 章	VI 设计	2	2
课 时 总 计		28	24

由于编者水平有限，书中难免存在错误和不妥之处，敬请广大读者批评指正。

编　者

2015 年 3 月

Illustrator

教学辅助资源及配套教辅

素材类型	名称或数量	素材类型	名称或数量
教学大纲	1 套	课堂实例	33 个
电子教案	18 单元	课后实例	52 个
PPT 课件	18 个	课后答案	52 个
第 2 章 图形的绘制和 编辑	绘制圣诞帽	第 8 章 图层和蒙版的 使用	制作体操门票
	绘制水果标签		制作汽车广告
	绘制卡通火箭		制作咖啡海报
	绘制档案盒图标		制作儿童节卡片
第 3 章 路径的绘制与 编辑	绘制汽车标志	第 9 章 使用混合与封套 效果	制作销售海报
	绘制汉堡图标		制作快餐广告
	绘制抽象插画		绘制星球插画
	绘制节能环保插画		制作立体文字
第 4 章 图形对象的 组织	制作唱片封面	第 10 章 效果的使用	绘制卡通小狐狸
	绘制热气球插画		制作涂鸦文字
	制作招聘广告		制作广告宣传页
第 5 章 颜色填充与 描边	制作旅游插画		制作月饼盒包装
	绘制风景插画	第 11 章 插画设计	绘制飞艇插画
	制作生日蛋糕插画		绘制夏日沙滩插画
	制作新年贺卡		绘制电话亭插画
第 6 章 文本的编辑	制作冰淇淋招贴		绘制风景插画
	制作冲浪宣传单		绘制情侣猫咪插画
	制作圣诞邀请卡		绘制秋景插画
第 7 章 图表的编辑	制作汽车数据统计表	第 12 章 宣传单设计	制作夏令营宣传单
	制作汽车图案统计表		制作促销宣传单
	制作数据分析图表		制作房地产宣传单
	制作人口预测图表		制作餐厅宣传单

素材类型	名称或数量	素材类型	名称或数量
	制作月饼宣传单		制作文学书籍封面
	制作书籍宣传单		制作旅行书籍封面
第 13 章 海报设计	制作太阳镜海报	第 16 章 书籍装帧设计	制作民间皮影书籍封面
	制作汽车海报		制作旅游口语书籍封面
	制作手机海报		制作心理学书籍封面
	制作演唱会海报		制作儿童教育书籍封面
	制作蛋糕海报	第 17 章 包装设计	制作麻辣香锅包装
	制作旅游海报		制作红枣酪包装
第 14 章 广告设计	制作冰箱广告		制作茶叶包装盒
	制作红酒广告		制作橄榄油包装
	制作化妆品广告		制作耳机包装
	制作果汁广告		制作口香糖包装
	制作相机广告	第 18 章 VI 设计	制作标志
	制作家居广告		制作模板
第 15 章 杂志设计	制作杂志封面		制作标志制图
	制作旅游栏目		制作标志组合规范
	制作服饰栏目		制作标准色
	制作家具栏目		制作名片
	制作婚礼栏目		制作信封
	制作珠宝栏目		制作纸杯
			制作档案袋

上篇　基础技能篇

CONTENTS
目录

CONTENTS

目录

CONTENTS
目录

第 10 章 效果的使用 155

下篇　案例实训篇

第 11 章 插画设计 184

CONTENTS
目录

CONTENTS
目录

上篇　基础技能篇

第 1 章　初识 Illustrator CC

本章将介绍 Illustrator CC 的工作界面，以及文件的基本操作和图像的显示效果。通过本章的学习，读者可以掌握 Illustrator CC 的基本功能，为进一步学习好 Illustrator CC 打下坚实的基础。

课堂学习目标	/ 掌握Illustrator CC的工作界面
	/ 熟练掌握文件的基本操作方法
	/ 掌握标尺、参考线和网格的使用方法

1.1　Illustrator CC 工作界面的介绍

Illustrator CC 的工作界面主要由菜单栏、工具箱、工具属性栏、控制面板、页面区域、滚动条以及状态栏等部分组成，如图 1-1 所示。

图 1-1

菜单栏：包括 Illustrator CC 中所有的操作命令，主要有 9 个主菜单，每一个菜单又有各自的子菜单。通过选择这些命令可以完成基本操作。

工具属性栏：当选择工具箱中的一个工具后，会在 Illustrator CC 的工作界面中出现该工具的属性栏。

工具箱：包括 Illustrator CC 中所有的工具，大部分工具还有其展开式工具栏。其中包括与该工具功能类似的工具，可以更方便、快捷地进行绘图与编辑。

控制面板：使用控制面板可以快速调出许多用来设置数值和调节功能的面板，它是 Illustrator CC 中最重要的组件之一。控制面板是可以折叠的，可根据需要分离或组合，非常灵活。

页面区域：指在工作界面的中间以黑色实线框出的矩形区域，这个区域的大小就是用户设置的页面大小。

滚动条：当屏幕内不能完全显示出整个文档的时候，通过对滚动条的拖曳可以实现对整个文档的全部浏览。

状态栏：显示当前文档视图的显示比例，当前正使用的工具、时间和日期等信息。

1.1.1 菜单栏及其快捷方式

熟练地使用菜单栏能够快速有效地绘制和编辑图像，达到事半功倍的效果，下面详细讲解菜单栏。

Illustrator CC 中的菜单栏包含"文件""编辑""对象""文字""选择""效果""视图""窗口"和"帮助"这 9 个菜单，如图 1-2 所示。每个菜单里又包含相应的子菜单。

文件(F)　编辑(E)　对象(O)　文字(T)　选择(S)　效果(C)　视图(V)　窗口(W)　帮助(H)

图 1-2

每个下拉菜单的左边是命令的名称，在经常使用的命令右边是该命令的组合键，要执行该命令，可以直接按键盘上的组合键，这样可以提高操作速度。例如，"选择 > 全部"命令的组合键为 Ctrl+A。

有些命令的右边有一个黑色的三角形"▶"，表示该命令还有相应的子菜单，用鼠标单击三角形▶，即可弹出其子菜单。有些命令的后面有省略号"…"，表示用鼠标单击该命令可以弹出相应对话框，在对话框中可进行更详尽的设置。有些命令呈灰色，表示该命令在当前状态下为不可用，需要选中相应的对象或在合适的设置时，该命令才会变为黑色，呈可用状态。

1.1.2 工具箱

Illustrator CC 的工具箱内包括了大量具有强大功能的工具。这些工具可以使用户在绘制和编辑图像的过程中，制作出更加精彩的效果。工具箱如图 1-3 所示。

工具箱中部分工具按钮的右下角带有一个黑色三角形，表示该工具还有展开工具组，用鼠标按住该工具不放，即可弹出展开工具组。例如，用鼠标按住文字工具 T，将展开文字工具组，如图 1-4 所示。用鼠标单击文字工具组右边的黑色三角形，如图 1-5 所示；

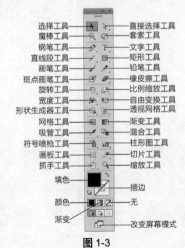

图 1-3

文字工具组就从工具箱中分离出来，成为一个相对独立的工具栏，如图 1-6 所示。

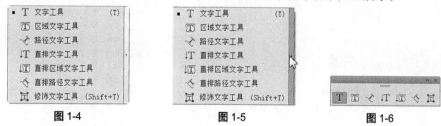

图 1-4   图 1-5   图 1-6

下面分别介绍各个展开式工具组。

直接选择工具组：包括 2 个工具，直接选择工具和编组选择工具，如图 1-7 所示。

钢笔工具组：包括 4 个工具，钢笔工具、添加锚点工具、删除锚点工具和转换锚点工具，如图 1-8 所示。

文字工具组：包括 7 个工具，文字工具、区域文字工具、路径文字工具、直排文字工具、直排区域文字工具、直排路径文字工具和修饰文字工具，如图 1-9 所示。

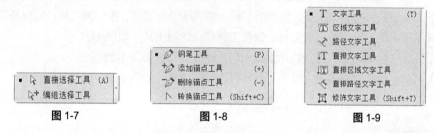

图 1-7   图 1-8   图 1-9

直线段工具组：包括 5 个工具，直线段工具、弧形工具、螺旋线工具、矩形网格工具和极坐标网格工具，如图 1-10 所示。

矩形工具组：包括 6 个工具，矩形工具、圆角矩形工具、椭圆工具、多边形工具、星形工具和光晕工具，如图 1-11 所示。

铅笔工具组：包括 3 个工具，铅笔工具、平滑工具和路径橡皮擦工具，如图 1-12 所示。

橡皮擦工具组：包括 3 个工具，橡皮擦工具、剪刀工具和刻刀，如图 1-13 所示。

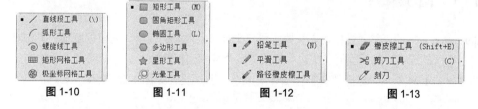

图 1-10   图 1-11   图 1-12   图 1-13

旋转工具组：包括 2 个工具，旋转工具和镜像工具，如图 1-14 所示。

比例缩放工具组：包括 3 个工具，比例缩放工具、倾斜工具和整形工具，如图 1-15 所示。

宽度工具组：包括 8 个工具，宽度工具、变形工具、旋转扭曲工具、缩拢工具、膨胀工具、扇贝工具、晶格化工具和皱褶工具，如图 1-16 所示。

形状生成器工具组：包括 3 个工具，形状生成器工具、实时上色工具和实时上色选择工具，如图 1-17 所示。

透视网格工具组：包括 2 个工具，透视网格工具和透视选区工具，如图 1-18 所示。

吸管工具组：包括 2 个工具，吸管工具和度量工具，如图 1-19 所示。

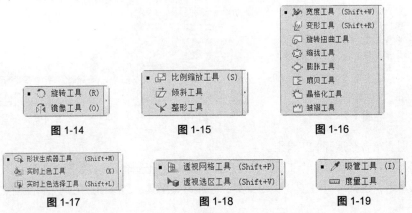

图 1-14   图 1-15   图 1-16

图 1-17   图 1-18   图 1-19

符号喷枪工具组：包括 8 个工具，符号喷枪工具、符号移位器工具、符号紧缩器工具、符号缩放器工具、符号旋转器工具、符号着色器工具、符号滤色器工具和符号样式器工具，如图 1-20 所示。

柱形图工具组：包括 9 个工具，柱形图工具、堆积柱形图工具、条形图工具、堆积条形图工具、折线图工具、面积图工具、散点图工具、饼图工具和雷达图工具，如图 1-21 所示。

切片工具组：包括 2 个工具，切片工具和切片选择工具，如图 1-22 所示。

抓手工具组：包括 2 个工具，抓手工具和打印拼贴工具，如图 1-23 所示。

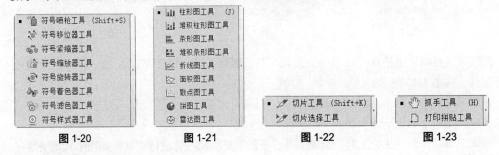

图 1-20   图 1-21   图 1-22   图 1-23

1.1.3　工具属性栏

Illustrator CC 的工具属性栏可以快捷应用与所选对象相关的选项。它根据所选工具和对象的不同来显示不同的选项，包括画笔、描边和样式等多个控制面板的功能。选择路径对象的锚点后，工具属性栏如图 1-24 所示。选择"文字"工具 T 后，工具属性栏如图 1-25 所示。

图 1-24

图 1-25

1.1.4　控制面板

Illustrator CC 的控制面板位于工作界面的右侧，它包括了许多实用、快捷的工具和命令。随着

Illustrator CC 功能的不断增强，控制面板也相应地不断改进，发展得更加合理，为用户绘制和编辑图像带来了更便捷的体验。控制面板以组的形式出现，图 1-26 所示是其中的一组控制面板。

用鼠标选中并按住"色板"控制面板的标题不放，如图 1-27 所示；向页面中拖曳，如图 1-28 所示。拖曳到控制面板组外时，释放鼠标左键，将形成独立的控制面板，如图 1-29 所示。

用鼠标单击控制面板右上角的折叠为图标按钮 ◄◄ 和展开按钮 ►► 来折叠或展开控制面板，效果如图 1-30 所示。用鼠标单击控制面板右下角的图标 ▨，并按住鼠标左键不放，拖曳鼠标可放大或缩小控制面板。

绘制图形图像时，经常需要选择不同的选项和数值，可以通过控制面板直接操作。通过选择"窗口"菜单中的各个命令可以显示或隐藏控制面板。这样可省去反复选择命令或关闭窗口的麻烦。控制面板为设置数值和修改命令提供了一个方便快捷的平台，使软件的交互性更强。

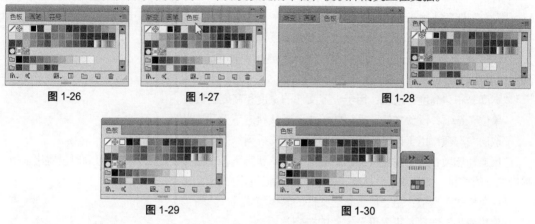

图 1-26　　　　　　图 1-27　　　　　　图 1-28

图 1-29　　　　　　图 1-30

1.1.5　状态栏

状态栏在工作界面的最下面，包括 5 个部分，如图 1-31 所示。左侧的 ⬀ 按钮为在 Behance 上共享的按钮；第 2 部分的百分比表示当前文档的显示比例；第 3 部分是画板导航，可在画板间切换；第 4 部分显示当前使用的工具，当前的日期、时间，文件操作的还原次数以及文档配置文件等；最右侧是滚动条，当绘制的图像过大不能完全显示时，可以通过拖曳滚动条浏览整个图像。

图 1-31

1.2　文件的基本操作

在开始设计和制作平面设计作品前，需要掌握一些基本的文件操作方法。下面将介绍新建、打开、保存和关闭文件的基本方法。

1.2.1　新建文件

选择"文件 > 新建"命令（组合键为 Ctrl+N），弹出"新建文档"对话框，如图 1-32 所示。

设置相应的选项后，单击"确定"按钮，即可建立一个新的文档。

"名称"选项：可以在选项中输入新建文件的名称，默认状态下为"未标题－1"。

"配置文件"选项：可以选择不同的配置文件。

"画板数量"选项：可以设置页面中画板的数量。当数量为多页时，右侧的按钮和下方的"间距""列数"选项显示为可编辑状态。

图 1-32

按钮：画板的排列方法及排列方向。

"间距"选项：可以设置画板之间的间距。

"列数"选项：用于设置画板的列数。

"大小"选项：可以在下拉列表中选择系统预先设置的文件尺寸，也可以在下方的"宽度"和"高度"选项中自定义文件尺寸。

"宽度"和"高度"选项：用于设置文件的宽度和高度的数值。

"单位"选项：设置文件所采用的单位，默认状态下为"毫米"。

"取向"选项：用于设置新建页面竖向或横向排列。

"出血"选项：用于设置页面的出血值。默认状态下，右侧为锁定 状态，可同时设置出血值；单击右侧的按钮，使其处于解锁状态，可单独设置出血值。

"颜色模式"选项：用于设置新建文件的颜色模式。

"栅格效果"选项：用于设置文件的栅格效果。

"预览模式"选项：用于设置文件的预览模式。

模板(T)... 按钮：单击弹出"从模板新建"对话框，选择需要的模板来新建文件。

1.2.2 打开文件

选择"文件 > 打开"命令（组合键为 Ctrl+O），弹出"打开"对话框，如图 1-33 所示。在"查找范围"选项框中选择要打开的文件，单击"打开"按钮，即可打开选择的文件。

1.2.3 保存文件

当用户第 1 次保存文件时，选择"文件 > 存储"命令（组合键为 Ctrl+S），弹出"存储为"对话框，如图 1-34 所示，在对话框中输入要保存文件的名称，设置保存文件的路径、类型。设置完成后，单击"保存"按钮，即可保存文件。

当用户对图形文件进行了各种编辑操作并保存后，再选择"存储"命令时，将不弹出"存储为"对话框，计算机直接保留最终确认的结果，并覆盖原文件。因此，在未确定要放弃原始文件之前，应慎用此命令。

若既要保留修改过的文件，又不想放弃原文件，则可以用"存储为"命令。选择菜单"文件 > 存储为"命令（组合键为 Shift+Ctrl+S），弹出"存储为"对话框，在这个对话框中，可以为修改过的文件重新命名，并设置文件的路径和类型。设置完成后，单击"保存"按钮，原文件依旧保留不变，修改过的文件被另存为一个新的文件。

图 1-33　　　　　　　　　　　　　　　　　　图 1-34

1.2.4　关闭文件

选择"文件 > 关闭"命令（组合键为 Ctrl+W），如图 1-35 所示，可将当前文件关闭。"关闭"命令只有当有文件被打开时才呈现为可用状态。

也可单击绘图窗口右上角的按钮 来关闭文件。若当前文件被修改过或是新建的文件，那么在关闭文件的时候系统会弹出一个提示框，如图 1-36 所示。单击"是"按钮即可先保存文件再关闭文件，单击"否"按钮即不保存文件的更改而直接关闭文件，单击"取消"按钮即取消关闭文件的操作。

图 1-35　　　　　　　　　　　　　　　　　　图 1-36

1.3　标尺和参考线的使用

Illustrator CC 提供了标尺和参考线等工具，利用这些工具可以帮助用户对所绘制和编辑的图形图像进行精确定位，还可测量图形图像的准确尺寸。

1.3.1　标尺

选择"视图 > 标尺 > 显示标尺"命令（组合键为 Ctrl+R），显示出标尺，效果如图 1-37 所示。如果要将标尺隐藏，可以选择"视图 > 标尺 > 隐藏标尺"命令（组合键为 Ctrl+R），将标尺隐藏。

如果需要设置标尺的显示单位，选择"编辑 > 首选项 > 单位"命令，弹出"首选项"对话框，如图 1-38 所示，可以在"常规"选项的下拉列表中设置标尺的显示单位。

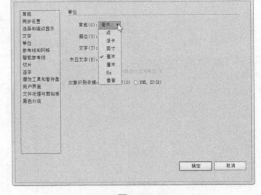

图 1-37   图 1-38

如果仅需要对当前文件设置标尺的显示单位，选择"文件 >
文档设置"命令，弹出"文档设置"对话框，如图 1-39 所示，可
以在"单位"选项的下拉列表中设置标尺的显示单位。这种方法设
置的标尺单位对以后新建立的文件标尺单位不起作用。

在系统默认的状态下，标尺的坐标原点在工作页面的左下角，
如果想要更改坐标原点的位置，单击水平标尺与垂直标尺的交点并
拖曳到页面中，释放鼠标，即可将坐标原点设置在此处。如果想要
恢复标尺原点的默认位置，双击水平标尺与垂直标尺的交点即可。

1.3.2　参考线

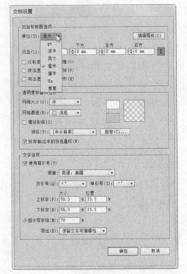

如果想要添加参考线，可以用鼠标在水平或垂直标尺上向页面
中拖曳参考线；也可以在标尺的特定位置双击创建参考线；还可根
据需要将图形或路径转换为参考线。选中要转换的路径，如图 1-40
所示；选择"视图 > 参考线 > 建立参考线"命令，将选中的路
径转换为参考线，如图 1-41 所示。选择"视图 > 参考线 > 释放参考线"命令，可以将选中的参考
线转换为路径。

图 1-39

技 巧　　　　按住 Shift 键并在标尺上双击，创建的参考线会自动与标尺上最接近的刻度
对齐。

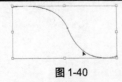

图 1-40   图 1-41

选择"视图 > 参考线 > 锁定参考线"命令，可以将参考线锁定。选择"视图 > 参考线 > 隐
藏参考线"命令，可以将参考线隐藏。选择"视图 > 参考线 > 清除参考线"命令，可以清除参考
线。选择"视图 > 智能参考线"命令，可以显示智能参考线。当图形移动或旋转到一定角度时，智
能参考线就会高亮显示并给出提示信息。

第 2 章　图形的绘制和编辑

本章将讲解 Illustrator CC 中基本图形工具的使用方法、Illustrator CC 的手绘图形工具及其修饰方法，并详细讲解对象的编辑方法。认真学习本章的内容，可以掌握 Illustrator CC 的绘图功能和其特点以及编辑对象的方法，为进一步学习 Illustrator CC 打好基础。

课堂学习目标	/ 掌握绘制线段和网格的方法
	/ 熟练掌握基本图形的绘制技巧
	/ 掌握手绘工具的使用方法
	/ 熟练掌握对象的编辑技巧

2.1　绘制线段

在平面设计中，直线和弧线是经常使用的线型。使用"直线段"工具□和"弧形"工具□可以创建任意的直线和弧线，对其进行编辑和变形，可以得到更多复杂的图形对象。下面，将详细讲解这些工具的使用方法。

2.1.1　绘制直线

1．拖曳鼠标绘制直线

选择"直线段"工具□，在页面中需要的位置单击并按住鼠标左键不放，拖曳光标到需要的位置，释放鼠标左键，绘制出一条任意角度的斜线，效果如图 2-1 所示。

选择"直线段"工具□，按住 Shift 键，在页面中需要的位置单击并按住鼠标左键不放，拖曳光标到需要的位置，释放鼠标左键，绘制出水平、垂直或 45° 角及其倍数的直线，效果如图 2-2 所示。

选择"直线段"工具□，按住 Alt 键，在页面中需要的位置单击鼠标并按住鼠标左键不放，拖曳光标到需要的位置，释放鼠标左键，绘制出以鼠标单击点为中心的直线（由单击点向两边扩展）。

选择"直线段"工具□，按住 ~ 键，在页面中需要的位置单击并按住鼠标左键不放，拖曳光标到需要的位置，释放鼠标左键，绘制出多条直线（系统自动设置），效果如图 2-3 所示。

图 2-1　　　　　图 2-2　　　　　图 2-3

2．精确绘制直线

选择"直线段"工具，并在页面中需要的位置单击鼠标，或双击"直线段"工具，都将弹出"直线段工具选项"对话框，如图 2-4 所示。在对话框中，"长度"选项可以设置线段的长度，"角度"选项可以设置线段的倾斜度，勾选"线段填色"复选项可以填充直线组成的图形。设置完成后，单击"确定"按钮，得到图 2-5 所示的直线。

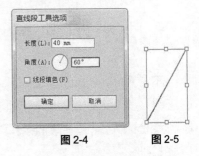

图 2-4   图 2-5

2.1.2 绘制弧线

1．拖曳光标绘制弧线

选择"弧形"工具，在页面中需要的位置单击并按住鼠标左键不放，拖曳光标到需要的位置，释放鼠标左键，绘制出一段弧线，效果如图 2-6 所示。

选择"弧形"工具，按住 Shift 键，在页面中需要的位置单击并按住鼠标左键不放，拖曳光标到需要的位置，释放鼠标左键，绘制出在水平和垂直方向上长度相等的弧线，效果如图 2-7 所示。

选择"弧形"工具，按住 ~ 键，在页面中需要的位置单击并按住鼠标左键不放，拖曳光标到需要的位置，释放鼠标左键，绘制出多条弧线，效果如图 2-8 所示。

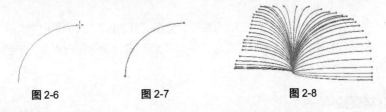

图 2-6   图 2-7   图 2-8

2．精确绘制弧线

选择"弧形"工具，并在页面中需要的位置单击鼠标，或双击"弧形"工具，都将弹出"弧线段工具选项"对话框，如图 2-9 所示。在对话框中，"X 轴长度"选项可以设置弧线水平方向的长度，"Y 轴长度"选项可以设置弧线垂直方向的长度，"类型"选项可以设置弧线类型，"基线轴"选项可以选择坐标轴，勾选"弧线填色"复选项可以填充弧线。设置完成后，单击"确定"按钮，得到图 2-10 所示的弧形。输入不同的数值，将会得到不同的弧形，效果如图 2-11 所示。

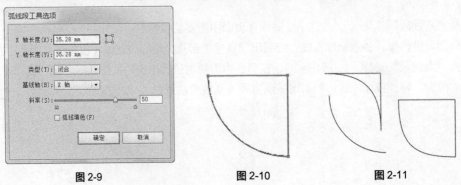

图 2-9   图 2-10   图 2-11

2.2 绘制基本图形

矩形、圆形、多边形和星形是最简单、最基本、也是最重要的图形。在 Illustrator CC 中，矩形工具、圆角矩形工具、椭圆工具、多边形工具和星形工具的使用方法比较类似，通过使用这些工具，可以很方便地在绘图页面上拖曳光标绘制出各种形状，还能够通过设置相应的对话框精确绘制图形。

2.2.1 绘制矩形和圆角矩形

1．使用光标绘制矩形

选择"矩形"工具█，在页面中需要的位置单击并按住鼠标左键不放，拖曳光标到需要的位置，释放鼠标左键，绘制出一个矩形，效果如图 2-12 所示。

选择"矩形"工具█，按住 Shift 键，在页面中需要的位置单击并按住鼠标左键不放，拖曳光标到需要的位置，释放鼠标左键，绘制出一个正方形，效果如图 2-13 所示。

选择"矩形"工具█，按住 ~ 键，在页面中需要的位置单击并按住鼠标左键不放，拖曳光标到需要的位置，释放鼠标左键，绘制出多个矩形，效果如图 2-14 所示。

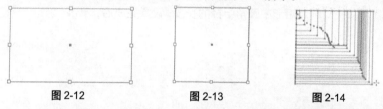

图 2-12   图 2-13   图 2-14

提示

选择"矩形"工具█，按住 Alt 键，在页面中需要的位置单击并按住鼠标左键不放，拖曳光标到需要的位置，释放鼠标左键，可以绘制一个以鼠标单击点为中心的矩形。

选择"矩形"工具█，按住 Alt+Shift 组合键，在页面中需要的位置单击并按住鼠标左键不放，拖曳光标到需要的位置，释放鼠标左键，可以绘制一个以鼠标单击点为中心的正方形。

选择"矩形"工具█，在页面中需要的位置单击并按住鼠标左键不放，拖曳光标到需要的位置，再按住 Space 键，可以暂停绘制工作而在页面上任意移动未绘制完成的矩形，释放 Space 键后可继续绘制矩形。

上述方法在使用"圆角矩形"工具█、"椭圆"工具⬭、"多边形"工具⬤、"星形"工具★时同样适用。

2．精确绘制矩形

选择"矩形"工具█并在页面中需要的位置单击，弹出"矩形"对话框，如图 2-15 所示。在对话框中，"宽度"选项可以设置矩形的宽度，"高度"选项可以设置矩形的高度。设置完成后，单击"确定"按钮，得到图 2-16 所示的矩形。

图 2-15

图 2-16

3．使用光标绘制圆角矩形

选择"圆角矩形"工具 ，在页面中需要的位置单击并按住鼠标左键不放，拖曳光标到需要的位置，释放鼠标左键，绘制出一个圆角矩形，效果如图 2-17 所示。

选择"圆角矩形"工具 ，按住 Shift 键，在需要的位置单击并按住鼠标左键不放，拖曳光标到需要的位置，释放鼠标左键，可以绘制一个宽度和高度相等的圆角矩形，效果如图 2-18 所示。

选择"圆角矩形"工具 ，按住 ~ 键，在页面中需要的位置单击并按住鼠标左键不放，拖曳光标到需要的位置，释放鼠标左键，绘制出多个圆角矩形，效果如图 2-19 所示。

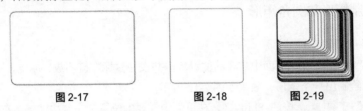

图 2-17   图 2-18   图 2-19

4．精确绘制圆角矩形

选择"圆角矩形"工具 ，在页面中需要的位置单击，弹出"圆角矩形"对话框，如图 2-20 所示。在对话框中，"宽度"选项可以设置圆角矩形的宽度，"高度"选项可以设置圆角矩形的高度，"圆角半径"选项可以控制圆角矩形中圆角半径的长度；设置完成后，单击"确定"按钮，得到图 2-21 所示的圆角矩形。

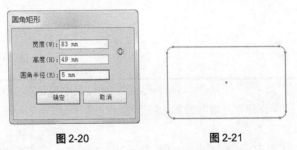

图 2-20   图 2-21

2.2.2　绘制椭圆形和圆形

1．使用光标绘制椭圆形

选择"椭圆"工具 ，在页面中需要的位置单击并按住鼠标左键不放，拖曳光标到需要的位置，释放鼠标左键，绘制出一个椭圆形，如图 2-22 所示。

选择"椭圆"工具 ，按住 Shift 键，在页面中需要的位置单击并按住鼠标左键不放，拖曳光标到需要的位置，释放鼠标左键，绘制出一个正圆形，效果如图 2-23 所示。

选择"椭圆"工具 ，按住 ~ 键，在页面中需要的位置单击并按住鼠标左键不放，拖曳光标到需要的位置，释放鼠标左键，可以绘制多个椭圆形，效果如图 2-24 所示。

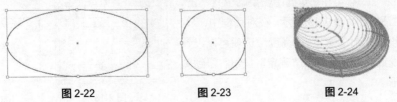

图 2-22   图 2-23   图 2-24

2．精确绘制椭圆形

选择"椭圆"工具 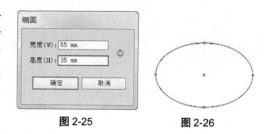，在页面中需要的位置单击，弹出"椭圆"对话框，如图 2-25 所示。在对话框中，"宽度"选项可以设置椭圆形的宽度，"高度"选项可以设置椭圆形的高度。设置完成后，单击"确定"按钮，得到图 2-26 所示的椭圆形。

图 2-25　　　　　图 2-26

2.2.3　绘制多边形

1．使用鼠标绘制多边形

选择"多边形"工具 ⬡，在页面中需要的位置单击并按住鼠标左键不放，拖曳光标到需要的位置，释放鼠标左键，绘制出一个多边形，如图 2-27 所示。

选择"多边形"工具 ⬡，按住 Shift 键，在页面中需要的位置单击并按住鼠标左键不放，拖曳光标到需要的位置，释放鼠标左键，绘制出一个正多边形，效果如图 2-28 所示。

选择"多边形"工具 ⬡，按住 ~ 键，在页面中需要的位置单击并按住鼠标左键不放，拖曳光标到需要的位置，释放鼠标左键，绘制出多个多边形，效果如图 2-29 所示。

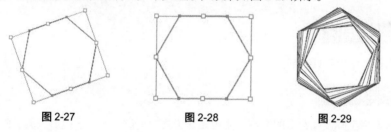

图 2-27　　　　　图 2-28　　　　　图 2-29

2．精确绘制多边形

选择"多边形"工具 ⬡，在页面中需要的位置单击，弹出"多边形"对话框，如图 2-30 所示。在对话框中，"半径"选项可以设置多边形的半径，半径指的是从多边形中心点到多边形顶点的距离，而中心点一般为多边形的重心；"边数"选项可以设置多边形的边数。设置完成后，单击"确定"按钮，得到图 2-31 所示的多边形。

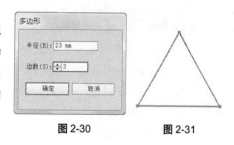

图 2-30　　　　　图 2-31

2.2.4　绘制星形

1．使用鼠标绘制星形

选择"星形"工具 ☆，在页面中需要的位置单击并按住鼠标左键不放，拖曳光标到需要的位置，释放鼠标左键，绘制出一个星形，效果如图 2-32 所示。

选择"星形"工具 ☆，按住 Shift 键，在页面中需要的位置单击并按住鼠标左键不放，拖曳光标到需要的位置，释放鼠标左键，绘制出一个正星形，效果如图 2-33 所示。

选择"星形"工具 ☆，按住 ~ 键，在页面中需要的位置单击并按住鼠标左键不放，拖曳光标到需要的位置，释放鼠标左键，绘制出多个星形，效果如图 2-34 所示。

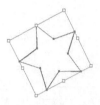
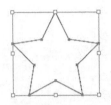

图 2-32　　　　　　图 2-33　　　　　　图 2-34

2．精确绘制星形

选择"星形"工具 ，在页面中需要的位置单击，弹出"星形"对话框，如图 2-35 所示。在对话框中，"半径 1"选项可以设置从星形中心点到各外部角的顶点的距离，"半径 2"选项可以设置从星形中心点到各内部角的端点的距离，"角点数"选项可以设置星形中的边角数量。设置完成后，单击"确定"按钮，得到图 2-36 所示的星形。

图 2-35　　　　　　图 2-36

2.2.5　课堂案例——绘制圣诞帽

📝 **案例学习目标**

学习使用基本图形工具绘制圣诞帽。

📝 **案例知识要点**

使用直接选择工具调整圆形的锚点，使用矩形工具、星形工具、多边形工具、圆角矩形工具和椭圆工具绘制圣诞帽，效果如图 2-37 所示。

📝 **效果所在位置**

光盘/Ch02/效果/绘制圣诞帽.ai。

（1）按 Ctrl+N 组合键新建一个文档，宽度为 210mm，高度为 290mm，取向为竖向，颜色模式为 CMYK，单击"确定"按钮。选择"矩形"工具 ▣，在适当的位置绘制矩形，设置图形填充色的 C、M、Y、K 值分别为 85、85、40、0，填充图形，并设置描边色为无，效果如图 2-38 所示。

（2）选择"椭圆"工具 ◉，按住 Shift 键的同时，在适当的位置绘制圆形，设置图形填充色的 C、M、Y、K 值分别为 0、25、100、0，填充图形，并设置描边色为无，效果如图 2-39 所示。

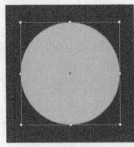

图 2-37　　　　　　图 2-38　　　　　　图 2-39

（3）选择"椭圆"工具 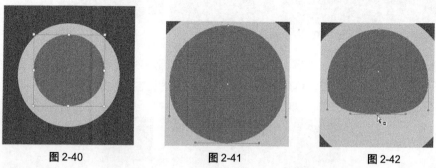，按住 Shift 键的同时，在适当的位置绘制圆形，设置图形填充色的
C、M、Y、K 值分别为 0、85、65、0，填充图形，并设置描边色为无，效果如图 2-40 所示。选择
"直接选择"工具，双击圆形的下方锚点，如图 2-41 所示。向上拖曳锚点至适当位置，如图 2-42
所示。

图 2-40　　　　　　　图 2-41　　　　　　　图 2-42

（4）选择"圆角矩形"工具，在页面中单击鼠标，弹出"圆角矩形"对话框，设置如图 2-43
所示，单击"确定"按钮，得到一个圆角矩形，如图 2-44 所示。设置图形填充色为白色，填充图形，
并设置描边色为无，效果如图 2-45 所示。

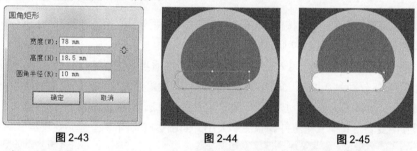

图 2-43　　　　　　　图 2-44　　　　　　　图 2-45

（5）选择"多边形"工具，在页面中单击鼠标，弹出"多边形"对话框，设置如图 2-46 所
示，单击"确定"按钮，得到一个五边形，如图 2-47 所示。设置图形填充色的 C、M、Y、K 值分
别为 0、85、65、25，填充图形，并设置描边色为无，效果如图 2-48 所示。

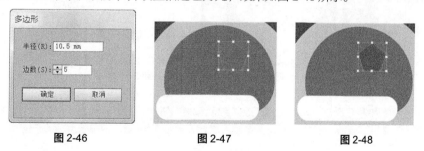

图 2-46　　　　　　　图 2-47　　　　　　　图 2-48

（6）选择"矩形"工具，在适当的位置绘制矩形，填充图形为白色，并设置描边色为无，效
果如图 2-49 所示。选择"选择"工具，将选取的矩形进行旋转，效果如图 2-50 所示。按住 Alt
键的同时，拖曳选取的矩形到适当位置，如图 2-51 所示。

（7）选择"选择"工具，按住 Shift 键的同时，单击两个白色矩形，将两个白色矩形选取，
按 Ctrl+G 组合键将其编组，效果如图 2-52 所示。用相同方法制作其他图形，效果如图 2-53 所示。

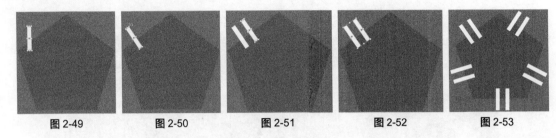

| 图 2-49 | 图 2-50 | 图 2-51 | 图 2-52 | 图 2-53 |

（8）选择"钢笔"工具 ✐ ，在适当的位置绘制图形，如图 2-54 所示。设置图形填充色的 C、M、Y、K 值分别为 0、85、65、25，填充图形，并设置描边色为无，效果如图 2-55 所示。按 Ctrl+[组合键，将图形向后移动一层，效果如图 2-56 所示。

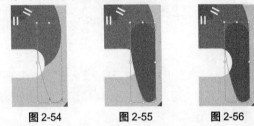

| 图 2-54 | 图 2-55 | 图 2-56 |

（9）选择"椭圆"工具 ◯ ，按住 Shift 键的同时，在适当的位置绘制圆形，填充图形为白色，并设置描边色为无，效果如图 2-57 所示。

（10）选择"星形"工具 ★ ，按住 Shift 键的同时，在适当的位置绘制五角星，设置图形填充色的 C、M、Y、K 值分别为 0、85、65、0，填充图形，并设置描边色为无，效果如图 2-58 所示。

（11）选择"选择"工具 ▶ ，按住 Alt 键的同时，拖曳选取的五角星到适当位置，如图 2-59 所示。用相同方法复制出其他五角星并调整图形大小，如图 2-60 所示。圣诞帽效果绘制完成。

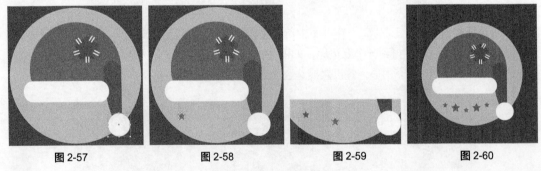

| 图 2-57 | 图 2-58 | 图 2-59 | 图 2-60 |

2.3 手绘图形

Illustrator CC 提供了铅笔工具和画笔工具，用户可以使用这些工具绘制种类繁多的图形和路径，还提供了平滑工具和路径橡皮擦工具来修饰绘制的图形和路径。

2.3.1 使用画笔工具

画笔工具可以绘制出样式繁多的精美线条和图形，绘制出风格迥异的图像。调节不同的刷头还可以达到不同的绘制效果。

选择"画笔"工具，选择"窗口 > 画笔"命令，弹出"画笔"控制面板，如图 2-61 所示。在控制面板中选择任意一种画笔样式。在页面中需要的位置单击并按住鼠标左键不放，向右拖曳光标进行线条的绘制，释放鼠标左键，线条绘制完成，如图 2-62 所示。

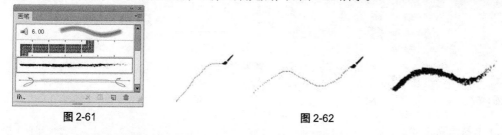

图 2-61　　　　　　　　　　　　　　　　　　图 2-62

选取绘制的线条，如图 2-63 所示，选择"窗口 > 描边"命令，弹出"描边"控制面板，在控制面板中的"粗细"选项中选择或设置需要的描边大小，如图 2-64 所示，线条的效果如图 2-65 所示。

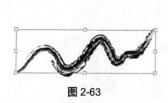  

图 2-63　　　　　　　　　　图 2-64　　　　　　　　　　图 2-65

双击"画笔"工具，弹出"画笔工具选项"对话框，如图 2-66 所示。在对话框的"容差"选项组中，"保真度"选项可以调节绘制曲线上的点的精确度，"平滑度"选项可以调节绘制曲线的平滑度。在"选项"选项组中，勾选"填充新画笔描边"复选项，则每次使用画笔工具绘制图形时，系统都会自动地以默认颜色来填充对象的笔画；勾选"保持选定"复选项，绘制的曲线处于被选取状态；勾选"编辑所选路径"复选项，画笔工具可以对选中的路径进行编辑。

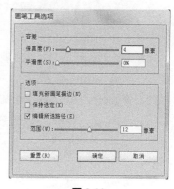

图 2-66

2.3.2　使用"画笔"控制面板

选择"窗口 > 画笔"命令，弹出"画笔"控制面板。在"画笔"控制面板中包含了许多的内容，下面进行详细讲解。

1．画笔类型

Illustrator CC 包括了 5 种类型的画笔，即散点画笔、书法画笔、毛刷画笔、图案画笔和艺术画笔。

（1）散点画笔。

单击"画笔"控制面板右上角的图标，将弹出其下拉菜单，在系统默认状态下"显示散点画笔"命令为灰色，选择"打开画笔库"命令，弹出子菜单，如图 2-67 所示。在弹出的菜单中选择任意一种散点画笔，弹出相应的控制面板，如图 2-68 所示。在控制面板中单击画笔，画笔就被加载到"画笔"控制面板中，如图 2-69 所示。选择任意一种散点画笔，再选择"画笔"工具 ✐，用鼠标在页面上连续单击或进行拖曳，就可以绘制出需要的图像，效果如图 2-70 所示。

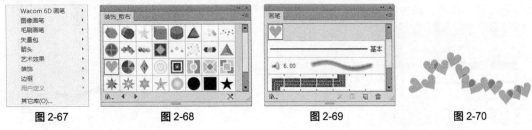

图 2-67　　　　　图 2-68　　　　　图 2-69　　　　　图 2-70

（2）书法画笔。

在系统默认状态下，书法画笔为显示状态，"画笔"控制面板的第 1 排为书法画笔，如图 2-71 所示。选择任意一种书法画笔，选择"画笔"工具 ✐，在页面中需要的位置单击并按住鼠标左键不放，拖曳光标进行线条的绘制，释放鼠标左键，线条绘制完成，效果如图 2-72 所示。

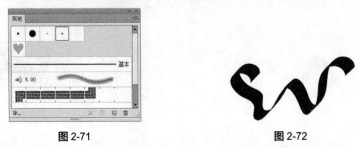

图 2-71　　　　　　　　　　　　　图 2-72

（3）毛刷画笔。

在系统默认状态下，毛刷画笔为显示状态，"画笔"控制面板的第 3 排为毛刷画笔，如图 2-73 所示。选择"画笔"工具 ✐，在页面中需要的位置单击并按住鼠标左键不放，拖曳光标进行线条的绘制，释放鼠标左键，线条绘制完成，效果如图 2-74 所示。

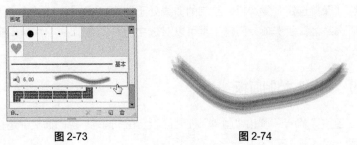

图 2-73　　　　　　　　　图 2-74

（4）图案画笔。

单击"画笔"控制面板右上角的图标 ▼，将弹出其下拉菜单，选择"打开画笔库"命令，在弹出的菜单中选择任意一种图案画笔，弹出相应的控制面板，如图 2-75 所示。在控制面板中单击画笔，画笔就被加载到"画笔"控制面板中，如图 2-76 所示。选择任意一种图案画笔，再选择"画笔"工具 ✐，用鼠标在页面上连续单击或进行拖曳，就可以绘制出需要的图像，效果如图 2-77 所示。

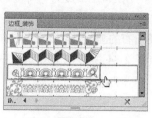
图 2-75

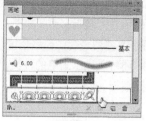
图 2-76

图 2-77

（5）艺术画笔。

在系统默认状态下，艺术画笔为显示状态，"画笔"控制面板的图案画笔以下为艺术画笔，如图 2-78 所示。选择任意一种艺术画笔，选择"画笔"工具 ✐，在页面中需要的位置单击并按住鼠标左键不放，拖曳光标进行线条的绘制，释放鼠标左键，线条绘制完成，效果如图 2-79 所示。

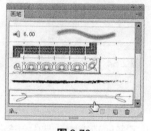
图 2-78

图 2-79

2．更改画笔类型

选中想要更改画笔类型的图像，如图 2-80 所示，在"画笔"控制面板中单击需要的画笔样式，如图 2-81 所示，更改画笔后的图像效果如图 2-82 所示。

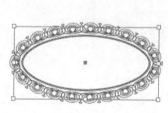
图 2-80

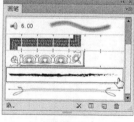
图 2-81

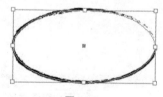
图 2-82

3．"画笔"控制面板的按钮

"画笔"控制面板下有 4 个按钮。从左到右依次是"移去画笔描边"按钮 ✕ 、"所选对象的选项"按钮 ▣ 、"新建画笔"按钮 ▣ 和"删除画笔"按钮 🗑 。

"移去画笔描边"按钮 ✕ ：可以将当前被选中的图形上的描边删除，而留下原始路径。

"所选对象的选项"按钮 ▣ ：可以打开应用到被选中图形上的画笔的选项对话框，在对话框中可以编辑画笔。

"新建画笔"按钮 ▣ ：可以创建新的画笔。

"删除画笔"按钮 🗑 ：可以删除选定的画笔样式。

4．"画笔"控制面板的下拉式菜单

单击"画笔"控制面板右上角的图标 ▦ ，弹出其下拉菜单，如图 2-83 所示。

19

"新建画笔"命令、"删除画笔"命令、"移去画笔描边"命令和"所选对象的选项"命令与相应的按钮功能是一样的。"复制画笔"命令可以复制选定的画笔。"选择所有未使用的画笔"命令将选中在当前文档中还没有使用过的所有画笔。"列表视图"命令可以将所有的画笔类型以列表的方式按照名称顺序排列，在显示小图标的同时还可以显示画笔的种类，如图 2-84 所示。"画笔选项"命令可以打开相关的选项对话框对画笔进行编辑。

图 2-83   图 2-84

2.3.3　使用画笔库

Illustrator CC 不但提供了功能强大的画笔工具，还提供了多种画笔库，其中包含箭头、艺术效果、装饰、边框和默认画笔等，这些画笔可以任意调用。

选择"窗口 > 画笔库"命令，在弹出式菜单中显示一系列的画笔库命令。分别选择各个命令，可以弹出一系列的"画笔"控制面板，如图 2-85 所示。Illustrator CC 还允许调用其他"画笔库"。选择"窗口 > 画笔库 > 其他库"命令，弹出"选择要打开的库："对话框，可以选择其他合适的库，如图 2-86 所示。

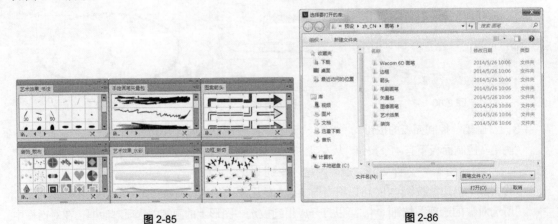

图 2-85   图 2-86

2.3.4　使用铅笔工具

使用"铅笔"工具 ✐ 可以随意绘制出自由的曲线路径，在绘制过程中 Illustrator CC 会自动依据光标的轨迹来设定节点而生成路径。铅笔工具既可以绘制闭合路径，又可以绘制开放路径，还可以将已经存在的曲线节点作为起点，延伸绘制出新的曲线，从而达到修改曲线的目的。

选择"铅笔"工具 ，在页面中需要的位置单击并按住鼠标左键不放，拖曳光标到需要的位置，可以绘制一条路径，如图 2-87 所示。释放鼠标左键，绘制出的效果如图 2-88 所示。

选择"铅笔"工具，在页面中需要的位置单击并按住鼠标左键，拖曳光标到需要的位置，按住 Alt 键，如图 2-89 所示，释放鼠标左键，可以绘制一条闭合的曲线，如图 2-90 所示。

图 2-87　　　　图 2-88　　　　　　图 2-89　　　　　　　图 2-90

绘制一个闭合的图形并选中这个图形，再选择"铅笔"工具，在闭合图形上的两个节点之间拖曳，如图 2-91 所示。可以修改图形的形状，释放鼠标左键，得到的图形效果如图 2-92 所示。

图 2-91　　　　　　图 2-92

双击"铅笔"工具，弹出"铅笔工具选项"对话框，如图 2-93 所示。在对话框的"容差"选项组中，"保真度"选项可以调节绘制曲线上的点的精确度，"平滑度"选项可以调节绘制曲线的平滑度。在"选项"选项组中，勾选"填充新铅笔描边"复选项，如果当前设置了填充颜色，绘制出的路径将使用该颜色；勾选"保持选定"复选项，绘制的曲线处于被选取状态；勾选"编辑所选路径"复选项，铅笔工具可以对选中的路径进行编辑。

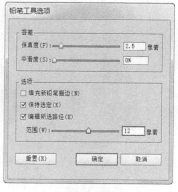

图 2-93

2.3.5　课堂案例——绘制水果标签

📋 **案例学习目标**

学习使用图形工具和画笔面板绘制水果标签效果。

📋 **案例知识要点**

使用椭圆工具绘制水果。使用钢笔工具绘制装饰点。使用描边库面板添加装饰图形。水果标签效果如图 2-94 所示。

📋 **效果所在位置**

光盘/Ch02/效果/绘制水果标签.ai。

图 2-94

（1）按 Ctrl+N 组合键新建一个文档，宽度为 210mm，高度为 290mm，取向为竖向，颜色模式为 CMYK，单击"确定"按钮。

（2）选择"椭圆"工具 ⬤，按住 Shift 键的同时，在适当的位置绘制圆形，设置图形填充色的 C、M、Y、K 值分别为 14、84、100、4，填充图形，并设置描边色为无，效果如图 2-95 所示。

（3）选择"选择"工具 �，选取绘制的圆形，按 Ctrl+C 组合键复制图形，按 Ctrl+V 组合键粘贴图形，效果如图 2-96 所示。调整粘贴的图形的位置及大小，效果如图 2-97 所示。设置图形填充色的 C、M、Y、K 值分别为 0、77、100、0，填充图形，效果如图 2-98 所示。

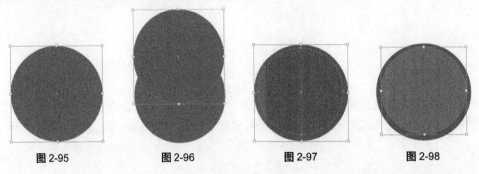

图 2-95　　　　　　图 2-96　　　　　　图 2-97　　　　　　图 2-98

（4）选择"椭圆"工具 ⬤，在适当的位置绘制椭圆形，设置图形填充色的 C、M、Y、K 值分别为 0、66、100、0，填充图形，并设置描边色为无，效果如图 2-99 所示。再次绘制椭圆形，设置图形填充色的 C、M、Y、K 值分别为 0、47、73、0，填充图形，并设置描边色为无，效果如图 2-100 所示。

（5）选择"直接选择"工具 k，选取所需的节点，图 2-101 所示。拖曳节点到适当位置，并拖曳节点手柄到适当位置，将图形变形，效果如图 2-102 所示。

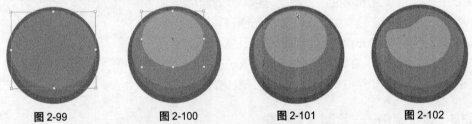

图 2-99　　　　　　图 2-100　　　　　　图 2-101　　　　　　图 2-102

（6）选择"钢笔"工具 ✑，在页面中绘制一个不规则图形，设置图形填充色的 C、M、Y、K 值分别为 14、84、100、4，填充图形，并设置描边色为无，效果如图 2-103 所示。用相同方法绘制其他图形，效果如图 2-104 所示。

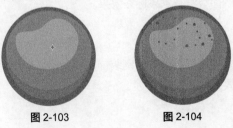

图 2-103　　　　　　图 2-104

（7）打开光盘中的"Ch02 > 素材 > 制作水果标签 > 01"文件，按 Ctrl+A 组合键，全选图形，复制并将其粘贴到正在编辑的页面中，调整图形的大小及位置，效果如图 2-105 所示。按 Ctrl+A 组合键全选图形，按 Ctrl+G 组合键将所有图形编组，效果如图 2-106 所示。

图 2-105　　　　　　　图 2-106

（8）选择"椭圆"工具 ，按住 Shift 键的同时，在适当的位置绘制圆形，如图 2-107 所示。选择"窗口 > 画笔库 > 装饰 > 典雅的卷曲和花形画笔"命令，在弹出的面板中选取所需的描边画笔，如图 2-108 所示，设置圆形描边粗细为 1px，设置图形描边色的 C、M、Y、K 值分别为 80、0、100、0，填充描边色，效果如图 2-109 所示。

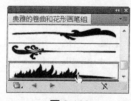

图 2-107　　　　　　　图 2-108　　　　　　　图 2-109

（9）打开光盘中的"Ch02 > 素材 > 制作水果标签 > 02"文件，按 Ctrl+A 组合键全选图形，复制并将其粘贴到正在编辑的页面中，调整图形的大小及位置，效果如图 2-110 所示。

（10）选择"椭圆"工具 ，按住 Shift 键的同时，在适当的位置绘制圆形，如图 2-111 所示。选择"窗口 > 画笔库 > 艺术效果 > 艺术效果-水彩"命令，在弹出的面板中选取所需的描边画笔，如图 2-112 所示。

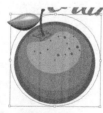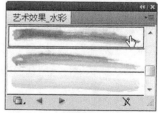

图 2-110　　　　　　　图 2-111　　　　　　　图 2-112

（11）设置圆形描边粗细为 1px，设置图形描边色的 C、M、Y、K 值分别为 0、91、100、0，填充描边色，效果如图 2-113 所示。按 Shift+Ctrl+ [组合键，将图形置于底层，如图 2-114 所示。水果标签效果绘制完成。

图 2-113   图 2-114

2.4 对象的编辑

Illustrator CC 提供了强大的对象编辑功能，这一节中将讲解编辑对象的方法，其中包括对象的多种选取方式，对象的比例缩放、移动、镜像、旋转、倾斜、扭曲变形、复制、删除，以及使用"路径查找器"控制面板编辑对象等。

2.4.1 对象的选取

在 Illustrator CC 中提供了 5 种选择工具，包括"选择"工具、"直接选择"工具、"编组选择"工具、"魔棒"工具和"套索"工具。他们都位于工具箱的上方，如图 2-115 所示。

图 2-115

"选择"工具：通过单击路径上的一点或一部分来选择整个路径。

"直接选择"工具：可以选择路径上独立的节点或线段，并显示出路径上的所有方向线以便于调整。

"编组选择"工具：可以单独选择组合对象中的个别对象。

"魔棒"工具：可以选择具有相同笔画或填充属性的对象。

"套索"工具：可以选择路径上独立的节点或线段，在直接选取套索工具并拖曳时，经过轨迹上的所有路径将被同时选中。

编辑一个对象之前，首先要选中这个对象。对象刚建立时一般呈选取状态，对象的周围出现矩形圈选框，矩形圈选框是由 8 个控制手柄组成的，对象的中心有一个"▪"形的中心标记，对象矩形圈选框的示意图如图 2-116 所示。

当选取多个对象时，可以多个对象共有 1 个矩形圈选框，多个对象的选取状态如图 2-117 所示。要取消对象的选取状态，只要在绘图页面上的其他位置单击即可。

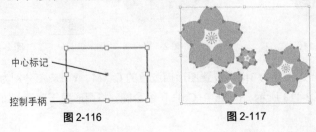

中心标记

控制手柄

图 2-116   图 2-117

1．使用选择工具选取对象

选择"选择"工具 ，当光标移动到对象或路径上时，指针变为" "，如图 2-118 所示；当光标移动到节点上时，指针变为" "，如图 2-119 所示；单击鼠标左键即可选取对象，指针变为" "，如图 2-120 所示。

 提示

按住 Shift 键，分别在要选取的对象上单击鼠标左键，即可连续选取多个对象。

图 2-118　　　　　　　　图 2-119　　　　　　　　图 2-120

选择"选择"工具 ，用鼠标在绘图页面中要选取的对象外围单击并拖曳鼠标，拖曳后会出现一个灰色的矩形圈选框，如图 2-121 所示，在矩形圈选框圈选住整个对象后释放鼠标，这时，被圈选的对象处于选取状态，如图 2-122 所示。

图 2-121　　　　　　　　　　　　图 2-122

 提示

用圈选的方法可以同时选取一个或多个对象。

2．使用直接选择工具选取对象

选择"直接选择"工具 ，用鼠标单击对象可以选取整个对象，如图 2-123 所示。在对象的某个节点上单击，该节点将被选中，如图 2-124 所示。选中该节点不放，向下拖曳，将改变对象的形状，如图 2-125 所示。

图 2-123　　　　　　　　图 2-124　　　　　　　　图 2-125

25

> **提 示**　　在移动节点的时候，按住 Shift 键，节点可以沿着 45° 角的整数倍方向移动；在移动节点时，按住 Alt 键并复制节点，这样就可以得到一段新路径。

3．使用魔棒工具选取对象

双击"魔棒"工具，弹出"魔棒"控制面板，如图 2-126 所示。

勾选"填充颜色"复选项，可以使填充相同颜色的对象同时被选中；勾选"描边颜色"复选项，可以使填充相同描边的对象同时被选中；勾选"描边粗细"复选项，可以使填充相同笔画宽度的对象同时被选中；勾选"不透明度"复选项，可以使相同透明度的对象同时被选中；勾选"混合模式"复选项，可以使相同混合模式的对象同时被选中。

图 2-126

绘制 3 个图形，如图 2-127 所示，"魔棒"控制面板的设定如图 2-128 所示，使用"魔棒"工具，单击左边的对象，那么填充相同颜色的对象都会被选取，效果如图 2-129 所示。

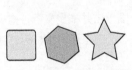

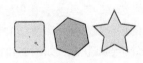

图 2-127　　　　　　　图 2-128　　　　　　　图 2-129

绘制 3 个图形，如图 2-130 所示，"魔棒"控制面板的设定如图 2-131 所示，使用"魔棒"工具，单击左边的对象，那么填充相同描边颜色的对象都会被选取，如图 2-132 所示。

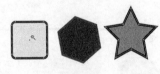

图 2-130　　　　　　　图 2-131　　　　　　　图 2-132

4．使用套索工具选取对象

选择"套索"工具，在对象的外围单击并按住鼠标左键，拖曳光标绘制一个套索圈，如图 2-133 所示，释放鼠标左键，对象被选取，效果如图 2-134 所示。

选择"套索"工具，在绘图页面中的对象外围单击并按住鼠标左键，拖曳光标在对象上绘制出一条套索线，绘制的套索线必须经过对象，效果如图 2-135 所示。套索线经过的对象将同时被选中，得到的效果如图 2-136 所示。

图 2-133　　　　图 2-134　　　　　图 2-135　　　　　图 2-136

5．使用选择菜单

Illustrator CC 除了提供 5 种选择工具，还提供了一个"选择"菜单，如图 2-137 所示。

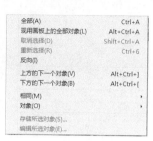

全部(A)	Ctrl+A
现用画板上的全部对象(L)	Alt+Ctrl+A
取消选择(D)	Shift+Ctrl+A
重新选择(R)	Ctrl+6
反向(I)	
上方的下一个对象(V)	Alt+Ctrl+]
下方的下一个对象(B)	Alt+Ctrl+[
相同(M)	▶
对象(O)	▶
存储所选对象(S)…	
编辑所选对象(E)…	

图 2-137

"全部"命令：可以将 Illustrator CC 绘图页面上的所有对象同时选取，不包含隐藏和锁定的对象（组合键为 Ctrl+A）。

"现用画板上的全部对象"命令：可以将 Illustrator CC 画板上的所有对象同时选取，不包含隐藏和锁定的对象（组合键为 Alt+Ctrl+A）。

"取消选择"命令：可以取消所有对象的选取状态（组合键为 Shift+Ctrl+A）。

"重新选择"命令：可以重复上一次的选取操作（组合键为 Ctrl+6）。

"反向"命令：可以选取文档中除当前被选中的对象之外的所有对象。

"上方的下一个对象"命令：可以选取当前被选中对象之上的对象。

"下方的下一个对象"命令：可以选取当前被选中对象之下的对象。

"相同"子菜单下包含 11 个命令，即外观命令、外观属性命令、混合模式命令、填色和描边命令、填充颜色命令、不透明度命令、描边颜色命令、描边粗细命令、图形样式命令、符号实例命令和链接块系列命令。

"对象"子菜单下包含 10 个命令，即同一图层上的所有对象命令、方向手柄命令、没有对齐像素网格、毛刷画笔描边、画笔描边命令、剪切蒙版命令、游离点命令、所有文本对象命令、点状文字对象命令、区域文字对象命令。

"存储所选对象"命令：可以将当前进行的选取操作进行保存。

"编辑所选对象"命令：可以对已经保存的选取操作进行编辑。

2.4.2　对象的缩放、移动和镜像

1．对象的缩放

在 Illustrator CC 中可以快速而精确地按比例缩放对象，使设计工作变得更轻松。下面介绍对象按比例缩放的方法。

（1）使用工具箱中的工具缩放对象。

选取要缩放的对象，对象的周围出现控制手柄，如图 2-138 所示。用鼠标拖曳需要的控制手柄，如图 2-139 所示，可以缩放对象，效果如图 2-140 所示。

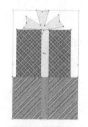
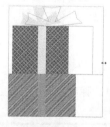
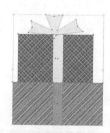

图 2-138　　　　　图 2-139　　　　　图 2-140

选取要成比例缩放的对象，再选择"比例缩放"工具 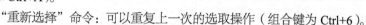，对象的中心出现缩放对象的中心控制点，用鼠标在中心控制点上单击并拖曳可以移动中心控制点的位置，如图 2-141 所示。用鼠标在对

象上拖曳可以缩放对象，如图 2-142 所示。成比例缩放对象的效果如图 2-143 所示。

图 2-141 图 2-142 图 2-143

 技 巧　　拖曳对角线上的控制手柄时，按住 Shift 键，对象会成比例缩放；按住 Shift+Alt 组合键，对象会成比例地从对象中心缩放。

（2）使用"变换"控制面板缩放对象。

选择"窗口 > 变换"命令（组合键为 Shift+F8），弹出"变换"控制面板，如图 2-144 所示。在控制面板中，"宽"选项可以设置对象的宽度，"高"选项可以设置对象的高度。改变宽度和高度值，就可以缩放对象。

（3）使用菜单命令缩放对象。

选择"对象 > 变换 > 缩放"命令，弹出"比例缩放"对话框，如图 2-145 所示。在对话框中，选择"等比"选项可以调节对象成比例缩放，右侧的文本框可以设置对象成比例缩放的百分比数值。选择"不等比"选项可以调节对象不成比例缩放，"水平"选项可以设置对象在水平方向上的缩放百分比，"垂直"选项可以设置对象在垂直方向上的缩放百分比。

图 2-144 图 2-145

（4）使用鼠标右键的弹出式命令缩放对象。

在选取的要缩放的对象上单击鼠标右键，弹出快捷菜单，选择"对象 > 变换 > 缩放"命令，也可以对对象进行缩放。

 提 示　　对象的移动、旋转、镜像和倾斜命令的操作也可以使用鼠标右键的弹出式命令来完成。

2．对象的移动

在 Illustrator CC 中可以快速而精确地移动对象。要移动对象，就要使被移动的对象处于选取状态。

（1）使用工具箱中的工具和键盘移动对象。

选取要移动的对象，如图 2-146 所示。在对象上单击并按住鼠标左键不放，拖曳光标到需要放置对象的位置，如图 2-147 所示。释放鼠标左键，完成对象的移动操作，效果如图 2-148 所示。

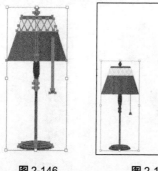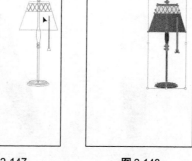

图 2-146　　　　　　　图 2-147　　　　　　　图 2-148

选取要移动的对象，用键盘上的"方向"键可以微调对象的位置。

（2）使用"变换"控制面板移动对象。

选择"窗口 > 变换"命令（组合键为 Shift+F8），弹出"变换"控制面板，如图 2-149 所示。在控制面板中，"X"选项可以设置对象在 x 轴的位置，"Y"选项可以设置对象在 y 轴的位置。改变 x 轴和 y 轴的数值，就可以移动对象。

（3）使用菜单命令移动对象。

选择"对象 > 变换 > 移动"命令（组合键为 Shift+Ctrl+M），弹出"移动"对话框，如图 2-150 所示。在对话框中，"水平"选项可以设置对象在水平方向上移动的数值，"垂直"选项可以设置对象在垂直方向上移动的数值。"距离"选项可以设置对象移动的距离，"角度"选项可以设置对象移动或旋转的角度。"复制"按钮用于复制出一个移动对象。

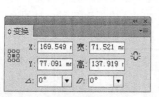

图 2-149

图 2-150

3．对象的镜像

在 Illustrator CC 中可以快速而精确地进行镜像操作，以使设计和制作工作更加轻松有效。

（1）使用工具箱中的工具镜像对象。

选取要生成镜像的对象，如图 2-151 所示，选择"镜像"工具 ，用鼠标拖曳对象进行旋转，出现蓝色虚线，效果如图 2-152 所示，这样可以实现图形的旋转变换，也就是对象绕自身中心的镜像变换，镜像后的效果如图 2-153 所示。

用鼠标在绘图页面上任意位置单击，可以确定新的镜像轴标志" "的位置，效果如图 2-154 所示。用鼠标在绘图页面上任意位置再次单击，则单击产生的点与镜像轴标志的连线就作为镜像变换的镜像轴，对象在与镜像轴对称的地方生成镜像，对象的镜像效果如图 2-155 所示。

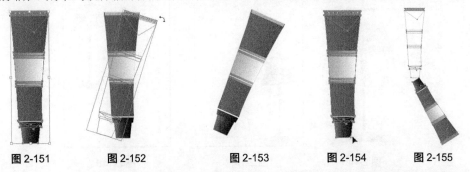

图 2-151   图 2-152   图 2-153   图 2-154   图 2-155

提 示   在使用"镜像"工具生成镜像对象的过程中，只能使对象本身产生镜像。要在镜像的位置生成一个对象的复制品，方法很简单，在拖曳鼠标的同时按住 Alt 键即可。"镜像"工具也可以用于旋转对象。

（2）使用"选择"工具 镜像对象。

使用"选择"工具 ，选取要生成镜像的对象，效果如图 2-156 所示。按住鼠标左键直接拖曳控制手柄到相对的边，直到出现对象的蓝色虚线，如图 2-157 所示，释放鼠标左键就可以得到不规则的镜像对象，效果如图 2-158 所示。

图 2-156   图 2-157   图 2-158

直接拖曳左边或右边中间的控制手柄到相对的边，直到出现对象的蓝色虚线，释放鼠标左键就可以得到原对象的水平镜像。直接拖曳上边或下边中间的控制手柄到相对的边，直到出现对象的蓝色虚线，释放鼠标左键就可以得到原对象的垂直镜像。

技 巧   按住 Shift 键，拖曳边角上的控制手柄到相对的边，对象会成比例地沿对角线方向生成镜像；按住 Shift+Alt 组合键，拖曳边角上的控制手柄到相对的边，对象会成比例地从中心生成镜像。

（3）使用菜单命令镜像对象。

选择"对象 > 变换 > 对称"命令，弹出"镜像"对话框，如图 2-159 所示。在"轴"选项组中，选择"水平"单选项可以垂直镜像对象，选择"垂直"单选项可以水平镜像对象，选择"角度"

单选项可以输入镜像角度的数值；在"选项"选项组中，选择"变换对象"选项，镜像的对象不是图案；选择"变换图案"选项，镜像的对象是图案；"复制"按钮用于在原对象上复制一个镜像的对象。

图 2-159

2.4.3　对象的旋转和倾斜变形

1．对象的旋转

（1）使用工具箱中的工具旋转对象。

使用"选择"工具 选取要旋转的对象，将光标移动到旋转控制手柄上，这时的指针变为旋转符号" "，效果如图 2-160 所示。单击鼠标左键，拖曳鼠标旋转对象，旋转时对象会出现蓝色虚线，指示旋转方向和角度，效果如图 2-161 所示。旋转到需要的角度后释放鼠标左键，旋转对象的效果如图 2-162 所示。

图 2-160　　　　　　　图 2-161　　　　　　　　图 2-162

选取要旋转的对象，选择"自由变换"工具 ，对象的四周会出现控制柄，用鼠标拖曳控制柄就可以旋转对象。此工具与"选择"工具 的使用方法类似。

选取要旋转的对象，选择"旋转"工具 ，对象的四周出现控制柄，用鼠标拖曳控制柄就可以旋转对象。对象是围绕旋转中心 来旋转的，Illustrator 默认的旋转中心是对象的中心点。可以通过改变旋转中心来使对象旋转到新的位置，将光标移动到旋转中心上，单击鼠标左键拖曳旋转中心到需要的位置后，拖曳光标，如图 2-163 所示，释放鼠标，改变旋转中心后旋转对象的效果如图 2-164 所示。

图 2-163　　　　　　　　　　　　图 2-164

（2）使用"变换"控制面板旋转对象。

选择"窗口 > 变换"命令，弹出"变换"控制面板。"变换"控制面板的使用方法和"移动对象"中的使用方法相同，这里不再赘述。

（3）使用菜单命令旋转对象。

选择"对象 > 变换 > 旋转"命令或双击"旋转"工具 ，弹出"旋转"对话框，如图 2-165 所示。在对话框中，"角度"选项可以设置对象旋转的角度；勾选"变换对象"复选项，旋转的对象不是图案；

图 2-165

31

勾选"变换图案"复选项，旋转的对象是图案；"复制"按钮用于在原对象上复制一个旋转对象。

2．对象的倾斜

（1）使用工具箱中的工具倾斜对象。

选取要倾斜的对象，效果如图 2-166 所示，选择"倾斜"工具，对象的四周出现控制柄。用鼠标拖曳控制手柄或对象，倾斜时对象会出现蓝色的虚线指示倾斜变形的方向和角度，效果如图 2-167 所示。倾斜到需要的角度后释放鼠标左键，对象的倾斜效果如图 2-168 所示。

图 2-166

图 2-167

图 2-168

（2）使用"变换"控制面板倾斜对象。

选择"窗口 > 变换"命令，弹出"变换"控制面板。"变换"控制面板的使用方法和"移动"中的使用方法相同，这里不再赘述。

（3）使用菜单命令倾斜对象。

选择"对象 > 变换 > 倾斜"命令，弹出"倾斜"对话框，如图 2-169 所示。在对话框中，"倾斜角度"选项可以设置对象倾斜的角度。在"轴"选项组中，选择"水平"单选项，对象可以水平倾斜；选择"垂直"单选项，对象可以垂直倾斜；选择"角度"单选项，可以调节倾斜的角度；"复制"按钮用于在原对象上复制一个倾斜的对象。

图 2-169

2.4.4 对象的复制和删除

1．复制对象

在 Illustrator CC 中可以采取多种方法复制对象。下面介绍对象复制的多种方法。

（1）使用"编辑"菜单命令复制对象。

选取要复制的对象，效果如图 2-170 所示，选择"编辑 > 复制"命令（组合键为 Ctrl+C），对象的副本将被放置在剪贴板中。

选择"编辑 > 粘贴"命令（组合键为 Ctrl+V），对象的副本将被粘贴到要复制对象的旁边，复制的效果如图 2-171 所示。

图 2-170

图 2-171

（2）使用鼠标右键弹出式命令复制对象。

选取要复制的对象，在对象上单击鼠标右键，弹出快捷菜单，选择"变换 > 移动"命令，弹出

"移动"对话框，如图 2-172 所示，单击"复制"按钮，可以在选中的对象上复制一个对象，效果如图 2-173 所示。

接着在对象上再次单击鼠标右键，弹出快捷菜单，选择"变换 > 再次变换"命令（组合键为 Ctrl+D），对象按"移动"对话框中的设置再次进行复制，效果如图 2-174 所示。

图 2-172

图 2-173

图 2-174

（3）使用拖曳光标的方式复制对象。

选取要复制的对象，按住 Alt 键，在对象上拖曳光标，出现对象的蓝色虚线效果，移动到需要的位置，释放鼠标左键，复制出一个选取对象。

也可以在两个不同的绘图页面中复制对象，使用鼠标拖曳其中一个绘图页面中的对象到另一个绘图页面中，释放鼠标左键完成复制。

2．删除对象

在 Illustrator CC 中，删除对象的方法很简单，下面介绍删除不需要对象的方法。

选中要删除的对象，选择"编辑 > 清除"命令（快捷键为 Delete），就可以将选中的对象删除。如果想删除多个或全部的对象，首先要选取这些对象，再执行"清除"命令。

2.4.5　撤销和恢复对象的操作

在进行设计的过程中，可能会出现错误的操作，下面介绍撤销和恢复对象的操作。

1．撤销对象的操作

选择"编辑 > 还原"命令（组合键为 Ctrl+Z），可以还原上一次的操作。连续按组合键，可以连续还原原来操作的命令。

2．恢复对象的操作

选择"编辑 > 重做"命令（组合键为 Shift+Ctrl+Z），可以恢复上一次的操作。如果连续按多次组合键，即恢复多步操作。

2.4.6　对象的剪切

选中要剪切的对象，选择"编辑 > 剪切"命令（组合键为 Ctrl+X），对象将从页面中删除并被放置在剪贴板中。

2.4.7　使用"路径查找器"控制面板编辑对象

在 Illustrator CC 中编辑图形时，"路径查找器"控制面板是最常用的工具之一。它包含了一组功能强大的路径编辑命令。使用"路径查找器"控制面板可以将许多简单的路径经过特定的运算之后形成各种复杂的路径。

选择"窗口 > 路径查找器"命令（组合键为 Shift+Ctrl+F9），弹出"路径查找器"控制面板，如图 2-175 所示。

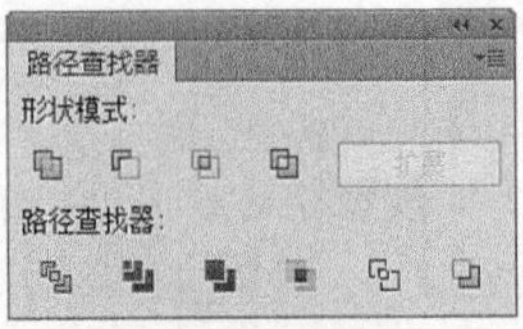

图 2-175

1．认识"路径查找器"控制面板的按钮

在"路径查找器"控制面板的"形状模式"选项组中有 5 个按钮，从左至右分别是"联集"按钮、"减去顶层"按钮、"交集"按钮、"差集"按钮和"扩展"按钮。前 4 个按钮可以通过不同的组合方式在多个图形间制作出对应的复合图形，而"扩展"按钮则可以把复合图形转变为复合路径。

在"路径查找器"选项组中有 6 个按钮，从左至右分别是"分割"按钮、"修边"按钮、"合并"按钮、"裁剪"按钮、"轮廓"按钮和"减去后方对象"按钮。这组按钮主要是把对象分解成各个独立的部分，或删除对象中不需要的部分。

2．使用"路径查找器"控制面板

（1）"联集"按钮。

在绘图页面中绘制两个图形对象，如图 2-176 所示。选中两个对象，如图 2-177 所示，单击"联集"按钮，从而生成新的对象，取消选取状态后的效果如图 2-178 所示。新对象的填充和描边属性与位于顶部的对象的填充和描边属性相同。

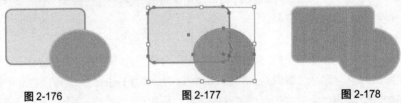

图 2-176   图 2-177   图 2-178

（2）"减去顶层"按钮。

在绘图页面中绘制两个图形对象，如图 2-179 所示。选中这两个对象，如图 2-180 所示，单击"减去顶层"按钮，从而生成新的对象，取消选取状态后的效果如图 2-181 所示。与形状区域相减命令可以在最下层对象的基础上，将被上层的对象挡住的部分和上层的所有对象同时删除，只剩下最下层对象的剩余部分。

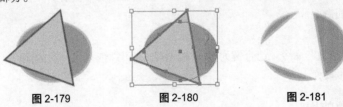

图 2-179   图 2-180   图 2-181

（3）"交集"按钮。

在绘图页面中绘制两个图形对象，如图 2-182 所示。选中这两个对象，如图 2-183 所示，单击"交集"按钮，从而生成新的对象，取消选取状态后的效果如图 2-184 所示。与形状区域相交命令可以将图形没有重叠的部分删除，而仅仅保留重叠部分。所生成的新对象的填充和描边属性与位于顶部的对象的填充和描边属性相同。

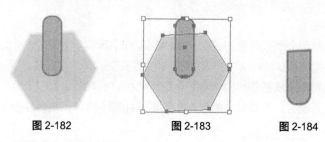

图 2-182　　　　　　　图 2-183　　　　　　　图 2-184

（4）"差集"按钮⬚。

在绘图页面中绘制两个图形对象，如图 2-185 所示。选中这两个对象，如图 2-186 所示，单击"差集"按钮⬚，从而生成新的对象，取消选取状态后的效果如图 2-187 所示。排除重叠形状区域命令可以删除对象间重叠的部分。所生成的新对象的填充和笔画属性与位于顶部的对象的填充和描边属性相同。

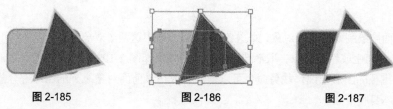

图 2-185　　　　　　　图 2-186　　　　　　　图 2-187

（5）"分割"按钮⬚。

在绘图页面中绘制两个图形对象，如图 2-188 所示。选中这两个对象，如图 2-189 所示，单击"分割"按钮⬚，从而生成新的对象，取消编组并分别移动图像，取消选取状态后效果如图 2-190 所示。分割命令可以分离相互重叠的图形，从而得到多个独立的对象。所生成的新对象的填充和笔画属性与位于顶部的对象的填充和描边属性相同。

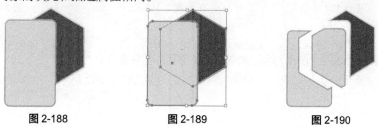

图 2-188　　　　　　　图 2-189　　　　　　　图 2-190

（6）"修边"按钮⬚。

在绘图页面中绘制两个图形对象，如图 2-191 所示。选中这两个对象，如图 2-192 所示，单击"修边"按钮⬚，从而生成新的对象，取消编组并分别移动图像，取消选取状态后的效果如图 2-193 所示。修边命令对于每个单独的对象而言，均被裁减分成包含有重叠区域的部分和重叠区域之外的部分，新生成的对象保持原来的填充属性。

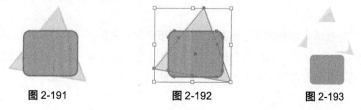

图 2-191　　　　　　　图 2-192　　　　　　　图 2-193

（7）"合并"按钮 🔲。

在绘图页面中绘制两个图形对象，如图 2-194 所示。选中这两个对象，如图 2-195 所示，单击"合并"按钮 🔲，从而生成新的对象，取消编组并分别移动图像，取消选取状态后的效果如图 2-196 所示。如果对象的填充和描边属性都相同，合并命令将把所有的对象组成一个整体后合为一个对象，但对象的描边色将变为没有；如果对象的填充和笔画属性都不相同，则合并命令就相当于"裁剪"按钮 🔳 的功能。

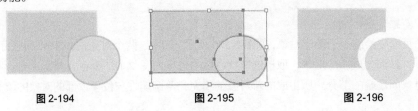

| 图 2-194 | 图 2-195 | 图 2-196 |

（8）"裁剪"按钮 🔳。

在绘图页面中绘制两个图形对象，如图 2-197 所示。选中这两个对象，如图 2-198 所示，单击"裁剪"按钮 🔳，从而生成新的对象，取消选取状态后的效果如图 2-199 所示。裁剪命令的工作原理和蒙版相似，对重叠的图形来说，裁剪命令可以把所有放在最前面对象之外的图形部分修剪掉，同时最前面的对象本身将消失。

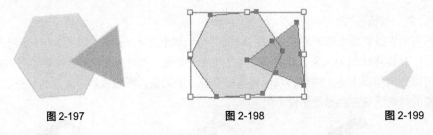

| 图 2-197 | 图 2-198 | 图 2-199 |

（9）"轮廓"按钮 🔲。

在绘图页面中绘制两个图形对象，如图 2-200 所示。选中这两个对象，如图 2-201 所示，单击"轮廓"按钮 🔲，从而生成新的对象，取消选取状态后的效果如图 2-202 所示。轮廓命令勾勒出所有对象的轮廓。

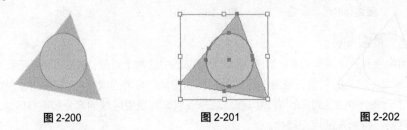

| 图 2-200 | 图 2-201 | 图 2-202 |

（10）减去后方对象按钮 🔲。

在绘图页面中绘制两个图形对象，如图 2-203 所示。选中这两个对象，如图 2-204 所示，单击"减去后方对象"按钮 🔲，从而生成新的对象，取消选取状态后的效果如图 2-205 所示。减去后方对象命令可以使位于最底层的对象减去位于该对象之上的所有对象。

图 2-203

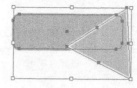

图 2-204

图 2-205

课堂练习——绘制卡通火箭

练习知识要点

使用椭圆工具绘制背景效果，使用椭圆工具、多边形工具、矩形工具、圆角矩形工具和直接选择工具绘制火箭，使用星形工具绘制装饰星形，效果如图 2-206 所示。

效果所在位置

光盘/Ch02/效果/绘制卡通火箭.ai。

图 2-206

课后习题——绘制档案盒图标

习题知识要点

使用矩形工具绘制底图，使用矩形工具、椭圆工具和圆角矩形工具绘制档案夹，使用矩形工具绘制档案盒，使用复制命令复制档案夹，使用旋转工具旋转需要的档案夹，使用文字工具添加文字，效果如图 2-207 所示。

效果所在位置

光盘/Ch02/效果/绘制档案盒图标.ai。

图 2-207

37

第 3 章　路径的绘制与编辑

本章将讲解 Illustrator CC 中路径的相关知识和钢笔工具的使用方法，以及运用各种方法对路径进行绘制和编辑。通过对本章的学习，读者可以运用强大的路径工具绘制出需要的自由曲线及图形。

课堂学习目标	
	了解路径的组成
	了解锚点的类型
	掌握钢笔工具具体的使用方法和技巧
	掌握复合路径的使用
	掌握锚点的添加、删除和转换方法
	掌握连接、平均、偏移和轮廓化路径命令
	掌握分割下方对象和清理命令的应用

3.1　认识路径和锚点

3.1.1　路径

路径由锚点和线段组成，可以通过调整路径上的锚点或线段来改变它的形状。在曲线路径上，每一个锚点有一条或两条控制线，控制线总是与曲线上锚点所在的圆相切，控制线呈现的角度和长度决定了曲线的形状。控制线的端点称为控制点，可以通过调整控制点来对整个曲线进行调整，如图 3-1 所示。

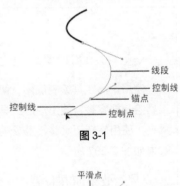

图 3-1

3.1.2　锚点

Illustrator CC 中的锚点分为平滑点和角点两种类型。

平滑点是两条平滑曲线连接处的锚点。平滑点可以使两条线段连接成一条平滑的曲线，平滑点使路径不会突然改变方向。每一个平滑点有两条相对应的控制线，如图 3-2 所示。

根据角点所处的地点，路径形状会急剧地改变。角点可分为 3 种类型。

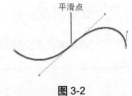

图 3-2

直线角点：两条直线以一个很明显的角度形成的交点。这种锚点没有控制线，如图 3-3 所示。

曲线角点：两条方向各异的曲线相交的点。这种锚点有两条控制线，如图 3-4 所示。

复合角点：一条直线和一条曲线的交点。这种锚点有一条控制线，如图 3-5 所示。

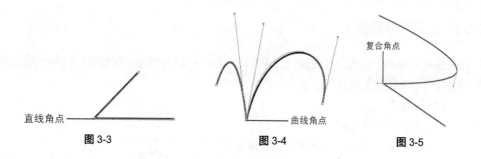

直线角点 —— 图 3-3　　　　曲线角点 —— 图 3-4　　　　复合角点　图 3-5

3.2　使用钢笔工具

Illustrator CC 中的钢笔工具是一个非常重要的工具。使用钢笔工具可以绘制直线、曲线和任意形状的路径，可以对线段进行精确的调整，使其更加完美。

3.2.1　绘制直线

选择"钢笔"工具 ，在页面中单击鼠标确定直线的起点，如图 3-6 所示。移动鼠标到需要的位置，再次单击鼠标确定直线的终点，如图 3-7 所示。

在需要的位置再连续单击确定其他的锚点，就可以绘制出折线的效果，如图 3-8 所示。如果单击折线上的锚点，该锚点会被删除，折线的另外两个锚点将自动连接，如图 3-9 所示。

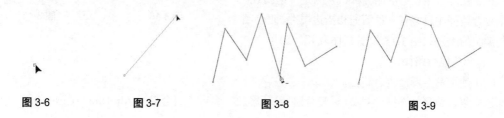

图 3-6　　　　图 3-7　　　　图 3-8　　　　图 3-9

3.2.2　绘制曲线

选择"钢笔"工具 ，在页面中单击并按住鼠标左键拖曳光标来确定曲线的起点。起点的两端分别出现了一条控制线，释放鼠标，如图 3-10 所示。

移动光标到需要的位置，再次单击并按住鼠标左键进行拖曳，出现了一条曲线段。拖曳光标的同时，第 2 个锚点两端也出现了控制线。按住鼠标不放，随着光标的移动，曲线段的形状也随之发生变化，如图 3-11 所示。释放鼠标，移动光标继续绘制。

如果连续单击并拖曳鼠标，可以绘制出一些连续平滑的曲线，如图 3-12 所示。

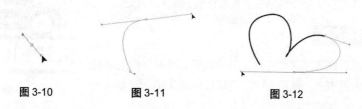

图 3-10　　　　图 3-11　　　　图 3-12

3.2.3 绘制复合路径

复合路径是指由两个或两个以上的开放或封闭路径所组成的路径。在复合路径中，路径间重叠在一起的公共区域被镂空，呈透明的状态。

1．制作复合路径

（1）使用命令制作复合路径。

绘制两个图形，并选中这两个图形对象，效果如图 3-13 所示。选择"对象 > 复合路径 > 建立"命令（组合键为 Ctrl+8），可以看到两个对象成为复合路径后的效果，如图 3-14 所示。

（2）使用弹出式菜单制作复合路径。

绘制两个图形，并选中这两个图形对象，用鼠标右键单击选中的对象，在弹出的菜单中选择"建立复合路径"命令，两个对象成为复合路径。

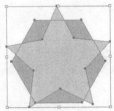
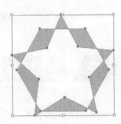

图 3-13　　　　　图 3-14

2．复合路径与编组的区别

虽然使用"编组选择"工具 也能将组成复合路径的各个路径单独选中，但复合路径和编组是有区别的。编组是一组组合在一起的对象，其中的每个对象都是独立的，各个对象可以有不同的外观属性；而所有包含在复合路径中的路径都被认为是一条路经，整个复合路径中只能有一种填充和描边属性。复合路径与编组的差别如图 3-15 和图 3-16 所示。

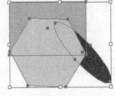
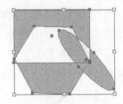

图 3-15　　　　　图 3-16

3．释放复合路径

（1）使用命令释放复合路径。

选中复合路径，选择"对象 > 复合路径 > 释放"命令（组合键为 Alt +Shift+Ctrl+8），可以释放复合路径。

（2）使用弹出式菜单制作复合路径。

选中复合路径，在绘图页面上单击鼠标右键，在弹出的菜单中选择"释放复合路径"命令，可以释放复合路径。

3.2.4 课堂案例——绘制汽车标志

📋 **案例学习目标**

学习使用路径的绘制命令和路径查找器面板绘制汽车标志。

📋 **案例知识要点**

使用钢笔工具、矩形工具和椭圆工具绘制标志线形，使用路径查找器面板编辑车轮图形，使用文字工具添加标志文字，汽车标志

图 3-17

效果如图 3-17 所示。

📋 **效果所在位置**

光盘/Ch03/效果/绘制汽车标志.ai。

（1）按 Ctrl+N 组合键新建一个文档，宽度为 210mm，高度为 297mm，颜色模式为 CMYK，单击"确定"按钮。

（2）选择"钢笔"工具 🖊，在页面中单击并按住鼠标左键拖曳光标来确定曲线的起点。移动光标到需要的位置，再次单击并按住鼠标左键进行拖曳，出现了一条曲线段，如图 3-18 所示。在第二个锚点上单击，如图 3-19 所示。用"钢笔"工具 🖊 绘制其他锚点，设置图形填充色为无，设置描边色为黑色，效果如图 3-20 所示。用相同方法绘制其他图形，效果如图 3-21 所示。

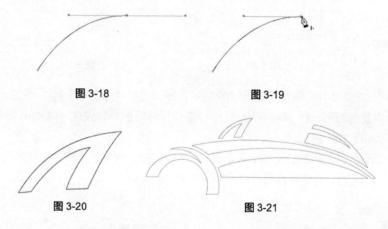

图 3-18　　　　　　　　　　　　　　　图 3-19

图 3-20　　　　　　　　　　　　　　　图 3-21

（3）选择"矩形"工具 ▣，在适当的位置绘制矩形，设置图形填充色为无，设置描边色为黑色，效果如图 3-22 所示。用相同方法绘制其他图形，效果如图 3-23 所示。

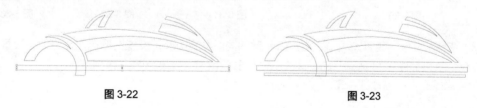

图 3-22　　　　　　　　　　　　　　　图 3-23

（4）选择"椭圆"工具 ◉，在按住 Shift 键的同时绘制圆形，设置图形填充色为无，设置描边色为黑色，效果如图 3-24 所示。选择"选择"工具 ▶，选取绘制的圆形，按 Ctrl+C 组合键复制圆形，按 Shift+Ctrl+V 组合键原位粘贴图形，效果如图 2-25 所示。按住 Alt+Shift 键的同时，等比缩小圆形效果如图 3-26 所示。用相同方法绘制其他图形，效果如图 3-27 所示。

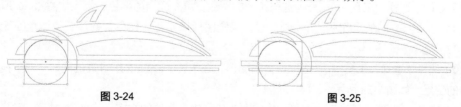

图 3-24　　　　　　　　　　　　　　　图 3-25

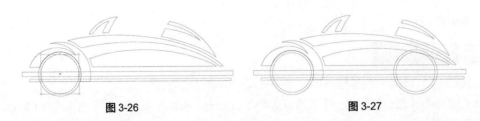

图 3-26   图 3-27

（5）选择"窗口 > 路径查找器"命令，弹出"路径查找器"面板，选择"选择"工具，按住 Shift 键的同时，选取需要的图形，如图 3-28 所示，单击"路径查找器"对话框中的"减去顶层"按钮，将图形修剪，效果如图 3-29 所示。

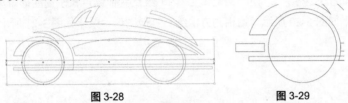

图 3-28   图 3-29

（6）用相同方法制作其他图形，效果如图 3-30 所示。选择"选择"工具，选取绘制的圆形，按 Ctrl+C 组合键复制圆形，按 Shift+Ctrl+V 组合键原位粘贴图形，按住 Alt+Shift 键的同时，等比缩小圆形，效果如图 3-31 所示。

（7）选择"选择"工具，选取需要的图形，如图 3-32 所示，单击"路径查找器"对话框中的"减去顶层"按钮，将图形修剪，效果如图 3-33 所示。

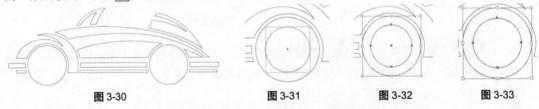

图 3-30   图 3-31   图 3-32   图 3-33

（8）选择"椭圆"工具，在按住 Shift 键的同时绘制圆形，设置图形填充色为无，设置描边色为黑色，效果如图 3-34 所示。用上述方法制作其他图形，效果如图 3-35 所示。

图 3-34   图 3-35

（9）选择"选择"工具，分别选取所需的图形，填充适当的颜色，效果如图 3-36 所示。选择"矩形"工具，在适当的位置绘制矩形，设置图形填充色为黑色，并设置描边色为无，效果如图 3-37 所示。

（10）选择"选择"工具，选取所需的图形，在按住 Alt+Shift 组合键的同时，向下拖曳图形到适当的位置，如图 3-38 所示。

（11）选择"文字"工具，在页面中的适当位置输入需要的文字。选择"选择"工具，在属性栏中选择合适的字体并设置适当的文字大小，效果如图 3-39 所示。汽车标志效果绘制完成。

图 3-36

图 3-37

图 3-38

图 3-39

3.3　编辑路径

在 Illustrator CC 的工具箱中包括了很多路径编辑工具，可以应用这些工具对路径进行变形、转换和剪切等编辑操作。用鼠标按住"钢笔"工具不放，将展开钢笔工具组，如图 3-40 所示。

▪ ✎ 钢笔工具	(P)
✎₊ 添加锚点工具	(+)
✎₋ 删除锚点工具	(−)
⌐ 转换锚点工具	(Shift+C)

图 3-40

1. 添加锚点

绘制一段路径，如图 3-41 所示。选择"添加锚点"工具，在路径上的任意位置单击，该位置就会增加一个新的锚点，如图 3-42 所示。

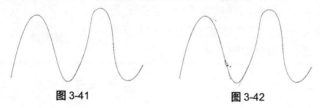

图 3-41

图 3-42

2. 删除锚点

绘制一段路径，如图 3-43 所示。选择"删除锚点"工具，在路径上面的任意一个锚点上单击，该锚点就会被删除，如图 3-44 所示。

图 3-43

图 3-44

3. 转换锚点

绘制一段闭合的椭圆形路径，如图 3-45 所示。选择"转换锚点"工具，单击路径上的锚点，锚点就会被转换，如图 3-46 所示。拖曳锚点可以编辑路径的形状，效果如图 3-47 所示。

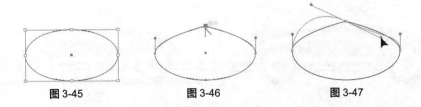

图 3-45   图 3-46   图 3-47

3.4 使用路径命令

在 Illustrator CC 中，除了能够使用工具箱中的各种编辑工具对路径进行编辑外，还可以应用路径菜单中的命令对路径进行编辑。选择"对象 > 路径"子菜单，其中包括 10 个编辑命令："连接"命令、"平均"命令、"轮廓化描边"命令、"偏移路径"命令、"简化"命令、"添加锚点"命令、"移去描点"命令、"分割下方对象"命令、"分割为网格"命令和"清理"命令，如图 3-48 所示。下面介绍几种常用的命令。

图 3-48

3.4.1 使用"连接"命令

"连接"命令可以将开放路径的两个端点用一条直线段连接起来，从而形成新的路径。如果连接的两个端点在同一条路径上，将形成一条新的闭合路径；如果连接的两个端点在不同的开放路径上，将形成一条新的开放路径。

选择"直接选择"工具 ，用圈选的方法选择要进行连接的两个端点，如图 3-49 所示。选择"对象 > 路径 > 连接"命令（组合键为 Ctrl+J），两个端点之间出现一条直线段，把开放路径连接起来，效果如图 3-50 所示。

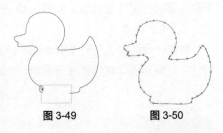

图 3-49   图 3-50

提 示

如果在两条路径间进行连接，这两条路径必须属于同一个组。文本路径中的终止点不能连接。

3.4.2 使用"平均"命令

"平均"命令可以将路径上的所有点按一定的方式平均分布，可以制作出对称的图案。

选择"直接选择"工具 ，选择要平均分布处理的锚点，如图 3-51 所示。选择"对象 > 路径 > 平均"命令（组合键为 Ctrl+Alt+J），弹出"平均"对话框，对话框中包括 3 个选项，如图 3-52 所示。"水平"单选项可以将选定的锚点按水平方向进行平均分布处理，选中如图 3-53 所示的锚点，在"平均"对话框中，选择"水平"单选项，单击"确定"按钮，选中的锚点将在水平方向进行对齐，效果如图 3-54 所示。"垂直"单选项可以将选定的锚点按垂直方向进行平均分布处理，图 3-52 所示选择"垂直"单选项，单击"确定"按钮后选中的锚点的效果。"两者兼有"单选项可以将选定的锚点按水平和垂直两种方向进行平均分布处理，图 3-55 所示为选择"两者兼有"单选项，单击"确定"

按钮后选中的锚点效果。

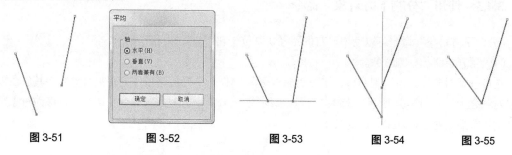

图 3-51　　　　　图 3-52　　　　　图 3-53　　　　　图 3-54　　　　　图 3-55

3.4.3　使用"轮廓化描边"命令

"轮廓化描边"命令可以在已有描边的两侧创建新的路径。可以理解为新路径由两条路径组成，这两条路径分别是原来对象描边两侧的边缘。不论对开放路径还是对闭合路径，使用"轮廓化描边"命令，得到的都将是闭合路径。在 Illustrator CC 中，渐变命令不能应用在对象的描边上，但应用"轮廓化描边"命令制作出新图形后，渐变命令就可以应用在原来对象的描边上。

使用"铅笔"工具 ✐ 绘制出一条路径。选中路径对象，如图 3-56 所示。选择"对象 > 路径 > 轮廓化描边"命令，创建对象的描边轮廓，效果如图 3-57 所示。应用渐变命令为描边轮廓填充渐变色，效果如图 3-58 所示。

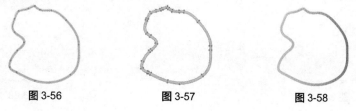

图 3-56　　　　　　　图 3-57　　　　　　　图 3-58

3.4.4　使用"偏移路径"命令

"偏移路径"命令可以围绕着已有路径的外部或内部勾画一条新的路径，新路径与原路径之间偏移的距离可以按需要设置。

选中要偏移的对象，如图 3-59 所示。选择"对象 > 路径 > 偏移路径"命令，弹出"偏移路径"对话框，如图 3-60 所示。"位移"选项用来设置偏移的距离，设置的数值为正，新路径在原始路径的外部；设置的数值为负，新路径在原始路径的内部。"连接"选项可以设置新路径拐角上不同的连接方式。"斜接限制"选项会影响到连接区域的大小。设置"位移"选项中的数值为正时，偏移效果如图 3-61 所示。设置"位移"选项中的数值为负时，偏移效果如图 3-62 所示。

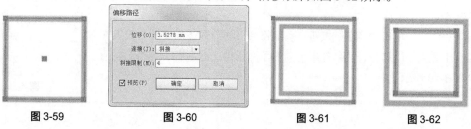

图 3-59　　　　　　图 3-60　　　　　　图 3-61　　　　　　图 3-62

3.4.5 使用"分割下方对象"命令

"分割下方对象"命令可以使用已有的路径切割位于它下方的封闭路径。

（1）用开放路径分割对象。

选择一个对象作为被切割对象，如图 3-63 所示。制作一个开放路径作为切割对象，将其放在被切割对象之上，如图 3-64 所示。选择"对象 > 路径 > 分割下方对象"命令，切割后，移动对象得到新的切割后的对象，效果如图 3-65 所示。

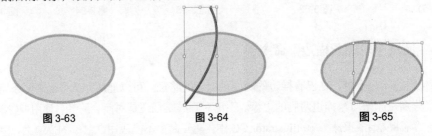

图 3-63　　　　　　　　图 3-64　　　　　　　　图 3-65

（2）用闭合路径分割对象。

选择一个对象作为被切割对象，如图 3-66 所示。制作一个闭合路径作为切割对象，将其放在被切割对象之上，如图 3-67 所示。选择"对象 > 路径 > 分割下方对象"命令。切割后，移动对象得到新的切割后的对象，效果如图 3-68 所示。

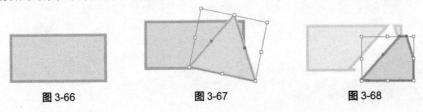

图 3-66　　　　　　　　图 3-67　　　　　　　　图 3-68

3.4.6 使用"清理"命令

"清理"命令可以为当前的文档删除 3 种多余的对象：游离点、未上色对象和空文本路径。

选择"对象 > 路径 > 清理"命令，弹出"清理"对话框，如图 3-69 所示。在对话框中，勾选"游离点"复选项，可以删除所有的游离点。游离点是一些有路径属性并且不能打印的点，使用钢笔工具有时会导致游离点的产生。勾选"未上色对象"复选项，可以删除所有没有填充色和笔画色的对象，但不能删除蒙版对象。勾选"空文本路径"复选项，可以删除所有没有字符的文本路径。

图 3-69

设置完成后，单击"确定"按钮。系统将会自动清理当前文档。如果文档中没有上述类型的对象，就会弹出一个提示对话框，提示当前文档无需清理，如图 3-70 所示。

图 3-70

3.4.7　课堂案例——绘制汉堡图标

📖 **案例学习目标**

学习使用路径绘图工具、路径查找器面板和偏移路径命令绘制汉堡图标。

📖 **案例知识要点**

图 3-71

使用矩形工具和偏移路径命令制作图标背景效果。使用圆角矩形工具、钢笔工具和路径查找器面板制作汉堡图形。汉堡图标效果如图 3-71 所示。

📖 **效果所在位置**

光盘/Ch03/效果/绘制汉堡图标.ai。

（1）按 Ctrl+N 组合键新建一个文档，宽度为 297mm，高度为 210mm，颜色模式为 CMYK，单击"确定"按钮。

（2）选择"矩形"工具，在适当的位置绘制矩形，设置图形填充色的 C、M、Y、K 值分别为 35、0、91、0，填充图形，并设置描边色为无，效果如图 3-72 所示。选择"对象 > 路径 > 偏移路径"命令，在弹出的"偏移路径"对话框中进行设置，如图 3-73 所示，单击"确定"按钮，效果如图 3-74 所示。

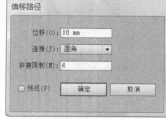

图 3-72　　　　　　图 3-73　　　　　　图 3-74

（3）选择"选择"工具，选取所需的矩形，设置图形填充色的颜色为黑色，填充图形，并设置描边色为无，效果如图 3-75 所示。

（4）选择"矩形"工具，在适当的位置绘制矩形，设置图形填充色为黑色，填充图形，并设置描边色为无，效果如图 3-76 所示。再次绘制矩形，设置图形填充色为黑色，填充图形，并设置描边色为无，效果如图 3-77 所示。

（5）选择"选择"工具，按住 Shift 键的同时，单击所需的矩形，将需要的图形选取，如图 3-78 所示。选择"窗口 > 路径查找器"命令，在弹出的面板中单击"减去顶层"按钮，生成新对象，效果如图 3-79 所示。在属性栏中将"描边粗细"选项设为 3pt，设置描边色的 C、M、Y、K 值分别为 57、0、75、40，效果如图 3-80 所示。

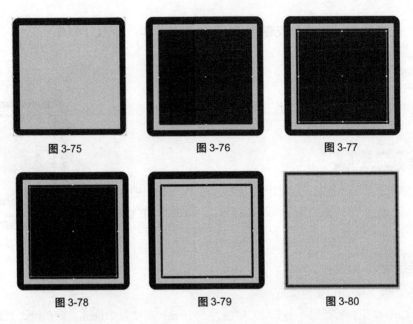

图 3-75　　　　　　　　　图 3-76　　　　　　　　　图 3-77

图 3-78　　　　　　　　　图 3-79　　　　　　　　　图 3-80

（6）选择"圆角矩形"工具 ▣，在页面中单击鼠标，弹出"圆角矩形"对话框，设置如图 3-81 所示，单击"确定"按钮，得到一个圆角矩形，如图 3-82 所示。设置图形填充色为无，并设置描边色为黑色，效果如图 3-83 所示。

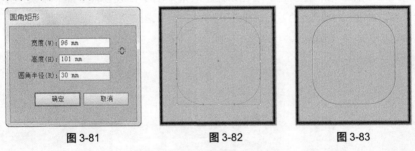

图 3-81　　　　　　　　　图 3-82　　　　　　　　　图 3-83

（7）选择"矩形"工具 ▢，在适当的位置绘制矩形，设置图形填充色为无，并设置描边色为黑色，效果如图 3-84 所示。

（8）选择"选择"工具 ▶，按住 Shift 键的同时，单击所需的矩形，将需要的图形选取，如图 3-85 所示。在"路径查找器"面板中单击"减去顶层"按钮 ▣，将图形修剪，效果如图 3-86 所示。

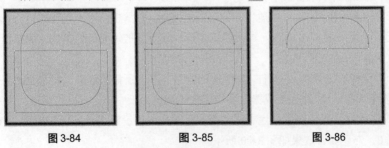

图 3-84　　　　　　　　　图 3-85　　　　　　　　　图 3-86

（9）选择"选择"工具 ▶，选取需要的图形，设置图形填充色的 C、M、Y、K 值分别为 10、35、80、0，填充图形，并设置描边色为无，效果如图 3-87 所示。

（10）选择"圆角矩形"工具 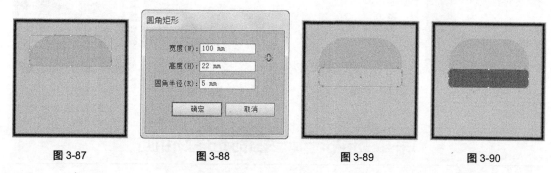，在页面中单击鼠标，弹出"圆角矩形"对话框，设置如图 3-88 所示，单击"确定"按钮，得到一个圆角矩形。选择"选择"工具 ，将其移动到适当位置，如图 3-89 所示。设置图形填充色的 C、M、Y、K 值分别为 40、85、100、0，填充图形，并设置描边色为无，效果如图 3-90 所示。

图 3-87　　　　　　　图 3-88　　　　　　　图 3-89　　　　　　　图 3-90

（11）选择"选择"工具 ，选取需要的图形，按住 Alt+Shift 组合键的同时，拖曳到适当位置，复制图形，效果如图 3-91 所示。设置图形填充色的 C、M、Y、K 值分别为 10、35、80、0，填充图形，效果如图 3-92 所示。

（12）选择"钢笔"工具 ，在适当的位置绘制三角形，设置图形填充色的 C、M、Y、K 值分别为 0、21、100、0，填充图形，并设置描边色为无，效果如图 3-93 所示。

图 3-91　　　　　　　图 3-92　　　　　　　图 3-93

（13）选择"钢笔"工具 ，在页面中绘制一个不规则图形，设置图形填充色的 C、M、Y、K 值分别为 0、0、45、0，填充图形，并设置描边色为无，效果如图 3-94 所示。用相同方法绘制其他图形，效果如图 3-95 所示。

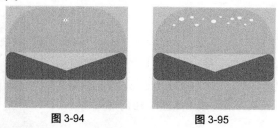

图 3-94　　　　　　　图 3-95

（14）选择"钢笔"工具 ，在页面中绘制一个不规则图形，设置图形填充色为黑色，填充图形，并设置描边色为无，效果如图 3-96 所示。选择"窗口 > 透明度"命令，弹出"透明度"面板，选项的设置如图 3-97 所示，按 Enter 键，效果如图 3-98 所示。

（15）选择"文字"工具 ，在页面中的适当位置输入需要的文字。选择"选择"工具 ，在属性栏中选择合适的字体并设置适当的文字大小，效果如图 3-99 所示。汉堡图标效果绘制完成。

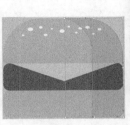

图 3-96   图 3-97   图 3-98   图 3-99

课堂练习——绘制抽象插画

📖 练习知识要点

使用矩形工具和复制命令制作台阶图形，使用钢笔工具、圆角矩形工具、椭圆工具和直接选择工具绘制人物图形，使用钢笔工具绘制人影效果，最终效果如图 3-100 所示。

📖 效果所在位置

光盘/Ch03/效果/绘制抽象插画.ai。

图 3-100

课后习题——绘制节能环保插画

📖 习题知识要点

使用矩形工具绘制背景底图，使用钢笔工具、圆角矩形工具、椭圆工具和旋转工具制作灯泡、花盆和茎叶，使用圆角矩形工具和旋转复制命令制作发光效果，最终效果如图 3-101 所示。

📖 效果所在位置

光盘/Ch03/效果/绘制节能环保插画.ai。

图 3-101

第 4 章　图形对象的组织

Illustrator CC 功能包括对象的对齐与分布、前后顺序、编组与锁定等许多特性。这些特性对组织图形对象而言是非常有用的。本章将主要讲解对象的排列、编组以及控制对象等内容。通过学习本章的内容可以高效、快速地对齐、分布、组合和控制多个对象，使对象在页面中更加有序，使工作更加得心应手。

课堂学习目标	/ 掌握对齐和分布对象的方法
	/ 掌握调整对象和图层顺序的技巧
	/ 掌握控制对象的技巧

4.1　对象的对齐和分布

应用"对齐"控制面板可以快速有效地对齐或分布多个图形。选择"窗口 > 对齐"命令，弹出"对齐"控制面板，如图 4-1 所示。单击控制面板右上方的图标，在弹出的菜单中选择"显示选项"命令，弹出"分布间距"选项组，如图 4-2 所示。

图 4-1

图 4-2

4.1.1　对齐对象

"对齐"控制面板中的"对齐对象"选项组中包括 6 种对齐命令按钮：水平左对齐按钮、水平居中对齐按钮、水平右对齐按钮、垂直顶对齐按钮、垂直居中对齐按钮、垂直底对齐按钮。

1. 水平左对齐

以最左边对象的左边边线为基准线，全部选取对象的左边缘都和这条线对齐（最左边对象的位置不变）。

选取要对齐的对象，如图 4-3 所示。单击"对齐"控制面板中的"水平左对齐"按钮，所有选取的对象将都向左对齐，如图 4-4 所示。

2. 水平居中对齐

以选定对象的中点为基准点对齐，所有对象在垂直方向的位置保持不变（多个对象进行水平居中对齐时，以中间对象的中点为基准点进行对齐，中间对象的位置不变）。

选取要对齐的对象，如图 4-5 所示。单击"对齐"控制面板中的"水平居中对齐"按钮，所有选取的对象都将水平居中对齐，如图 4-6 所示。

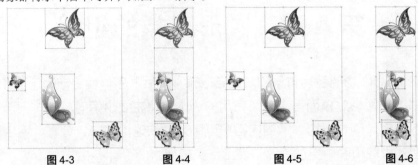

图 4-3   图 4-4   图 4-5   图 4-6

3. 水平右对齐

以最右边对象的右边边线为基准线，全部选取对象的右边缘都和这条线对齐（最右边对象的位置不变）。

选取要对齐的对象，如图 4-7 所示。单击"对齐"控制面板中的"水平右对齐"按钮，所有选取的对象都将水平向右对齐，如图 4-8 所示。

4. 垂直顶对齐

以多个要对齐对象中最上面对象的上边线为基准线，选定对象的上边线都和这条线对齐（最上面对象的位置不变）。

选取要对齐的对象，如图 4-9 所示。单击"对齐"控制面板中的"垂直顶对齐"按钮，所有选取的对象都将向上对齐，如图 4-10 所示。

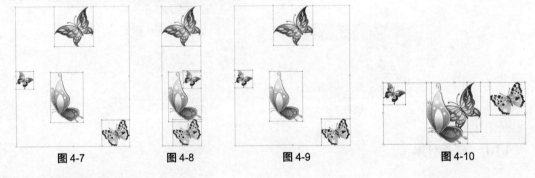

图 4-7   图 4-8   图 4-9   图 4-10

5. 垂直居中对齐

以多个要对齐对象的中点为基准点进行对齐，将所有对象进行垂直移动，水平方向上的位置不变（多个对象进行垂直居中对齐时，以中间对象的中点为基准点进行对齐，中间对象的位置不变）。

选取要对齐的对象，如图 4-11 所示。单击"对齐"控制面板中的"垂直居中对齐"按钮，所有选取的对象都将垂直居中对齐，如图 4-12 所示。

6. 垂直底对齐

以多个要对齐对象中最下面对象的下边线为基准线，选定对象的下边线都和这条线对齐（最下面对象的位置不变）。

选取要对齐的对象，如图 4-13 所示。单击"对齐"控制面板中的"垂直底对齐"按钮，所有选取的对象都将垂直向底对齐，如图 4-14 所示。

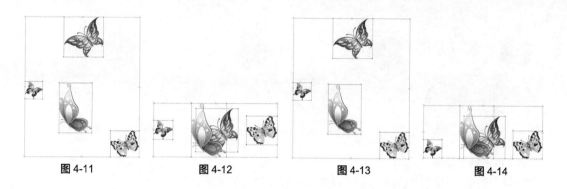

图 4-11　　　　　　图 4-12　　　　　　图 4-13　　　　　　图 4-14

4.1.2　分布对象

"对齐"控制面板中的"分布对象"选项组包括 6 种分布命令按钮：垂直顶分布按钮、垂直居中分布按钮、垂直底分布按钮、水平左分布按钮、水平居中分布按钮和水平右分布按钮。

1．垂直顶分布

以每个选取对象的上边线为基准线，使对象按相等的间距垂直分布。

选取要分布的对象，如图 4-15 所示。单击"对齐"控制面板中的"垂直顶分布"按钮，所有选取的对象将按各自的上边线等距离垂直分布，如图 4-16 所示。

2．垂直居中分布

以每个选取对象的中线为基准线，使对象按相等的间距垂直分布。

选取要分布的对象，如图 4-17 所示。单击"对齐"控制面板中的"垂直居中分布"按钮，所有选取的对象将按各自的中线，等距离垂直分布，如图 4-18 所示。

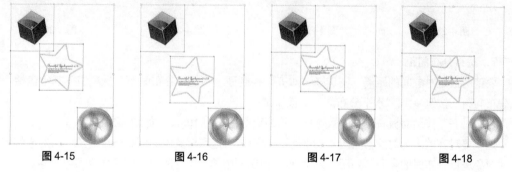

图 4-15　　　　　　图 4-16　　　　　　图 4-17　　　　　　图 4-18

3．垂直底分布

以每个选取对象的下边线为基准线，使对象按相等的间距垂直分布。

选取要分布的对象，如图 4-19 所示。单击"对齐"控制面板中的"垂直底分布"按钮，所有选取的对象将按各自的下边线，等距离垂直分布，如图 4-20 所示。

4．水平左分布

以每个选取对象的左边线为基准线，使对象按相等的间距水平分布。

选取要分布的对象，如图 4-21 所示。单击"对齐"控制面板中的"水平左分布"按钮，所有选取的对象将按各自的左边线，等距离水平分布，如图 4-22 所示。

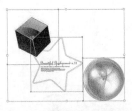
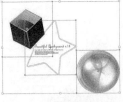
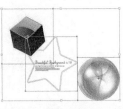
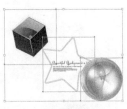

| 图 4-19 | 图 4-20 | 图 4-21 | 图 4-22 |

5. 水平居中分布

以每个选取对象的中线为基准线，使对象按相等的间距水平分布。

选取要分布的对象，如图 4-23 所示。单击"对齐"控制面板中的"水平居中分布"按钮，所有选取的对象将按各自的中线，等距离水平分布，如图 4-24 所示。

6. 水平右分布

以每个选取对象的右边线为基准线，使对象按相等的间距水平分布。

选取要分布的对象，如图 4-25 所示。单击"对齐"控制面板中的"水平右分布"按钮，所有选取的对象将按各自的右边线，等距离水平分布，如图 4-26 所示。

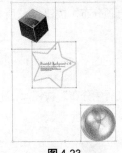
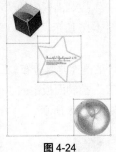
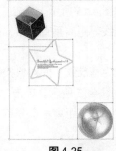
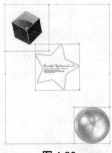

| 图 4-23 | 图 4-24 | 图 4-25 | 图 4-26 |

7. 垂直分布间距

要精确指定对象间的距离，需选择"对齐"控制面板中的"分布间距"选项组，其中包括"垂直分布间距"按钮和"水平分布间距"按钮。

在"对齐"控制面板右下方的数值框中将距离数值设为 10mm，如图 4-27 所示。

选取要对齐的多个对象，如图 4-28 所示。再单击被选取对象中的任意一个对象，该对象将作为其他对象进行分布时的参照。如图 4-29 所示，在图例中单击中间的星形图像作为参照对象。

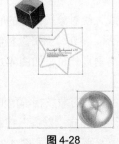
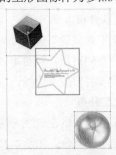

| 图 4-27 | 图 4-28 | 图 4-29 |

单击"对齐"控制面板中的"垂直分布间距"按钮，如图 4-30 所示。所有被选取的对象将以

星形图像作为参照按设置的数值等距离垂直分布，效果如图 4-31 所示。

图 4-30

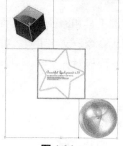
图 4-31

8. 水平分布间距

在"对齐"控制面板右下方的数值框中将距离数值设为 3mm，如图 4-32 所示。

选取要对齐的对象，如图 4-33 所示。再单击被选取对象中的任意一个对象，该对象将作为其他对象进行分布时的参照。如图 4-34 所示，图例中单击中间的星形图像作为参照对象。

图 4-32

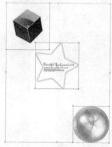
图 4-33

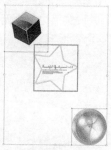
图 4-34

单击"对齐"控制面板中的"水平分布间距"按钮，如图 4-35 所示。所有被选取的对象将以星形图像作为参照按设置的数值等距离水平分布，效果如图 4-36 所示。

图 4-35

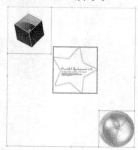
图 4-36

4.1.3　课堂案例——制作唱片封面

📓 **案例学习目标**

学习使用绘图工具、路径查找器面板和对齐面板制作唱片封面。

📋 **案例知识要点**

使用矩形工具、椭圆工具和路径查找器面板制作光盘。使用矩形工具、剪切蒙版命令、文字工具、直线工具和字符面板制作封面。使用对齐面板对齐文字。唱片封面效果如图4-37所示。

📋 **效果所在位置**

图 4-37

光盘/Ch04/效果/制作唱片封面.ai。

（1）按 Ctrl+N 组合键新建一个文档，宽度为 297mm，高度为 210mm，颜色模式为 CMYK，单击"确定"按钮。

（2）选择"矩形"工具 ▣，在适当的位置绘制矩形，设置图形填充色的 C、M、Y、K 值分别为 0、0、0、66，填充图形，并设置描边色为无，效果如图 4-38 所示。选择"椭圆"工具 ◯，按住 Shift 键的同时，在适当的位置绘制圆形，设置图形填充色的 C、M、Y、K 值分别为 20、100、80、0，填充图形，并设置描边色为无，效果如图 4-39 所示。

图 4-38

图 4-39

（3）选择"选择"工具 ▶，选取绘制的圆形，如图 4-40 所示。按 Ctrl+C 组合键复制圆形，按 Shift+Ctrl+V 组合键原位粘贴图形，按住 Alt+Shift 键的同时，等比放大圆形，并设置图形填充色为黑色，填充图形，效果如图 4-41 所示。用相同方法绘制其他图形，效果如图 4-42 所示。

图 4-40

图 4-41

图 4-42

（4）选择"选择"工具 ▶，按住 Shift 键的同时，选取需要的图形，如图 4-43 所示。选择"窗口 > 路径查找器"命令，弹出"路径查找器"面板，单击"减去顶层"按钮 ▣，将图形修剪，效果如图 4-44 所示。在属性栏中将"描边粗细"选项设为 2pt，设置描边色为白色，效果如图 4-45 所示。

（5）选择"椭圆"工具 ◯，按住 Shift 键的同时，在适当的位置绘制圆形，设置图形填充色为无，并设置描边色为黑色，在属性栏中将"描边粗细"选项设为 2pt，效果如图 4-46 所示。

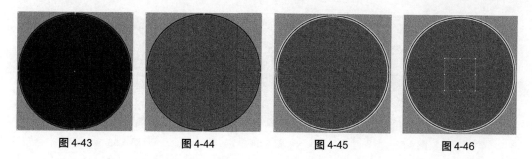

图 4-43   图 4-44   图 4-45   图 4-46

（6）选择"椭圆"工具 ◯，按住 Shift 键的同时，在适当的位置绘制圆形，设置图形填充色的 C、M、Y、K 值分别为 0、0、0、20，填充图形，并设置描边色为无，效果如图 4-47 所示。用相同方法绘制其他圆形，并填充适当颜色，效果如图 4-48 所示。选择"选择"工具 �... ，选取需要的图形，按 Ctrl+G 组合键将其编组，效果如图 4-49 所示。

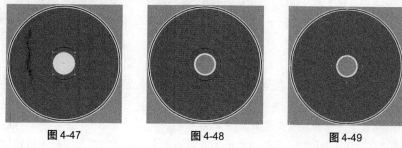

图 4-47   图 4-48   图 4-49

（7）选择"矩形"工具 ▭，在适当的位置绘制矩形，填充图形为白色，并设置描边色为无，效果如图 4-50 所示。选择"文件 > 置入"命令，弹出"置入"对话框，选择光盘中的"Ch04 > 素材 > 制作唱片封面 > 01"文件，单击"置入"按钮，将图片置入到页面中，单击属性栏中的"嵌入"按钮，嵌入图片。选择"选择"工具 ▲，拖曳图片到适当的位置，效果如图 4-51 所示。选择"矩形"工具 ▭，在适当的位置绘制矩形，效果如图 4-52 所示。

图 4-50   图 4-51   图 4-52

（8）选择"选择"工具 ▲，选取需要的图形和图片，如图 4-53 所示。选择"对象 > 剪切蒙版 > 建立"命令，创建剪切蒙版，效果如图 4-54 所示。选择"矩形"工具 ▭，在适当的位置绘制矩形，设置图形填充色为无，设置描边色的 C、M、Y、K 值分别为 20、96、55、0，填充描边色，在属性栏中将"描边粗细"选项设为 1.5pt，效果如图 4-55 所示。

（9）选择"文字"工具 T，在页面中输入需要的文字，按 Ctrl+T 组合键，在弹出"字符"面板中设置字体和文字大小，如图 4-56 所示，效果如图 4-57 所示。用相同方法添加其他文字，效果如图 4-58 所示。

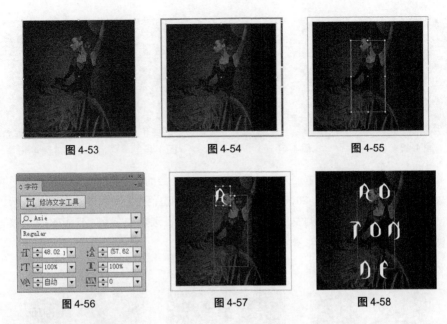

图 4-53　　　　　　　　　　图 4-54　　　　　　　　　　图 4-55

图 4-56　　　　　　　　　　图 4-57　　　　　　　　　　图 4-58

（10）选择"直线"工具 ，在适当的位置绘制直线，填充描边色为白色，在属性栏中将"描边粗细"选项设为 4pt，效果如图 4-59 所示。选择"选择"工具 ，选取需要的直线，按住 Alt+Shift 键的同时向下拖曳直线，复制直线，效果如图 4-60 所示。

（11）选择"文字"工具 ，在页面中输入需要的文字，在"字符"面板中设置字体和文字大小，如图 4-61 所示，效果如图 4-62 所示。用相同方法添加其他文字，效果如图 4-63 所示。

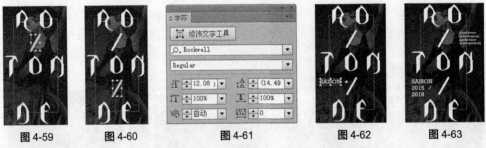

图 4-59　　　图 4-60　　　　　　图 4-61　　　　　　图 4-62　　　图 4-63

（12）选择"选择"工具 ，选取所有文字，选择"文字 > 创建轮廓"命令，创建文字轮廓，效果如图 4-64 所示。选择"窗口 > 对齐"命令，如图 4-65 所示，分别选择合适的对齐和分布命令，效果如图 4-66 所示。唱片封面效果制作完成，效果如图 4-67 所示。

图 4-64　　　　　　图 4-65　　　　　　图 4-66　　　　　　图 4-67

4.2　对象和图层的顺序

对象之间存在着堆叠的关系，后绘制的对象一般显示在先绘制的对象之上，在实际操作中，可以根据需要改变对象之间的堆叠顺序。通过改变图层的排列顺序也可以改变对象的排序。

选择"对象 > 排列"命令，其子菜单包括 5 个命令：置于顶层、前移一层、后移一层、置于底层和发送至当前图层，使用这些命令可以改变图形对象的排序。对象间堆叠的效果如图 4-68 所示。选中要排序的对象，用鼠标右键单击页面，在弹出的快捷菜单中也可选择"排列"命令，还可以应用组合键命令来对对象进行排序。

1. 置于顶层

将选取的图像移到所有图像的顶层。选取要移动的图像，如图 4-69 所示。用鼠标右键单击页面，弹出其快捷菜单，在"排列"命令的子菜单中选择"置于顶层"命令，图像排到顶层，效果如图 4-70 所示。

图 4-68　　　　　　　　　图 4-69　　　　　　　　　图 4-70

2. 前移一层

将选取的图像向前移过一个图像。选取要移动的图像，如图 4-71 所示。用鼠标右键单击页面，弹出其快捷菜单，在"排列"命令的子菜单中选择"前移一层"命令，图像向前一层，效果如图 4-72 所示。

图 4-71　　　　　　　　　图 4-72

3. 后移一层

将选取的图像向后移过一个图像。选取要移动的图像，如图 4-73 所示。用鼠标右键单击页面，弹出其快捷菜单，在"排列"命令的子菜单中选择"后移一层"命令，图像向后一层，效果如图 4-74 所示。

图 4-73　　　　　　　　　图 4-74

4. 置于底层

将选取的图像移到所有图像的底层。选取要移动的图像，如图 4-75 所示。用鼠标右键单击页面，弹出其快捷菜单，在"排列"命令的子菜单中选择"置于底层"命令，图像将排到最后面，效果如图 4-76 所示。

图 4-75　　　　　　　　　图 4-76

5. 发送至当前图层

选择"图层"控制面板，在"图层 1"上新建"图层 2"，如图 4-77 所示。选取要发送到当前图层的茶壶图像，如图 4-78 所示，这时"图层 1"变为当前图层，如图 4-79 所示。

图 4-77　　　　　　　　图 4-78　　　　　　　　图 4-79

用鼠标单击"图层 2"，使"图层 2"成为当前图层，如图 4-80 所示。用鼠标右键单击页面，弹出其快捷菜单，在"排列"命令的子菜单中选择"发送至当前图层"命令，茶壶图像被发送到当前图层，即"图层 2"中，页面效果如图 4-81 所示，"图层"控制面板效果如图 4-82 所示。

图 4-80　　　　　　　　图 4-81　　　　　　　　图 4-82

4.3　控制对象

在 Illustrator CC 中，控制对象的方法非常灵活，可以将多个图形进行编组，从而组合成一个图形组，还可以锁定和解锁对象等方法。

4.3.1　编组

使用"编组"命令，可以将多个对象组合在一起使其成为一个对象。使用"选择"工具，选取要编组的图像，编组之后，单击任何一个图像，其他图像都会被一起选取。

1. 创建组合

选取要编组的对象，如图 4-83 所示，选择"对象 > 编组"命令（组合键为 Ctrl+G），将选取的对象组合，组合后的图像，选择其中的任何一个图像，其他的图像也会同时被选取，如图 4-84 所示。

将多个对象组合后，其外观并没有变化，当对任何一个对象进行编辑时，其他对象也随之产生相应的变化。如果需要单独编辑组合中的个别对象，而不改变其他对象的状态，可以应用"编组选择"工具 进行选取。选择"编组选择"工具 ，用鼠标单击要移动的对象并按住鼠标左键不放，拖曳对象到合适的位置，效果如图 4-85 所示，其他的对象并没有变化。

图 4-83　　　　　　　　　图 4-84　　　　　　　　　图 4-85

> **提示**
> "编组"命令还可以将几个不同的组合进行进一步的组合，或在组合与对象之间进行进一步的组合。在几个组之间进行组合时，原来的组合并没有消失，它与新得到的组合是嵌套的关系。组合不同图层上的对象，组合后所有的对象将自动移动到最上边对象的图层中，并形成组合。

2. 取消组合

选取要取消组合的对象，如图 4-86 所示。选择"对象 > 取消编组"命令（组合键为 Shift+Ctrl+G），取消组合的图像。取消组合后的图像，可通过单击鼠标选取任意一个图像，如图 4-87 所示。

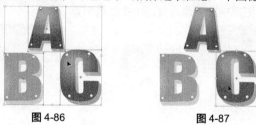

图 4-86　　　　　　　　　图 4-87

进行一次"取消编组"命令只能取消一层组合，例如，两个组合使用"编组"命令得到一个新的组合。应用"取消编组"命令取消这个新组合后，得到两个原始的组合。

4.3.2　锁定对象

锁定对象可以防止操作时误选对象，也可以防止当多个对象重叠在一起而选择一个对象时，其他对象也连带被选取。

锁定对象包括 3 个部分：所选对象、上方所有图稿、其他图层。

1. 锁定选择

选取要锁定的字母"B"，如图 4-88 所示。选择"对象 > 锁定 > 所选对象"命令（组合键为 Ctrl+2），将字母"B"图形锁定。锁定后，当其他图像移动时，字母"B"图形不会随之移动，如图

4-89 所示。

图 4-88   图 4-89

2. 锁定上方所有图稿的图像

选取字母"A",如图 4-90 所示。选择"对象 > 锁定 > 上方所有图稿"命令,字母"A"图形之上的字母"B"图形和字母"C"图形则被锁定。当移动字母"A"图形的时候,字母"B"图形和字母"C"图形不会随之移动,如图 4-91 所示。

图 4-90   图 4-91

3. 锁定其他图层

字母"A"图形、字母"B"图形、字母"C"图形分别在不同的图层上,如图 4-92 所示。选取字母"A"图形,如图 4-93 所示。选择"对象 > 锁定 > 其他图层"命令,在"图层"控制面板中,除了字母"A"图形所在的图层,其他图层都被锁定了。被锁定图层的左边将会出现一个锁头的图标 🔒,如图 4-94 所示。锁定图层中的图像在页面中也都被锁定了。

图 4-92   图 4-93   图 4-94

4. 解除锁定

选择"对象 > 全部解锁"命令(组合键为 Alt +Ctrl+2),被锁定的图像就会被取消锁定。

课堂练习——绘制热气球插画

练习知识要点

使用矩形工具绘制背景底图，使用椭圆工具、路径查找器面板和矩形工具绘制云图形，使用椭圆工具和圆角矩形工具绘制热气球图形，使用编组命令编组需要的图形，最终效果如图 4-95 所示。

效果所在位置

光盘/Ch04/效果/绘制热气球插画.ai。

图 4-95

课后习题——制作招聘广告

习题知识要点

使用矩形工具和纹理化命令绘制背景底图，使用椭圆工具、直接选择工具、钢笔工具和文字工具制作标牌，使用复制、粘贴命令添加宣传文字，使用对齐面板对齐宣传文字，最终效果如图 4-96 所示。

效果所在位置

光盘/Ch04/效果/制作招聘广告.ai。

图 4-96

第 5 章　颜色填充与描边

本章将介绍 Illustrator CC 中填充工具和命令工具的使用方法，以及描边和符号的添加和编辑技巧。通过本章的学习，读者可以利用颜色填充和描边功能，绘制出漂亮的图形效果，还可将需要重复应用的图形制作成符号，以提高工作效率。

课堂学习目标	/ 了解填充工具的使用方法
	/ 掌握常用控制面板的使用技巧
	/ 熟练掌握渐变和图案填充的方法
	/ 掌握渐变网格填充的技巧
	/ 掌握描边面板的功能和使用方法
	/ 了解符号面板并掌握符号工具的应用

5.1　颜色填充

Illustrator CC 用于填充的内容包括"色板"控制面板中的单色对象、图案对象和渐变对象，以及"颜色"控制面板中的自定义颜色。另外，"色板库"提供了多种外挂的色谱、渐变对象和图案对象。

5.1.1　填充工具

应用工具箱中的"填色"和"描边"工具，可以指定所选对象的填充颜色和描边颜色。当单击按钮（快捷键为 X）时，可以切换填色显示框和描边显示框的位置。按 Shift+X 组合键时，可使选定对象的颜色在填充和描边填充之间切换。

在"填色"和"描边"下面有 3 个按钮□□□，它们分别是"颜色"按钮、"渐变"按钮和"无"按钮。当选择渐变填充时它不能用于图形的描边上。

5.1.2　"颜色"控制面板

Illustrator 通过"颜色"控制面板设置对象的填充颜色。单击"颜色"控制面板右上方的图标，在弹出式菜单中选择当前取色时使用的颜色模式。无论选择哪一种颜色模式，控制面板中都将显示出相关的颜色内容，如图 5-1 所示。

选择"窗口 > 颜色"命令，弹出"颜色"控制面板。"颜色"控制面板上的按钮用来进行填充颜色和描边颜色之间的互相切换，操作方法与工具箱中按钮的使用方法相同。

将光标移动到取色区域，光标变为吸管形状，单击就可以选取颜色。拖曳各个颜色滑块或在各个数值框中输入有效的数值，可以调配出更精确的颜色，如图 5-2 所示。

更改或设定对象的描边颜色时，单击选取已有的对象，在"颜色"控制面板中切换到描边颜色□，选取或调配出新颜色，这时新选的颜色被应用到当前选定对象的描边中，如图 5-3 所示。

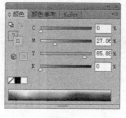

图 5-1　　　　　　　　　图 5-2　　　　　　　　　图 5-3

5.1.3　"色板"控制面板

选择"窗口 > 色板"命令，弹出"色板"控制面板，在"色板"控制面板中单击需要的颜色或样本，可以将其选中，如图 5-4 所示。

"色板"控制面板提供了多种颜色和图案，并且允许添加并存储自定义的颜色和图案。单击"显示色板类型"菜单按钮，可以使所有的样本显示出来；单击"新建颜色组"按钮，可以新建颜色组；单击"色板选项"按钮，可以打开"色板"选项对话框；"新建色板"按钮用于定义和新建一个新的样本；"删除色板"按钮可以将选定的样本从"色板"控制面板中删除。

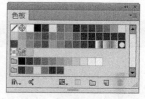

图 5-4

绘制一个图形，单击填色按钮，如图 5-5 所示。选择"窗口 > 色板"命令，弹出"色板"控制面板，在"色板"控制面板中单击需要的颜色或图案，来对图形内部进行填充，效果如图 5-6 所示。

图 5-5　　　　　　　　　　　　　图 5-6

选择"窗口 > 色板库"命令，可以调出更多的色板库。引入外部色板库，新增的多个色板库都将显示在同一个"色板"控制面板中。

在"色板"控制面板左上角的方块标有斜红杠，表示无颜色填充。双击"色板"控制面板中的颜色缩略图的时候会弹出"色板选项"对话框，可以设置其颜色属性，如图 5-7 所示。

单击"色板"控制面板右上方的按钮，将弹出下拉菜单，选择菜单中的"新建色板"命令，如图 5-8 所示，可以将选中的某一颜色或样本添加到"色板"控制面板中；单击"新建色板"按钮，也可以添加新的颜色或样本到"色板"控制面板中。

Illustrator CC 除"色板"控制面板中默认的样本外，在其"色板库"中还提供了多种色板。选择"窗口 > 色板库"命令，或单击"色板"控制面板左下角的"色板库菜单"按钮，可以看到在其子菜单中包括了不同的样本可供选择使用。当选择"窗口 > 色板库 > 其他库"命令时，弹出对话框，可以将其他文件中的色板样本、渐变样本和图案样本导入到"色板"控制面板中。

Illustrator CC 增强了"色板"面板的搜索功能，可以键入颜色名称或输入 CMYK 颜色值进行搜索。"查找栏"在默认情况下不启用，单击"色板"控制面板右上方的按钮，在弹出的下拉菜单中选择"显示查找栏位"命令，面板上方显示查找选项。

单击"打开 kuler 面板"按钮  ，弹出 kuler 面板，可以试用、创建和共享在项目中使用的颜色。

图 5-7   图 5-8

5.2 渐变填充

渐变填充是指两种或多种不同颜色在同一条直线上逐渐过渡填充。建立渐变填充有多种方法，可以使用"渐变"工具 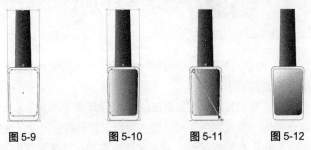 ，也可以使用"渐变"控制面板和"颜色"控制面板来设置选定对象的渐变颜色，还可以使用"色板"控制面板中的渐变样本。

5.2.1 创建渐变填充

绘制一个图形，如图 5-9 所示。单击工具箱下部的"渐变"按钮 ，对图形进行渐变填充，效果如图 5-10 所示。选择"渐变"工具 ，在图形需要的位置单击设定渐变的起点并按住鼠标左键拖曳，再次单击确定渐变的终点，如图 5-11 所示，渐变填充的效果如图 5-12 所示。

图 5-9   图 5-10   图 5-11   图 5-12

在"色板"控制面板中单击需要的渐变样本，对图形进行渐变填充，效果如图 5-13 所示。

图 5-13

5.2.2　渐变控制面板

在"渐变"控制面板中可以设置渐变参数，可选择"线性"或"径向"渐变，设置渐变的起始、中间和终止颜色，还可以设置渐变的位置和角度。

选择"窗口 > 渐变"命令，弹出"渐变"控制面板，如图 5-14 所示。从"类型"选项的下拉列表中可以选择"径向"或"线性"渐变方式，如图 5-15 所示。在"角度"选项的数值框中显示当前的渐变角度，重新输入数值后单击 Enter 键，可以改变渐变的角度，如图 5-16 所示。

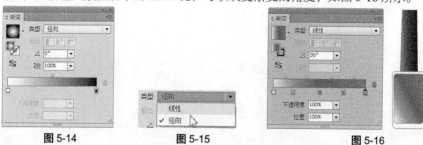

图 5-14　　　　　　　　　　图 5-15　　　　　　　　　　　图 5-16

单击"渐变"控制面板下面的颜色滑块，在"位置"选项的数值框中显示出该滑块在渐变颜色中颜色位置的百分比，如图 5-17 所示，拖曳该滑块，改变该颜色的位置，即改变颜色的渐变梯度，如图 5-18 所示。

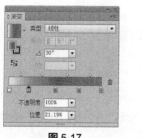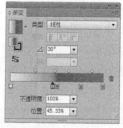

图 5-17　　　　　　　　　　　图 5-18

在渐变色谱条底边单击，可以添加一个颜色滑块，如图 5-19 所示。在"颜色"控制面板中调配颜色，如图 5-20 所示，可以改变添加的颜色滑块的颜色，如图 5-21 所示。用鼠标按住颜色滑块不放并将其拖出到"渐变"控制面板外，可以直接删除颜色滑块。

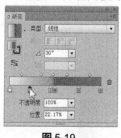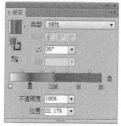

图 5-19　　　　　　　　图 5-20　　　　　　　　　图 5-21

5.2.3　渐变填充的样式

1．线性渐变填充

线性渐变填充是一种比较常用的渐变填充方式，通过"渐变"控制面板，可以精确地指定线性渐变的起始和终止颜色，还可以调整渐变方向；通过调整中心点的位置，可以生成不同的颜色渐变效果。当需要绘制线性渐变填充图形时，可按以下步骤操作。

选择绘制好的图形，如图 5-22 所示。双击"渐变"工具 ▣ 或选择"窗口 > 渐变"命令（组合键为 Ctlr+F9），弹出"渐变"控制面板。在"渐变"控制面板色谱条中，显示程序默认的白色到黑色的线性渐变样式，如图 5-23 所示。在"渐变"控制面板的"类型"选项的下拉列表中选择"线性"渐变类型，如图 5-24 所示，图形将被线性渐变填充，效果如图 5-25 所示。

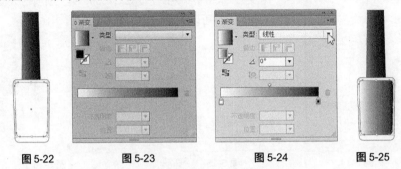

图 5-22   图 5-23   图 5-24   图 5-25

单击"渐变"控制面板中的起始颜色游标 ▯，如图 5-26 所示，然后在"颜色"控制面板中调配所需的颜色，设置渐变的起始颜色。再单击终止颜色游标 ▣，如图 5-27 所示，设置渐变的终止颜色，效果如图 5-28 所示，图形的线性渐变填充效果如图 5-29 所示。

拖曳色谱条上边的控制滑块，可以改变颜色的渐变位置，如图 5-30 所示。"位置"数值框中的数值也会随之发生变化，设置"位置"数值框中的数值也可以改变颜色的渐变位置，图形的线性渐变填充效果也将改变，如图 5-31 所示。

如果要改变颜色渐变的方向，可选择"渐变"工具 ▣，直接在图形中拖曳即可。当需要精确地改变渐变方向时，可通过"渐变"控制面板中的"角度"选项来控制图形的渐变方向。

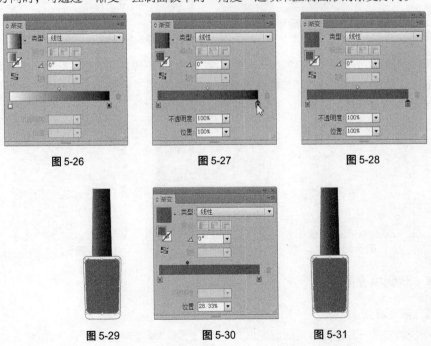

图 5-26   图 5-27   图 5-28

图 5-29   图 5-30   图 5-31

2．径向渐变填充

径向渐变填充是 Illustrator CC 的另一种渐变填充类型，与线性渐变填充不同，它是从起始颜色以圆的形式向外发散，逐渐过渡到终止颜色。它的起始颜色和终止颜色，以及渐变填充中心点的位置都是可以改变的。使用径向渐变填充可以生成多种渐变填充效果。

选择绘制好的图形，如图 5-32 所示。双击"渐变"工具 或选择"窗口 > 渐变"命令（组合键为 Ctrl+F9），弹出"渐变"控制面板。在"渐变"控制面板色谱条中，显示程序默认的白色到黑色的线性渐变样式，如图 5-33 所示。在"渐变"控制面板的"类型"选项的下拉列表中选择"径向"渐变类型，如图 5-34 所示，图形将被径向渐变填充，效果如图 5-35 所示。

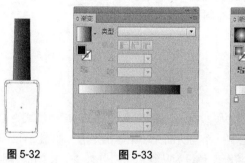
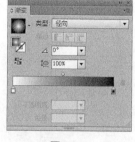

图 5-32　　　　　图 5-33　　　　　　　　图 5-34　　　　　图 5-35

单击"渐变"控制面板中的起始颜色游标 ，或终止颜色游标 ，然后在"颜色"控制面板中调配颜色，即可改变图形的渐变颜色，效果如图 5-36 所示。拖曳色谱条上边的控制滑块，可以改变颜色的中心渐变位置，效果如图 5-37 所示。使用"渐变"工具 绘制，可改变径向渐变的中心位置，效果如图 5-38 所示。

5.2.4　使用渐变库

图 5-36　　图 5-37　　图 5-38

除了在"色板"控制面板中提供的渐变样式外，Illustrator CC 还提供了一些渐变库。选择"窗口 > 色板库 > 其他库"命令，弹出"打开"对话框，在"色板 > 渐变"文件夹内包含了系统提供的渐变库，如图 5-39 所示，在文件夹中可以选择不同的渐变库，选择后单击"打开"按钮，渐变库的效果如图 5-40 所示。

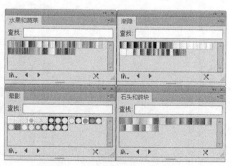

图 5-39　　　　　　　　　　　图 5-40

5.2.5　课堂案例——制作旅游插画

📋 **案例学习目标**

学习使用绘图工具和渐变工具制作旅游插画。

📋 **案例知识要点**

使用矩形工具、渐变面板、色板库和透明度面板制作背景效果。使用钢笔工具、渐变面板和建立剪切蒙版命令制作眼镜插画。旅游插画效果如图 5-41 所示。

图 5-41

📋 **效果所在位置**

光盘/Ch05/效果/制作旅游插画.ai。

（1）按 Ctrl+N 组合键新建一个文档，宽度为 297mm，高度为 210mm，颜色模式为 CMYK，单击"确定"按钮。选择"矩形"工具▣，绘制一个与页面大小相等的矩形，如图 5-42 所示。双击"渐变"工具▣，弹出"渐变"控制面板，将渐变色设为从绿色（C、M、Y、K 的值分别为 55、0、90、0）到浅蓝色（C、M、Y、K 的值分别为 25、5、10、0），其他选项的设置如图 5-43 所示，图形被填充渐变色，设置图形的描边颜色为无，效果如图 5-44 所示。

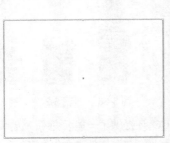

图 5-42

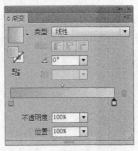

图 5-43

图 5-44

（2）选择"矩形"工具▣，绘制一个与页面大小相等的矩形，如图 5-45 所示。选择"窗口 > 色板库 > 图案 > 基本图形 > 基本图形-线条"命令，弹出"基本图形-线条"面板，单击选取的图案，如图 5-46 所示，效果如图 5-47 所示。

图 5-45

图 5-46

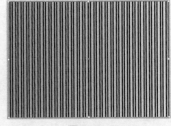

图 5-47

（3）选择"窗口 > 变换"命令，弹出"变换"面板，单击控制面板右上方的▨按钮，在弹出的菜单中选择需要的命令，如图 5-48 所示。选择"选择"工具▶，选取需要的图形，如图 5-49 所示，在 "变换" 面板中设置 "旋转" 角度为-30，效果如图 5-50 所示。

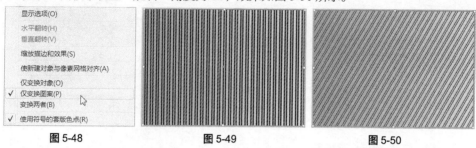

图 5-48　　　　　　　图 5-49　　　　　　　图 5-50

（4）选择 "窗口 > 透明度" 命令，弹出 "透明度" 面板，选项的设置如图 5-51 所示，按 Enter 键，效果如图 5-52 所示。

图 5-51　　　　　　　　图 5-52

（5）选择 "钢笔" 工具 ，绘制所需的图形，如图 5-53 所示。双击 "渐变" 工具 ▣，弹出 "渐变" 控制面板，将渐变色设为从黑色（C、M、Y、K 的值分别为 80、80、77、60）到蓝色（C、M、Y、K 的值分别为 68、30、10、0）再到黑色（C、M、Y、K 的值分别为 80、80、77、60）的渐变，选中渐变色带下方的渐变滑块，将其位置设置为 0、51、100，其他选项的设置如图 5-54 所示，图形被填充渐变色，设置图形的描边颜色为无，效果如图 5-55 所示。

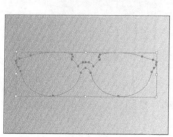
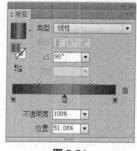

图 5-53　　　　　　　图 5-54　　　　　　　图 5-55

（6）选择 "选择" 工具 ▸，选取需要的图形，在属性栏中设置图形描边粗细为 3px，设置图形描边色的 C、M、Y、K 值分别为 20、8、10、0，填充描边色，效果如图 5-56 所示。选择 "矩形" 工具 ▣，在适当的位置绘制矩形，设置图形填充色的 C、M、Y、K 值分别为 0、0、0、60，填充图形，并设置描边色为无。按 Ctrl+ [组合键，后移一层，效果如图 5-57 所示。

（7）选择 "钢笔" 工具 ✎，绘制所需的图形，如图 5-58 所示。双击 "渐变" 工具 ▣，弹出 "渐变" 控制面板，将渐变色设为从白色（C、M、Y、K 的值分别为 0、0、0、0）到蓝色（C、M、Y、K 的值分别为 50、17、14、0），其他选项的设置如图 5-59 所示，图形被填充渐变色，设置图形的描边颜色为无，效果如图 5-60 所示。用上述方法绘制其他图形，效果如图 5-61 所示。

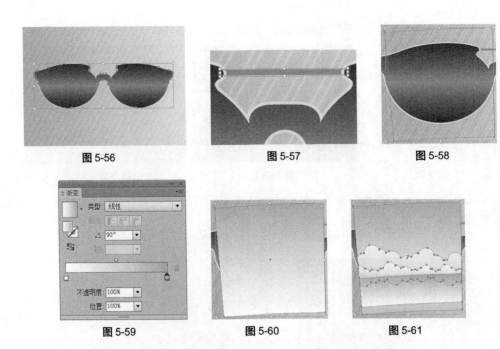

图 5-56 　　　　　　　　　图 5-57 　　　　　　　　　图 5-58

图 5-59 　　　　　　　　　图 5-60 　　　　　　　　　图 5-61

（8）选择"钢笔"工具 ，绘制所需的图形，如图 5-62 所示。选择"选择"工具 ，选取需要的图形，如图 5-63 所示，选择"对象 > 剪切蒙版 > 建立"命令，创建剪切蒙版，效果如图 5-64 所示。

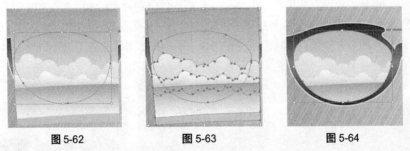

图 5-62 　　　　　　　　　图 5-63 　　　　　　　　　图 5-64

（9）选择"选择"工具 ，选取需要的图形，如图 5-65 所示。选择"对象 > 变换 > 对称"命令，在弹出的对话框中进行设置，如图 5-66 所示，单击"复制"按钮，效果如图 5-67 所示。

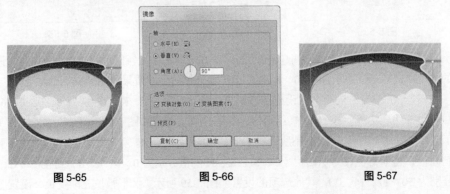

图 5-65 　　　　　　　　　图 5-66 　　　　　　　　　图 5-67

（10）选择"选择"工具 ，选取复制的图形，将其拖曳到适当位置，效果如图 5-68 所示。打开光盘中的"Ch05 > 素材 > 制作旅游插画 > 01"文件，按 Ctrl+A 组合键全选图形，复制并将其粘贴到正在编辑的页面中，调整图形的大小及位置，效果如图 5-69 所示。

图 5-68   图 5-69

（11）打开光盘中的"Ch05 > 素材 > 制作旅游插画 > 02"文件，按 Ctrl+A 组合键全选图形，复制并将其粘贴到正在编辑的页面中，调整图形的大小及位置，效果如图 5-70 所示。选择"矩形"工具 ⬛，绘制一个与页面大小相等的矩形，如图 5-71 所示。

图 5-70   图 5-71

（12）选择"选择"工具 ▶，选取需要的图形，如图 5-72 所示。选择"对象 > 剪切蒙版 > 建立"命令，创建剪切蒙版，效果如图 5-73 所示。打开光盘中的"Ch05 > 素材 > 制作旅游插画 > 03"文件，按 Ctrl+A 组合键全选图形，复制并将其粘贴到正在编辑的页面中，调整图形的大小及位置，效果如图 5-74 所示。旅游插画制作完成。

图 5-72   图 5-73   图 5-74

5.3 图案填充

图案填充是绘制图形的重要手段，使用合适的图案填充可以使绘制的图形更加生动形象。

5.3.1 使用图案填充

选择"窗口 > 色板库 > 图案"命令，可以选择自然、装饰灯等多种图案填充图形，如图 5-75

所示。绘制一个图形，如图 5-76 所示。在工具箱下方选择描边按钮，再在"色板"控制面板中选择需要的图案，如图 5-77 所示。图案填充到图形的描边上，效果如图 5-78 所示。

图 5-75

图 5-76

图 5-77

图 5-78

在工具箱下方选择填充按钮，在"色板"控制面板中单击选择需要的图案，如图 5-79 所示。图案填充到图形的内部，效果如图 5-80 所示。

图 5-79

图 5-80

5.3.2 创建图案填充

在 Illustrator CC 中可以将基本图形定义为图案，作为图案的图形不能包含渐变、渐变网格、图案和位图。

使用"星形"工具 ⭐，绘制 3 个星形，然后同时选取这 3 个星形，如图 5-81 所示。选择"对象 > 图案 > 建立"命令，弹出提示框和"图案选项"面板，如图 5-82 所示，同时页面进入"图案编辑模式"，单击提示框的"确定"按钮，在面板中可以设置图案的名称、大小和重叠方式等，设置完成后，单击页面左上方的"完成"按钮，定义的图案就添加到"色板"控制面板中，效果如图 5-83 所示。

图 5-81

图 5-82

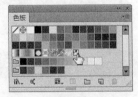
图 5-83

在"色板"控制面板中单击新定义的图案并将其拖曳到页面上，如图 5-84 所示。选择"对象 > 取消编组"命令，取消图案组合，可以重新编辑图案，效果如图 5-85 所示。选择"对象 > 编组"命令，将新编辑的图案组合，将图案拖曳到"色板"控制面板中，如图 5-86 所示，在"色板"控制面板中添加了新定义的图案，如图 5-87 所示。

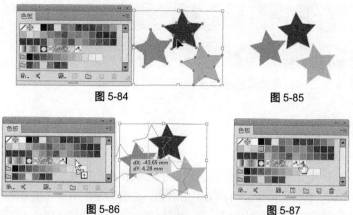

图 5-84 　　　　　　　　　　　图 5-85

图 5-86 　　　　　　　　　　　图 5-87

使用"多边形"工具 ，绘制一个多边形，如图 5-88 所示。在"色板"控制面板中单击新定义的图案，如图 5-89 所示，多边形的图案填充效果如图 5-90 所示。

图 5-88 　　　　　　　图 5-89 　　　　　　　图 5-90

Illustrator CC 自带一些图案库。选择"窗口 > 图形样式库"子菜单下的各种样式，加载不同的样式库。可以选择"其他库"命令来加载外部样式库。

5.3.3　使用图案库

除了在"色板"控制面板中提供的图案外，Illustrator CC 还提供了一些图案库。选择"窗口 > 色板库 > 其他库"命令，弹出"打开"对话框，在"色板 > 图案"文件夹中包含了系统提供的渐变库，如图 5-91 所示，在文件夹中可以选择不同的图案库，选择后单击"打开"按钮，图案库的效果如图 5-92 和图 5-93 所示。

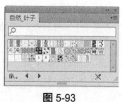

图 5-91 　　　　　　　　　　图 5-92 　　　　　　　　图 5-93

5.4 渐变网格填充

应用渐变网格功能可以制作出图形颜色细微之处的变化，并且易于控制图形颜色。使用渐变网格可以对图形应用多个方向、多种颜色的渐变填充。

5.4.1 建立渐变网格

1．使用网格工具 建立渐变网格

使用"椭圆"工具 绘制一个椭圆形并保持其被选取状态，如图 5-94 所示。选择"网格"工具 ，在椭圆形中单击，将椭圆形建立为渐变网格对象，在椭圆形中增加了横竖两条线交叉形成的网格，如图 5-95 所示，继续在椭圆形中单击，可以增加新的网格，效果如图 5-96 所示。

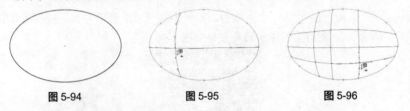

图 5-94   图 5-95   图 5-96

在网格中横竖两条线交叉形成的点就是网格点，而横、竖线就是网格线。

2．使用"创建渐变网格"命令创建渐变网格

使用"椭圆"工具 绘制一个椭圆形并保持其被选取状态，如图 5-97 所示。选择"对象 > 创建渐变网格"命令，弹出"创建渐变网格"对话框，如图 5-98 所示，设置数值后，单击"确定"按钮，可以为图形创建渐变网格的填充，效果如图 5-99 所示。

图 5-97   图 5-98   图 5-99

在"创建渐变网格"对话框中，"行数"选项的数值框中可以输入水平方向网格线的数量；"列数"选项的数值框中可以输入垂直方向网络线的数量；在"外观"选项的下拉列表中可以选择创建渐变网格后图形高光部位的表现方式，有平淡色、至中心、至边缘 3 种方式可以选择；在"高光"选项的数值框中可以设置高光处的强度，当数值为 0 时，图形没有高光点，而是均匀的颜色填充。

5.4.2 编辑渐变网格

1．添加网格点

使用"椭圆"工具 绘制椭圆形，如图 5-100 所示。选择"网格"工具 在椭圆形中单击，

建立渐变网格对象，如图 5-101 所示，在椭圆形中的其他位置再次单击，可以添加网格点，如图 5-102 所示，同时添加了网格线。在网格线上再次单击，可以继续添加网格点，如图 5-103 所示。

2. 删除网格点

使用"网格"工具 ▦ 或"直接选择"工具 ▷ 单击选中网格点，如图 5-104 所示，在按住 Alt 键的同时单击网格点，即可将网格点删除，效果如图 5-105 所示。

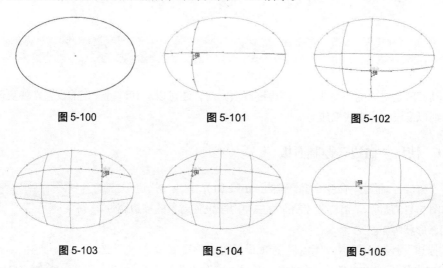

图 5-100　　　　　图 5-101　　　　　图 5-102

图 5-103　　　　　图 5-104　　　　　图 5-105

3. 编辑网格颜色

使用"直接选择"工具 ▷ 单击选中网格点，如图 5-106 所示，在"色板"控制面板中单击需要的颜色块，如图 5-107 所示，可以为网格点填充颜色，效果如图 5-108 所示。

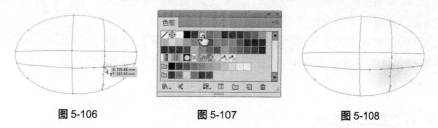

图 5-106　　　　　图 5-107　　　　　图 5-108

使用"直接选择"工具 ▷ 单击选中网格，如图 5-109 所示，在"色板"控制面板中单击需要的颜色块，如图 5-110 所示，可以为网格填充颜色，效果如图 5-111 所示。

图 5-109　　　　　图 5-110　　　　　图 5-111

使用"网格"工具 ▦ 在网格点上单击并按住鼠标左键拖曳网格点，可以移动网格点，效果如图 5-113 所示。拖曳网格点的控制手柄可以调节网格线，效果如图 5-112 所示。渐变网格的填色效果如图 5-114 所示。

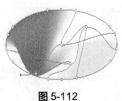

图 5-112

图 5-113

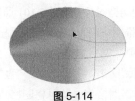

图 5-114

5.5 编辑描边

描边其实就是对象的描边线，对描边进行填充时，还可以对其进行一定的设置，如更改描边的形状、粗细以及设置为虚线描边等。

5.5.1 使用"描边"控制面板

选择"窗口 > 描边"命令（组合键为 Ctrl+F10），弹出"描边"控制面板，如图 5-115 所示。"描边"控制面板主要用来设置对象的描边属性，例如粗细、形状等。

在"描边"控制面板中，"粗细"选项设置描边的宽度。"端点"选项组指定描边各线段的首端和尾端的形状样式，它有平头端点、圆头端点和方头端点 3 种不同的端点样式。"边角"选项组指定一段描边的拐点，即描边的拐角形状，它有 3 种不同的拐角接合形式，分别为斜接连接、圆角连接和斜角连接。"限制"选项设置斜角的长度，它将决定描边沿路径改变方向时伸展的长度。"对齐描边"选项组用于设置描边与路径的对齐方式，分别为使描边居中对齐、使描边内侧对齐和使描边外侧对齐。勾选"虚线"复选项可以创建描边的虚线效果。

图 5-115

5.5.2 设置描边的粗细

当需要设置描边的宽度时，要用到"粗细"选项，可以在其下拉列表中选择合适的粗细，也可以直接输入合适的数值。

单击工具箱下方的描边按钮，使用"星形"工具绘制一个星形并保持其被选取状态，效果如图 5-116 所示。在"描边"控制面板中"粗细"选项的下拉列表中选择需要的描边粗细值，或直接输入合适的数值。本例设置的粗细数值为 30pt，如图 5-117 所示，星形的描边粗细被改变，效果如图 5-118 所示。

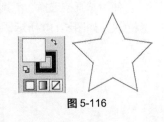

图 5-116

当要更改描边的单位时，可选择"编辑 > 首选项 > 单位"命令，弹出"首选项"对话框，如图 5-119 所示。可以在"描边"选项的下拉列表中选择需要的描边单位。

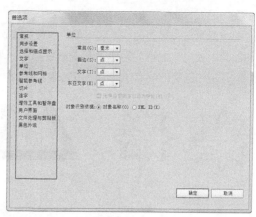

图 5-117　　　　　　　　图 5-118　　　　　　　　　　　　图 5-119

5.5.3　设置描边的填充

保持星形为被选取的状态，效果如图 5-120 所示。在"色板"控制面板中单击选取所需的填充样本，对象描边的填充效果如图 5-121 所示。不能使用渐变填充样本对描边进行填充。

图 5-120

图 5-121

保持星形被选取的状态，如图 5-122 所示。在"颜色"控制面板中调配所需的颜色，如图 5-123 所示，或双击工具箱下方的"描边填充"按钮█，弹出"拾色器"对话框，如图 5-124 所示。在对话框中可以调配所需的颜色，对象描边的颜色填充效果如图 5-125 所示。

图 5-122

图 5-123

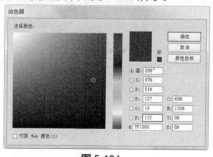

图 5-124

图 5-125

5.5.4　编辑描边的样式

1．设置"限制"选项

"斜接限制"选项可以设置描边沿路径改变方向时的伸展长度。可以在其下拉列表中选择所需的数值，也可以在数值框中直接输入合适的数值，分别将"限制"选项设置为 2 和 20 时的对象描边，效果如图 5-126 所示。

2．设置"端点"和"边角"选项

端点是指一段描边的首端和末端，可以为描边的首端和末端选择不同的端点样式来改变描边端点的形状。使用"钢笔"工具 ✐ 绘制一段描边，单击"描边"控制面板中的 3 个不同端点样式的按钮 ，选定的端点样式会应用到选定的描边中，如图 5-127 所示。

图 5-126　　　　　　　　平头端点　　　　　圆头端点　　　　　方头端点

图 5-127

边角是指一段描边的拐点，边角样式就是指描边拐角处的形状。该选项有斜接连接、圆角连接和斜角连接 3 种不同的转角接合样式。绘制多边形的描边，单击"描边"控制面板中的 3 个不同转角接合样式按钮 ，选定的转角接合样式会应用到选定的描边中，如图 5-128 所示。

斜接连接　　　　　　　圆角连接　　　　　　斜角连接

图 5-128

3．设置"虚线"选项

虚线选项里包括 6 个数值框，勾选"虚线"复选项，数值框被激活，第 1 个数值框默认的虚线值为 2pt，如图 5-129 所示。

"虚线"选项用来设定每一段虚线段的长度，数值框中输入的数值越大，虚线的长度就越长。反之虚线的长度就越短。设置不同虚线长度值的描边效果如图 5-130 所示。

"间隙"选项用来设定虚线段之间的距离，输入的数值越大，虚线段之间的距离越大，反之虚线段之间的距离就越小。设置不同虚线间隙的描边效果如图 5-131 所示。

图 5-129

图 5-130　　　　　　　　　　　　　　图 5-131

4．设置"箭头"选项

在"描边"控制面板中有两个可供选择的下拉列表按钮 箭头 ⌐—▾ ⌐—▾，左侧的是"起点的箭头" ⌐—▾，右侧的是"终点的箭头" ⌐—▾。选中要添加箭头的曲线，如图 5-132 所示。单击"起始箭头"按钮 ⌐—▾，弹出"起始箭头"下拉列表框，单击需要的箭头样式，如图 5-133 所示。曲线的起始点会出现选择的箭头，效果如图 5-134 所示。单击"终点的箭头"按钮 ⌐—▾，弹出"终点的箭头"下拉列表框，单击需要的箭头样式，如图 5-135 所示。曲线的终点会出现选择的箭头，效果如图 5-136 所示。

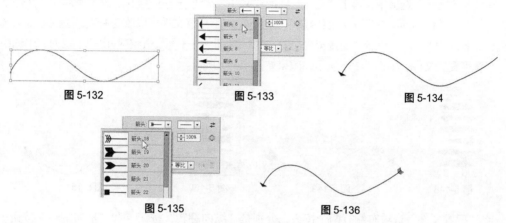

图 5-132　　　　　　　　　图 5-133　　　　　　　　　图 5-134

图 5-135　　　　　　　　　图 5-136

"互换箭头起始处和结束处"按钮 ⇄ 可以互换起始箭头和终点箭头。选中曲线，如图 5-137 所示。在"描边"控制面板中单击"互换箭头起始处和结束处"按钮 ⇄，如图 5-138 所示，效果如图 5-139 所示。

图 5-137　　　　　　　　　图 5-138　　　　　　　　　图 5-139

在"缩放"选项中，左侧的是"箭头起始处的缩放因子"按钮 ⬍100%，右侧的是"箭头结束处的缩放因子"按钮 ⬍100%，设置需要的数值，可以缩放曲线的起始箭头和结束箭头的大小。选中要缩放的曲线，如图 5-140 所示。单击"箭头起始处的缩放因子"按钮 ⬍100%，将"箭头起始处的缩放因子"设置为 200，如图 5-141 所示，效果如图 5-142 所示。单击"箭头结束处的缩放因子"按钮 ⬍100%，将"箭头结束处的缩放因子"设置为 200，效果如图 5-143 所示。

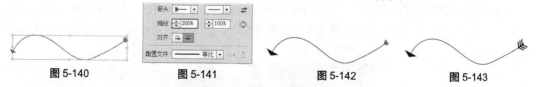

图 5-140　　　　图 5-141　　　　　　图 5-142　　　　　　图 5-143

单击"缩放"选项右侧的"链接箭头起始处和结束处缩放"按钮 ⬡，可以同时改变起始箭头和结束箭头的大小。

在"对齐"选项中，左侧的是"将箭头提示扩展到路径终点外"按钮 ⮕，右侧的是"将箭头提示放置于路径终点处"按钮 ⮕，这两个按钮分别可以设置箭头在终点以外和箭头在终点处。选中曲线,如图 5-144 所示。单击"将箭头提示扩展到路径终点外"按钮 ,如图 5-145 所示,效果如图 5-146 所示。单击"将箭头提示放置于路径终点处"按钮 ,箭头在终点处显示,效果如图 5-147 所示。

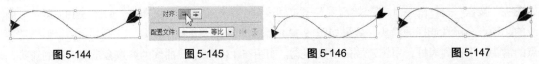

| 图 5-144 | 图 5-145 | 图 5-146 | 图 5-147 |

在"配置文件"选项中,单击"变量宽度配置文件"按钮 ,弹出宽度配置文件下拉列表,如图 5-148 所示。在下拉列表中选中任意一个宽度配置文件可以改变曲线描边的形状。选中曲线,如图 5-149 所示。单击"变量宽度配置文件"按钮 ,在弹出的下拉列表中选中任意一个宽度配置文件,如图 5-150 所示,效果如图 5-151 所示。

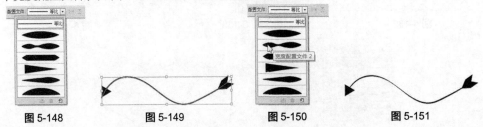

| 图 5-148 | 图 5-149 | 图 5-150 | 图 5-151 |

在"配置文件"选项右侧有两个按钮,分别是"纵向翻转"按钮 和"横向翻转"按钮 。选中"纵向翻转"按钮 ,可以改变曲线描边的左右位置。"横向翻转"按钮 ,可以改变曲线描边的上下位置。

5.6 使用符号

符号是一种能存储在"符号"控制面板中,并且在一个插图中可以多次重复使用的对象。Illustrator CC 中提供了"符号"控制面板,专门用来创建、存储和编辑符号。

当需要在一个插图中多次制作同样的对象,并需要对对象进行多次类似的编辑操作时,可以使用符号来完成。这样,可以大大提高效率,节省时间。例如,在一个网站设计中要多次应用到一个按钮的图样,这时就可以将这个按钮的图样定义为符号范例,这样可以对按钮符号进行多次重复使用。利用符号体系工具组中的相应工具可以对符号范例进行各种编辑操作。默认设置下的"符号"控制面板如图 5-152 所示。

在插图中如果应用了符号集合,那么当使用选择工具选取符号范例时,则把整个符号集合同时选中。此时被选中的符号集合只能被移动,而不能被编辑。图 5-153 所示为应用到插图中的符号范例与符号集合。

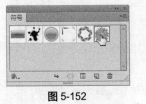

| 图 5-152 | 图 5-153 |

> **提示**
> 在 Illustrator CC 中的各种对象，如普通的图形、文本对象、复合路径、渐变网格等均可以被定义为符号。

5.6.1 "符号"控制面板

"符号"控制面板具有创建、编辑和存储符号的功能。单击控制面板右上方的图标，弹出其下拉菜单，如图 5-154所示。

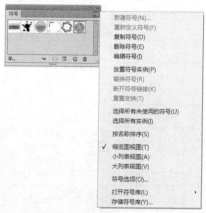

图 5-154

在"符号"控制面板下边有以下 6 个按钮。

"符号库菜单"按钮：包括了多种符合库，可以选择调用。

"置入符号实例"按钮：将当前选中的一个符号范例放置在页面的中心。

"断开符号链接"按钮：将添加到插图中的符号范例与"符号"控制面板断开链接。

"符号选项"按钮：单击该按钮可以打开"符号选项"对话框，并进行设置。

"新建符号"按钮：单击该按钮可以将选中的要定义为符号的对象添加到"符号"控制面板中作为符号。

"删除符号"按钮：单击该按钮可以删除"符号"控制面板中被选中的符号。

5.6.2 创建和应用符号

1．创建符号

单击"新建符号"按钮可以将选中的要定义为符号的对象添加到"符号"控制面板中。

将选中的对象直接拖曳到"符号"控制面板中也可以创建符号，如图 5-155 所示。

2．应用符号

在"符号"控制面板中选中需要的符号，直接将其拖曳到页面中，得到一个符号范例，如图 5-156所示。选择"符号喷枪"工具可以同时创建多个符号范例，并且可以将其作为一个符号集合。

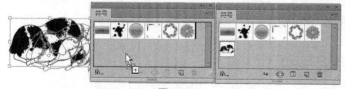

图 5-155

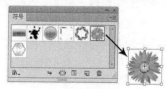

图 5-156

5.6.3 使用符号工具

Illustrator CC 工具箱的符号工具组中提供了 8 个符号工具，展开的符号工具组如图 5-157 所示。

"符号喷枪"工具：创建符号集合，可以将"符号"控制面板中的符号对象应用到插图中。

"符号移位器"工具：移动符号范例。

"符号紧缩器"工具：对符号范例进行缩紧变形。

"符号缩放器"工具：对符号范例进行放大操作。按住 Alt 键，可以对符号范例进行缩小操作。

"符号旋转器"工具：对符号范例进行旋转操作。

"符号着色器"工具：使用当前颜色为符号范例填色。

"符号滤色器"工具：增加符号范例的透明度。按住 Alt 键，可以减小符号范例的透明度。

"符号样式器"工具：将当前样式应用到符号范例中。

双击任意一个符号工具将弹出"符号工具选项"对话框，可以设置符号工具的属性，如图 5-158 所示。

图 5-157　　　　　　　　　　　　　　　　图 5-158

"直径"选项：设置笔刷直径的数值。这时的笔刷指的是选取符号工具后，光标的形状。

"强度"选项：设定拖曳鼠标时，符号范例随鼠标变化的速度，数值越大，被操作的符号范例变化越快。

"符号组密度"选项：设定符号集合中包含符号范例的密度，数值越大，符号集合所包含的符号范例的数目就越多。

"显示画笔大小和强度"复选框：勾选该复选框，在使用符号工具时可以看到笔刷，不勾选该复选框则隐藏笔刷。

使用符号工具应用符号的具体操作如下。

选择"符号喷枪"工具，光标将变成一个中间有喷壶的圆形，如图 5-159 所示。在"符号"控制面板中选取一种需要的符号对象，如图 5-160 所示。

在页面上按住鼠标左键不放并拖曳光标，符号喷枪工具将沿着拖曳的轨迹喷射出多个符号范例，这些符号范例将组成一个符号集合，如图 5-161 所示。

图 5-159　　　　　　　图 5-160　　　　　　　图 5-161

使用"选择"工具选中符号集合，再选择"符号移位器"工具，将光标移到要移动的符号范例上，按住鼠标左键不放并拖曳光标，在光标之中的符号范例将随其移动，如图 5-162 所示。

使用"选择"工具选中符号集合，选择"符号紧缩器"工具，将光标移到要使用符号紧缩器工具的符号范例上，按住鼠标左键不放并拖曳光标，符号范例被紧缩，如图 5-163 所示。

使用"选择"工具选中符号集合，选择"符号缩放器"工具，将光标移到要调整的符号范例上，按住鼠标左键不放并拖曳光标，在光标之中的符号范例将变大，如图 5-164 所示。按住 Alt 键，则可缩小符号范例。

图 5-162

图 5-163

图 5-164

使用"选择"工具选中符号集合，选择"符号旋转器"工具，将光标移到要旋转的符号范例上，按住鼠标左键不放并拖曳光标，在光标之中的符号范例将发生旋转，如图 5-165 所示。

在"色板"控制面板或"颜色"控制面板中设定一种颜色作为当前色，使用"选择"工具选中符号集合，选择"符号着色器"工具，将光标移到要填充颜色的符号范例上，按住鼠标左键不放并拖曳光标，在光标中的符号范例被填充上当前色，如图 5-166 所示。

图 5-165

图 5-166

使用"选择"工具选中符号集合，选择"符号滤色器"工具，将光标移到要改变透明度的符号范例上，按住鼠标左键不放并拖曳光标，在光标拖曳范围中的符号范例的透明度将被提高，如图 5-167 所示。按住 Alt 键，可以减小符号范例的透明度。

使用"选择"工具选中符号集合，选择"符号样式器"工具，在"图形样式"控制面板中选中一种样式，将光标移到要改变样式的符号范例上，按住鼠标左键不放并拖曳光标，在光标中的符号范例将被改变样式，如图 5-168 所示。

使用"选择"工具选中符号集合，选择"符号喷枪"工具，按住 Alt 键，在要删除的符号范例上按住鼠标左键不放并拖曳光标，光标经过的区域中的符号范例被删除，如图 5-169 所示。

图 5-167

图 5-168

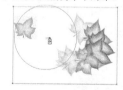
图 5-169

5.6.4　课堂案例——绘制风景插画

📋 **案例学习目标**

学习使用绘图工具和符号面板绘制风景世界。

📑 **案例知识要点**

使用矩形工具和椭圆工具制作插画背景。使用钢笔工具和旋转工具制作发光图形。使用自然界面板添加自然符号图形。使用建立剪切蒙版命令制作图片效果。风景插画效果如图 5-170 所示。

📑 **效果所在位置**

光盘/Ch05/效果/绘制风景插画.ai。

图 5-170

（1）按 Ctrl+N 组合键新建一个文档，宽度为 297mm，高度为 210mm，取向为横向，颜色模式为 CMYK，单击"确定"按钮。选择"矩形"工具 ▣，绘制一个与页面大小相等的矩形，设置图形填充色的 C、M、Y、K 值分别为 0、25、37、0，填充图形，并设置描边色为无，效果如图 5-171 所示。

（2）选择"椭圆"工具 ◯，按住 Shift 键的同时，在适当的位置绘制圆形，设置图形填充色的 C、M、Y、K 值分别为 5、33、55、0，填充图形，并设置描边色为无，效果如图 5-172 所示。

（3）选择"选择"工具 ▸，选取绘制的圆形，按 Ctrl+C 组合键复制圆形，按 Shift+Ctrl+V 组合键原位粘贴图形，在按住 Alt+Shift 键的同时，等比缩小圆形，并设置图形填充色的 C、M、Y、K 值分别为 5、45、73、0，填充图形，效果如图 5-173 所示。用相同方法绘制其他图形，效果如图 5-174 所示。

图 5-171

图 5-172

图 5-173

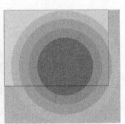
图 5-174

（4）选择"钢笔"工具 ✎，绘制所需的三角形，设置图形填充色的 C、M、Y、K 值分别为 3、40、77、0，填充图形，并设置描边色为无，效果如图 5-175 所示。选择"旋转"工具 ⟳，在按住 Alt 键的同时，调整三角形的中心点位置，如图 5-176 所示。同时在弹出的"旋转"对话框中进行设置，如图 5-177 所示，单击"复制"按钮，效果如图 5-178 所示。多次按 Ctrl+D 组合键，复制多个旋转图形，效果如图 5-179 所示。

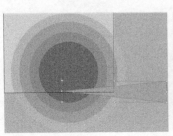
图 5-175

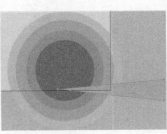
图 5-176

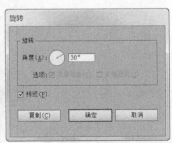
图 5-177

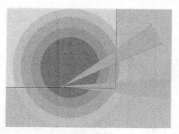

图 5-178　　　　　　　　　　　　　图 5-179

（5）选择"窗口 > 透明度"命令，弹出"透明度"面板，选项的设置如图 5-180 所示，按 Enter
键，效果如图 5-181 所示。

图 5-180　　　　　　　　　　　　图 5-181

（6）选择"钢笔"工具 ，绘制所需的图形，设置图形填充色的 C、M、Y、K 值分别为 50、
10、100、0，填充图形，并设置描边色为无，效果如图 5-182 所示。用相同方法绘制其他图形，并
填充适当的颜色，效果如图 5-183 所示。

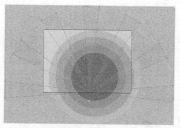

图 5-182　　　　　　　　　　　　图 5-183

（7）选择"窗口 > 符号库 > 自然"命令，弹出"自然"面板，选取需要的符号，如图 5-184
所示。拖曳符号到页面适当的位置并调整其大小，效果如图 5-185 所示。用相同方法添加其他符号，
效果如图 5-186 所示。

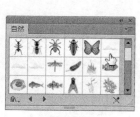

图 5-184　　　　　　　图 5-185　　　　　　　图 5-186

（8）选择"选择"工具 ，选取需要的图形，按 Ctrl+G 组合键将图形编组，效果如图 5-187

所示。选择"矩形"工具, 绘制一个与页面大小相等的矩形, 选择"选择"工具![], 选取需要的图形, 如图 5-188 所示, 选择"对象 > 剪切蒙版 > 建立"命令, 创建剪切蒙版, 效果如图 5-189 所示。风景插画效果绘制完成。

图 5-187

图 5-188

图 5-189

课堂练习——制作生日蛋糕插画

练习知识要点

使用矩形工具和椭圆工具绘制背景效果, 使用符号面板添加需要的喜庆和蛋糕图形, 使用文字工具添加祝福文字, 最终效果如图 5-190 所示。

效果所在位置

光盘/Ch05/效果/制作生日蛋糕插画.ai。

图 5-190

课后习题——制作新年贺卡

习题知识要点

使用矩形工具和网格工具制作背景效果, 使用复制粘贴命令添加装饰图形, 使用文字工具、填充工具和旋转工具添加主体文字, 使用文字工具和变形命令添加祝福语, 最终效果如图 5-191 所示。

效果所在位置

光盘/Ch05/效果/制作新年贺卡.ai。

图 5-191

第6章 文本的编辑

Illustrator CC 提供了强大的文本编辑和图文混排功能。文本对象将和一般图形对象一样可以进行各种变换和编辑，同时还可以通过应用各种外观和样式属性制作出绚丽多彩的文本效果。Illustrator CC 支持多个国家的语言，对于汉字等双字节编码具有竖排功能。

课堂学习目标	/ 掌握不同类型文字的输入方法
	/ 掌握如何将文字转为图形
	/ 熟练掌握字符格式的设置属性技巧
	/ 熟练掌握段落格式的设置属性技巧
	/ 了解分栏和链接文本的技巧
	/ 掌握图文混排的设置

6.1 创建文本

当准备创建文本时，按住"文字"工具 T 不放，弹出文字展开式工具栏，单击工具栏后面的按钮 |，可使文字的展开式工具栏从工具箱中分离出来，如图 6-1 所示。

在工具栏中共有 7 种文字工具，前 6 种工具可以输入各种类型的文字，以满足不同的文字处理需要；第 7 种工具可以对文字进行修饰操作。7 种文字工具依次为文字工具 T、区域文字工具 T、路径文字工具、直排文字工具 IT、直排区域文字工具 IT、直排路径文字工具、修饰文字工具。

文字可以直接输入，也可通过选择"文件 > 置入"命令从外部置入。单击各个文字工具，会显示文字工具对应的光标，如图 6-2 所示。从当前文字工具的光标样式可以知道创建文字对象的样式。

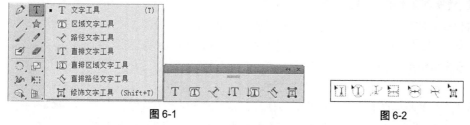

图 6-1　　　　　　　　　　　　　　　　　　图 6-2

6.1.1 文本工具的使用

利用"文字"工具 T 和"直排文字"工具 IT 可以直接输入沿水平方向和直排方向排列的文本。

1．输入点文本

选择"文字"工具 T 或"直排文字"工具 IT，在绘图页面中单击鼠标，出现插入文本光标，切换到需要的输入法并输入文本，如图 6-3 所示。当输入文本需要换行时，按 Enter 键开始新的一行。

结束文字的输入后，单击"选择"工具 ▶ 即可选中所输入的文字，这时文字周围将出现一个选择框，文本上的细线是文字基线的位置，效果如图 6-4 所示。

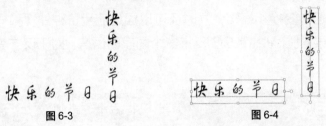

图 6-3   图 6-4

2．输入文本块

使用"文字"工具 T 或"直排文字"工具 IT 可以绘制一个文本框，然后在文本框中输入文字。

选择"文字"工具 T 或"直排文字"工具 IT，在页面中需要输入文字的位置单击并按住鼠标左键拖曳，如图 6-5 所示。当绘制的文本框大小符合需要时，释放鼠标，页面上会出现一个蓝色边框的矩形文本框，矩形文本框左上角会出现插入光标，如图 6-6 所示。

可以在矩形文本框中输入文字，输入的文字将在指定的区域内排列，如图 6-7 所示。当输入的文字到矩形文本框的边界时，文字将自动换行，文本块的效果如图 6-8 所示。

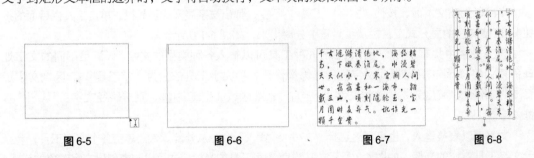

图 6-5   图 6-6   图 6-7   图 6-8

3．转换点文本和文本块

Illustrator CC 中，在文本框的外侧出现转换点，空心状态的转换点 ◻ 表示当前文本为点文本，实心状态的转换点 ● 表示当前文本为文本块，双击可将点文字转换为文本块，也可将文本块转换为点文本。

选择"选择"工具 ▶，将输入的文本块选取，如图 6-9 所示。将光标置于右侧的转换点上双击，如图 6-10 所示；将文本块转换为点文本，如图 6-11 所示。再次双击，可将点文本转换为文本块，如图 6-12 所示。

图 6-9

图 6-10   图 6-11   图 6-12

6.1.2　区域文本工具的使用

在 Illustrator CC 中，还可以创建任意形状的文本对象。

绘制一个填充颜色的图形对象，如图 6-13 所示。选择"文字"工具 [T] 或"区域文字"工具 [T]，当光标移动到图形对象的边框上时，将变成"[I]"形状，如图 6-14 所示，在图形对象上单击，图形对象的填充和描边填充属性被取消，图形对象转换为文本路径，并且在图形对象内出现一个闪烁的插入光标，如图 6-15 所示。

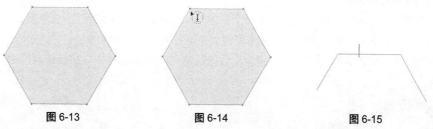

图 6-13　　　　　　　图 6-14　　　　　　　图 6-15

在插入光标处输入文字，输入的文本会按水平方向在该对象内排列。如果输入的文字超出了文本路径所能容纳的范围，将出现文本溢出的现象，这时文本路径的右下角会出现一个红色"田"号标志的小正方形，效果如图 6-16 所示。

使用"选择"工具 [▸] 选中文本路径，拖曳文本路径周围的控制点来调整文本路径的大小，可以显示所有的文字，效果如图 6-17 所示。

使用"直排文字"工具 [IT] 或"直排区域文字"工具 [IT] 与使用"文字"工具 [T] 的方法是一样的，但这两个工具在文本路径中创建的是竖排文字，如图 6-18 所示。

图 6-16　　　　　　　图 6-17　　　　　　　图 6-18

6.1.3　路径文本工具的使用

使用"路径文字"工具 [↘] 和"直排路径文字"工具 [↘]，可以在创建文本时，让文本沿着一个开放或闭合路径的边缘进行水平或垂直方向的排列，路径可以是规则或不规则的。如果使用这两种工具，原来的路径将不再具有填充或描边填充的属性。

1．创建路径文本

（1）沿路径创建水平方向文本。

使用"钢笔"工具 [✐]，在页面上绘制一个任意形状的开放路径，如图 6-19 所示。使用"路径文字"工具 [↘]，在绘制好的路径上单击，路径将转换为文本路径，文本插入点将位于文本路径的左侧，如图 6-20 所示。

图 6-19   图 6-20

在光标处输入所需要的文字，文字将会沿着路径排列，文字的基线与路径是平行的，效果如图 6-21 所示。

（2）沿路径创建垂直方向文本。

使用"钢笔"工具 ✐，在页面上绘制一个任意形状的开放路径，使用"直排路径文字"工具 ✑，在绘制好的路径上单击，路径将转换为文本路径，文本插入点将位于文本路径的左侧，如图 6-22 所示。在光标处输入所需要的文字，文字将会沿着路径排列，文字的基线与路径是直排的，效果如图 6-23 所示。

图 6-21   图 6-22   图 6-23

2．编辑路径文本

如果对创建的路径文本不满意，可以对其进行编辑。

选择"选择"工具 ▸ 或"直接选择"工具 ▹，选取要编辑的路径文本。这时在文本开始处会出现一个"I"形的符号，如图 6-24 所示。

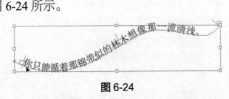

图 6-24

拖曳文字左侧的"I"形符号，可沿路径移动文本，效果如图 6-25 所示。还可以按住"I"形的符号向路径相反的方向拖曳，文本会翻转方向，效果如图 6-26 所示。

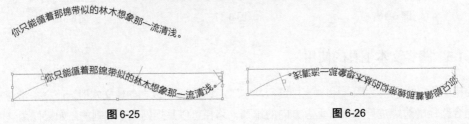

图 6-25   图 6-26

6.2 编辑文本

在 Illustrator CC 中，可以使用选择工具和菜单命令对文本块进行编辑，也可以使用修饰文本工具对文本框中的文本进行单独编辑。

6.2.1　编辑文本块

通过选择工具和菜单命令可以改变文本框的形状以编辑文本。

使用"选择"工具 ![] 单击文本，可以选中文本对象。完全选中的文本块包括内部文字与文本框。文本块被选中的时候，文字中的基线就会显示出来，如图 6-27 所示。

当文本对象完全被选中后，将其拖曳可以移动其位置。选择"对象 > 变换 > 移动"命令，弹出"移动"对话框，可以通过设置数值来精确移动文本对象。

选择"选择"工具 ![]，单击文本框上的控制点并拖曳，可以改变文本框的大小，如图 6-28 所示，释放鼠标，效果如图 6-29 所示。

使用"比例缩放"工具 ![] 可以对选中的文本对象进行缩放，如图 6-30 所示。选择"对象 > 变换 > 缩放"命令，弹出"比例缩放"对话框，可以通过设置数值精确缩放文本对象，效果如图 6-31 所示。

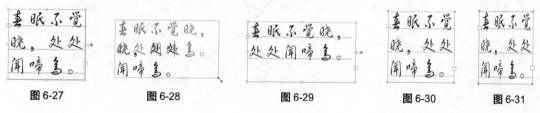

图 6-27　　　　　　图 6-28　　　　　　图 6-29　　　　　　图 6-30　　　　　　图 6-31

编辑部分文字时，先选择"文字"工具 ![T]，移动光标到文本上，单击插入光标并按住鼠标左键拖曳，即可选中部分文本。选中的文本将反白显示，效果如图 6-32 所示。

使用"选择"工具 ![] 在文本区域内双击，进入文本编辑状态。在文本编辑状态下，双击一句话即可选中这句话；按 Ctrl+A 组合键可以选中整个段落，如图 6-33 所示。

选择"对象 > 路径 > 清理"命令，弹出"清理"对话框，如图 6-34 所示，勾选"空文本路径"复选项可以删除空的文本路径。

图 6-32　　　　　　图 6-33　　　　　　图 6-34

提示　　　　　编辑文本之前，必须选中文本。在其他的软件中复制文本，再在 Illustrator CC 中选择"编辑 > 粘贴" 命令，可以将其他软件中的文本复制到 Illustrator CC 中。

6.2.2　编辑文字

利用"修饰文字"工具 ![]，可以对文本框中的文本进行单独的属性设置和编辑操作。

选择"修饰文字"工具 ![]，单击选取需要编辑的文字，如图 6-35 所示，在属性栏中设置适当的字体和文字大小，效果如图6-36所示。再次单击选取需要的文字，如图6-37所示，拖曳右下角的节点调整文字的水平比例，如图6-38所示，松开鼠标，效果如图6-39所示，拖曳左上角的节点可以调整文字的垂直比例，拖曳右上角的节点可以等比例缩放文字。

图6-35　　　　图6-36　　　　图6-37　　　　图6-38　　　　图6-39

再次单击选取需要的文字，如图6-40所示。拖曳左下角的节点，可以调整文字的基线偏移，如图6-41所示，松开鼠标，效果如图6-42所示。将光标置于正上方的空心节点处，光标变为旋转图标，拖曳鼠标，如图6-43所示，旋转文字，效果如图6-44所示。

图6-40　　　　图6-41　　　　图6-42　　　　图6-43　　　　图6-44

6.2.3　创建文本轮廓

选中文本，选择"文字 > 创建轮廓"命令（组合键为 Shift +Ctrl+ O），创建文本轮廓，如图6-45所示。文本转化为轮廓后，可以对文本进行渐变填充，效果如图6-46所示，还可以对文本应用滤镜，效果如图6-47所示。

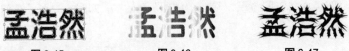

图6-45　　　　　　图6-46　　　　　　图6-47

提 示　　　　文本转化为轮廓后，将不再具有文本的一些属性，这就需要在文本转化成轮廓之前先按需要调整文本的字体大小。而且将文本转化为轮廓时，会把文本块中的文本全部转化为路径。不能在一行文本内转化单个文字。

6.3　设置字符格式

在 Illustrator CC 中可以设定字符的格式。这些格式包括文字的字体、字号、颜色和字符间距等。

选择"窗口 > 文字 > 字符"命令（组合键为 Ctrl+T），弹出"字符"控制面板，如图6-48所示。

字体选项：单击选项文本框右侧的按钮▼，可以从弹出的下拉列表中选择一种需要的字体。

"设置字体大小"选项T：用于控制文本的大小，单击数值框左侧的上、下微调按钮，可以逐级调整字号大小的数值。

"设置行距"选项：用于控制文本的行距，定义文本中行与行之间的距离。

"水平缩放"选项 ：可以使文字的纵向大小保持不变，横向被缩放，缩放比例小于 100% 表示文字被压扁，大于 100% 表示文字被拉伸。

"垂直缩放"选项 ：可以使文字尺寸横向保持不变，纵向被缩放，缩放比例小于 100% 表示文字被压扁，大于 100% 表示文字被拉长。

"设置两个字符间的字距微调"选项 ：用于调整字符之间的水平间距。输入正值时，字距变大，输入负值时，字距变小。

"设置所选字符的字距调整"选项 ：用于细微地调整字符与字符之间的距离。

"设置基线偏移"选项 ：用于调节文字的上下位置。可以通过此项设置为文字制作上标或下标。正值时表示文字上移，负值时表示文字下移。

"字符旋转"选项 ：用于设置字符的旋转角度。

图 6-48

6.3.1　设置字体和字号

选择"字符"控制面板，在"字体"选项的下拉列表中选择一种字体即可将该字体应用到选中的文字中，各种字体的效果如图 6-49 所示。Illustrator CC 提供的每种字体都有一定的字形，如常规、加粗和斜体等，字体的具体选项因字而定。

Illustrator　　Illustrator　　Illustrator
文鼎齿轮体　　　　文鼎弹簧体　　　　文鼎花瓣体

Illustrator　　**Illustrator**　　Illustrator
Arial　　　　　　Arial Black　　　　ITC Garamon

图 6-49

提示　　默认字体单位为 pt，72pt 相当于 1 英寸。默认状态下字号为 12pt，可调整的范围为 0.1～1296。

设置字体的具体操作如下。

选中部分文本，如图 6-50 所示。选择"窗口 > 文字 > 字符"命令，弹出"字符"控制面板，从"字体"选项的下拉列表中选择一种字体，如图 6-51 所示；或选择"文字 > 字体"命令，在列出的字体中进行选择，更改文本字体后的效果如图 6-52 所示。

图 6-50　　　　　　　　　图 6-51　　　　　　　　　图 6-52

选中文本，单击"字体大小"选项 T ⊟ 12 pt ⊟ 数值框后的按钮 ▼，在弹出的下拉列表中可以选择适合的字体大小；也可以通过数值框左侧的上、下微调按钮 ⊟ 来调整字号大小。文本字号分别为 18pt 和 22pt 时的效果如图 6-53 和图 6-54 所示。

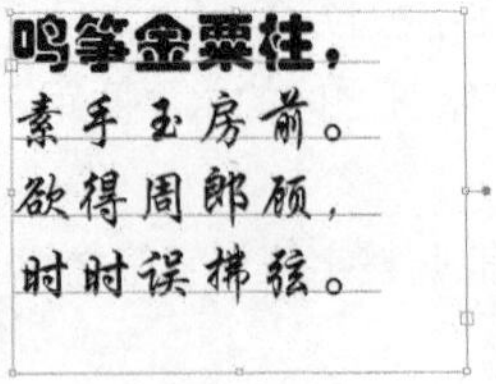

鸣筝金粟柱，
素手玉房前。
欲得周郎顾，
时时误拂弦。

图 6-53

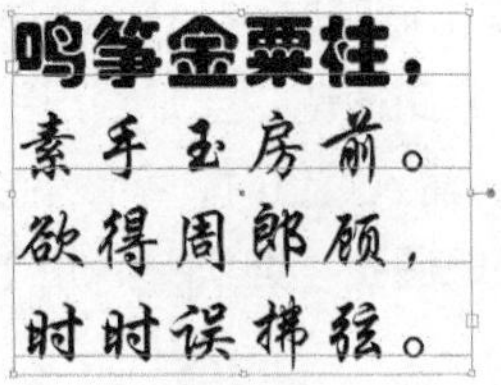

鸣筝金粟柱，
素手玉房前。
欲得周郎顾，
时时误拂弦。

图 6-54

6.3.2 调整字距

当需要调整文字或字符之间的距离时，可使用"字符"控制面板中的两个选项，即"设置两个字符间的字距微整"选项 VA 和"设置所选字符的字距调整"选项 VA。"设置两个字符间的字距微整"选项 VA 用来控制两个文字或字母之间的距离。"设置所选字符的字距调整"选项 VA 可使两个或更多个被选择的文字或字母之间保持相同的距离。

选中要设定字距的文字，如图 6-55 所示。在"字符"控制面板中的"设置两个字符间的字距微整"选项 VA 的下拉列表中选择"自动"选项，这时程序就会以最合适的参数值设置选中文字的距离。

鸣筝金粟柱

图 6-55

提示

在"特殊字距"选项的数值框中键入 0 时，将关闭自动调整文字距离的功能。

将光标插入需要调整间距的两个文字或字符之间，如图 6-56 所示。在"设置两个字符间的字距微整"选项 VA 的数值框中输入所需要的数值，就可以调整两个文字或字符之间的距离。设置数值为 300，按 Enter 键确认，字距效果如图 6-57 所示，设置数值为-300，按 Enter 键确认，字距效果如图 6-58 所示。

鸣筝金粟柱

图 6-56

鸣筝金　粟柱

图 6-57

鸣筝金粟柱

图 6-58

选中整个文本对象，如图 6-59 所示，在"设置所选字符的字距调整"选项 VA 的数值框中输入所需要的数值，可以调整文本字符间的距离。设置数值为 200，按 Enter 键确认，字距效果如图 6-60 所示，设置数值为-200，按 Enter 键确认，字距效果如图 6-61 所示。

鸣筝金粟柱

图 6-59

鸣 筝 金 粟 柱

图 6-60

鸣筝金粟柱

图 6-61

6.3.3 设置行距

行距是指文本中行与行之间的距离。如果没有自定义行距值，系统将使用自动行距，这时系统将以最适合的参数设置行间距。

选中文本，如图 6-62 所示。在"字符"控制面板中的"行距"选项 ⚿ 数值框中输入所需要的数值，可以调整行与行之间的距离。设置"行距"数值为 36，按 Enter 键确认，行距效果如图 6-63 所示。

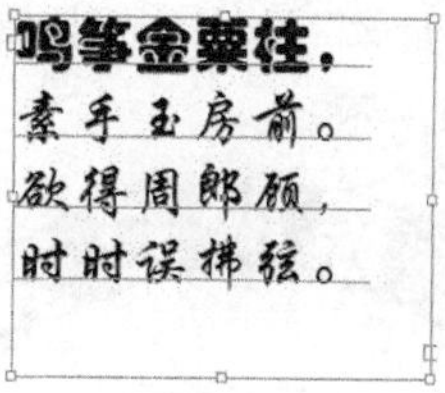

图 6-62 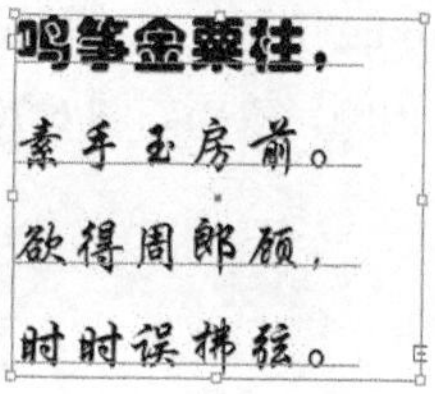　　　　　图 6-63

6.3.4　水平或垂直缩放

当改变文本的字号时，它的高度和宽度将同时发生改变，而利用"垂直缩放"选项 ⅠT 或"水平缩放"选项 T 可以单独改变文本的高度和宽度。

默认状态下，对于横排的文本，"垂直缩放"选项 ⅠT 保持文字的宽度不变，只改变文字的高度；"水平缩放"选项 T 将在保持文字高度不变的情况下，改变文字宽度；对于竖排的文本，会产生相反的效果，即"垂直缩放"选项 ⅠT 改变文本的宽度，"水平缩放"选项 T 改变文本的高度。

选中文本，如图 6-64 所示，文本为默认状态下的效果。在"垂直缩放"选项 ⅠT 数值框内设置数值为 175%，按 Enter 键确认，文字的垂直缩放效果如图 6-65 所示。

在"水平缩放"选项 T 数值框内设置数值为 175%，按 Enter 键确认，文字的水平缩放效果如图 6-66 所示。

图 6-64

图 6-65

图 6-66

6.3.5　基线偏移

基线偏移就是改变文字与基线的距离，从而提高或降低被选中文字相对于其他文字的排列位置，达到突出显示的目的。使用"基线偏移"选项 A⁺₉ 可以创建上标或下标，或在不改变文本方向的情况下，更改路径文本在路径上的排列位置。

如果"基线偏移"选项 A⁺₉ 在"字符"控制面板中是隐藏的，可以从"字符"控制面板的弹出式菜单中选择"显示选项"命令，如图 6-67 所示，显示出"基线偏移"选项 A⁺₉，如图 6-68 所示。

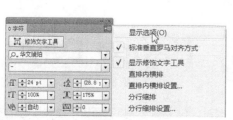
图 6-67

图 6-68

设置"基线偏移"选项 A⁺₉ 可以改变文本在路径上的位置。文本在路径的外侧时选中文本，如图

6-69 所示。在"基线偏移"选项 [A̲̅] 的数值框中设置数值为-30，按 Enter 键确认，文本移动到路径的内侧，效果如图 6-70 所示。

图 6-69　　　　　　　　　　　　图 6-70

通过设置"基线偏移"选项 [A̲̅]，还可以制作出有上标和下标显示的数学题。输入需要的数值，如图 6-71 所示，将表示平方的字符"2"选中并使用较小的字号，如图 6-72 所示。再在"基线偏移"选项 [A̲̅] 的数值框中设置数值为 28，按 Enter 键确认，平方的字符制作完成，如图 6-73 所示。使用相同的方法就可以制作出数学题，效果如图 6-74 所示。在"基线偏移"选项 [A̲̅] 的数值框中设置数值为 0，取消基线偏移。

$2\,2 + 5\,2 = 29$　　$2\,{\scriptstyle 2} + 5\,2 = 29$　　$2\,^{2} + 5\,2 = 29$　　$2^{2} + 5^{2} = 29$

图 6-71　　　　　　图 6-72　　　　　　图 6-73　　　　　　图 6-74

6.3.6　文本的颜色和变换

Illustrator CC 中的文字和图形一样，具有填充和描边属性。文字在默认设置状态下，描边颜色为无，填充颜色为黑色。

使用工具箱中的"填色"或"描边"按钮，可以将文字设置在填充或描边状态。使用"颜色"控制面板可以填充或更改文本的填充颜色或描边颜色。使用"色板"控制面板中的颜色和图案可以为文字上色和填充图案。在对文本进行轮廓化处理前，渐变的效果不能应用到文字上。

选中文本，在工具箱中单击"填色"按钮，如图 6-75 所示。在"色板"控制面板中单击需要的颜色，如图 6-76 所示，文字的颜色填充效果如图 6-77 所示。在"色板"控制面板中单击需要的图案，如图 6-78 所示，文字的图案填充效果如图 6-79 所示。

图 6-75　　　　　　　　　图 6-76　　　　　　　　　图 6-77

图 6-78　　　　　　　　　图 6-79

选中文本，在工具箱中单击"描边"按钮，在"描边"控制面板中设置描边的宽度，如图 6-80 所示，文字的描边效果如图 6-81 所示。在"色板"控制面板中单击需要的图案，如图 6-82 所示，文字描边的图案填充效果如图 6-83 所示。

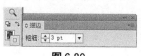

图 6-80　　　　　　图 6-81

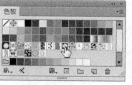

图 6-82　　　　　　图 6-83

选择"对象 > 变换"命令或"变换"工具，可以对文本进行变换。选中要变换的文本，再利用各种变换工具对文本进行旋转、对称、缩放和倾斜等变换操作。将文本倾斜，效果如图 6-84 所示，旋转效果如图 6-85 所示，对称效果如图 6-86 所示。

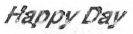

图 6-84　　　　　　　图 6-85　　　　　　　图 6-86

6.3.7　课堂案例——制作冰淇淋招贴

📒 **案例学习目标**

学习使用绘图工具、编辑面板和字符命令制作冰淇淋招贴。

📒 **案例知识要点**

使用矩形工具、圆角矩形工具、椭圆工具和路径查找器面板制作背景，使用矩形工具和旋转命令制作条纹状图案，使用文字工具添加宣传文字，使用封套工具制作文字的封套效果。冰淇淋招贴效果如图 6-87 所示。

📒 **效果所在位置**

图 6-87

光盘/Ch06/效果/制作冰淇淋招贴.ai。

（1）按 Ctrl+N 组合键新建一个文档，宽度为 250mm，高度为 297mm，取向为竖向，颜色模式为 CMYK，单击"确定"按钮。选择"矩形"工具 ▣，在适当的位置绘制矩形，设置图形填充色的 C、M、Y、K 值分别为 45、0、0、0，填充图形，并设置描边色为无，效果如图 6-88 所示。

（2）选择"对象 > 路径 > 偏移路径"命令，在弹出的对话框中进行设置，如图 6-89 所示，单击"确定"按钮，效果如图 6-90 所示。设置图形填充色为无，设置描边色的 C、M、Y、K 值分别为 0、0、15、0，填充描边色，在属性栏中将"描边粗细"选项设为 2pt，效果如图 6-91 所示。

图 6-88　　　　　　　图 6-89　　　　　　　图 6-90　　　　　　　图 6-91

（3）选择"圆角矩形"工具 ，在页面中单击鼠标，弹出"圆角矩形"对话框，设置如图 6-92 所示，单击"确定"按钮，得到一个圆角矩形，如图 6-93 所示。设置图形填充色的 C、M、Y、K 值分别为 0、12、0、0，并设置描边色为无，效果如图 6-94 所示。

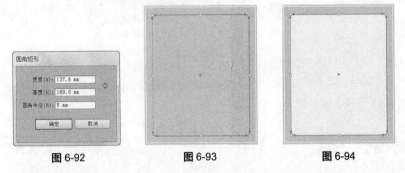

图 6-92　　　　　　　图 6-93　　　　　　　图 6-94

（4）选择"椭圆"工具 ，在适当的位置绘制椭圆形，填充图形为黑色，并设置描边色为无，效果如图 6-95 所示。选择"选择"工具 ，选取绘制的椭圆形，在按住 Alt+Shift 键的同时，垂直向下拖曳椭圆形到适当位置，复制椭圆形，效果如图 6-96 所示。用相同方法再次复制图形到适当位置，效果如图 6-97 所示。

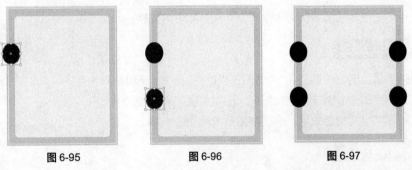

图 6-95　　　　　　　图 6-96　　　　　　　图 6-97

（5）选择"选择"工具 ，在按住 Shift 键的同时，选取需要的图形，如图 6-98 所示。选择"窗口 > 路径查找器"命令，弹出"路径查找器"面板，单击"减去顶层"按钮 ，将图形修剪，效果如图 6-99 所示。设置图形填充色为无，设置描边色的 C、M、Y、K 值分别为 0、62、0、0，填充描边色。在属性栏中将"描边粗细"选项设为 2pt，效果如图 6-100 所示。

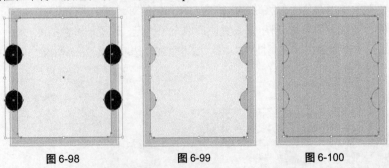

图 6-98　　　　　　　图 6-99　　　　　　　图 6-100

（6）选择"对象 > 路径 > 偏移路径"命令，在弹出的"偏移路径"对话框中进行设置，如图 6-101 所示，单击"确定"按钮，效果如图 6-102 所示。设置图形填充色的 C、M、Y、K 值分别为 0、

20、0、0，填充描边色，设置描边色的 C、M、Y、K 值分别为 0、60、60、40，填充描边色。在属性栏中将"描边粗细"选项设为 2pt，效果如图 6-103 所示。

图 6-101　　　　　　　　图 6-102　　　　　　　　图 6-103

（7）选择"矩形"工具，在适当的位置绘制矩形，设置图形填充色的 C、M、Y、K 值分别为 0、12、0、0，并设置描边色为无，效果如图 6-104 所示。选择"选择"工具，选取绘制的矩形，在按住 Alt+Shift 键的同时，水平向左拖曳矩形到适当位置，复制矩形，效果如图 6-105 所示。多次按 Ctrl+D 组合键，复制多个图形，效果如图 6-106 所示。选择"选择"工具，选取需要的矩形，按 Ctrl+G 组合键，将其编组，效果如图 6-107 所示。

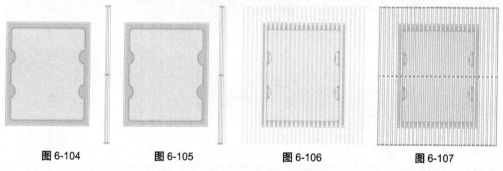

图 6-104　　　　　　图 6-105　　　　　　　图 6-106　　　　　　　图 6-107

（8）选择"选择"工具，选取编组图形，选择"对象 > 变换 > 旋转"命令，在弹出的"旋转"对话框中进行设置，如图 6-108 所示，单击"确定"按钮，效果如图 6-109 所示。按 Ctrl+]组合键，调整图形顺序，将图形向后移动，如图 6-110 所示。

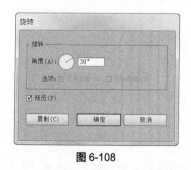
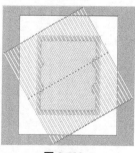
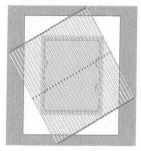

图 6-108　　　　　　　　图 6-109　　　　　　　　图 6-110

（9）选择"选择"工具，选取需要的图形，如图 6-111 所示，按 Ctrl+F 组合键，将其粘贴到前面，并去除填充色和描边色，效果如图 6-112 所示。

（10）选择"选择"工具，选取需要的图形，如图 6-113 所示，选择"对象 > 剪切蒙版 > 建立"命令，创建剪切蒙版，效果如图 6-114 所示。

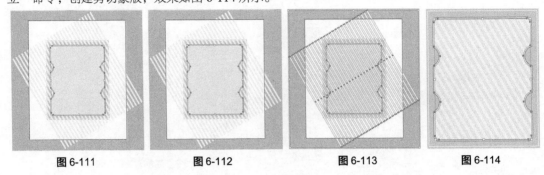

图 6-111　　　　图 6-112　　　　图 6-113　　　　图 6-114

（11）选择"矩形"工具，在适当的位置绘制矩形，设置图形填充色的 C、M、Y、K 值分别为 60、0、0、0，并设置描边色为无，效果如图 6-115 所示。

（12）选择"选择"工具，选取绘制的矩形，按住 Alt+Shift 键的同时，水平向左拖曳矩形到适当位置，复制矩形，效果如图 6-116 所示。多次按 Ctrl+D 组合键，复制多个图形，效果如图 6-117 所示。选择"选择"工具，圈选需要的矩形，按 Ctrl+G 组合键将其编组，效果如图 6-118 所示。

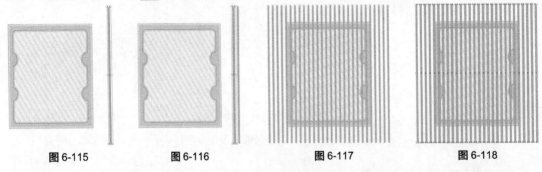

图 6-115　　　　图 6-116　　　　图 6-117　　　　图 6-118

（13）按 Ctrl+] 组合键，调整图形顺序，将图形向后移动，效果如图 6-119 所示。选择"选择"工具，选取编组的图形，选择"对象 > 变换 > 旋转"命令，在弹出的"旋转"对话框中进行设置，如图 6-120 所示，单击"确定"按钮，效果如图 6-121 所示。

图 6-119　　　　图 6-120　　　　图 6-121

（14）选择"矩形"工具，在适当的位置绘制矩形，效果如图 6-122 所示。选择"选择"工具，选取需要的图形，如图 6-123 所示，选择"对象 > 剪切蒙版 > 建立"命令，创建剪切蒙版，效果如图 6-124 所示。

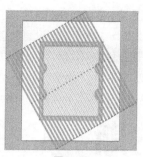
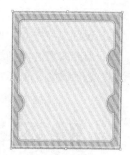

图 6-122　　　　　　图 6-123　　　　　　图 6-124

（15）选择"窗口 > 透明度"命令，弹出"透明度"面板，选项的设置如图 6-125 所示，按 Enter 键，效果如图 6-126 所示。选择"选择"工具 ，按 Ctrl+A 组合键全选所有图形，选择"对象 > 锁定 > 所选对象"命令，将所有图形锁定，效果如图 6-127 所示。

（16）打开光盘中的"Ch06 > 素材 > 制作冰淇淋招贴 > 01"文件，按 Ctrl+A 组合键全选图形，复制并将其粘贴到正在编辑的页面中，调整图形的大小及位置，效果如图 6-128 所示。

图 6-125　　　　　图 6-126　　　　　图 6-127　　　　　图 6-128

（17）选择"文字"工具 ，在图形中输入需要的文字，选择"选择"工具 ，在属性栏中选择合适的字体并设置文字大小，效果如图 6-129 所示。设置文字填充色的 C、M、Y、K 值分别为 100、39、37、35，填充文字，效果如图 6-130 所示。

图 6-129　　　　　　　　图 6-130

（18）选择"选择"工具 ，在属性栏中选择"封套"按钮 ，在弹出的"变形选项"对话框中进行设置，如图 6-131 所示，单击"确定"按钮，效果如图 6-132 所示。

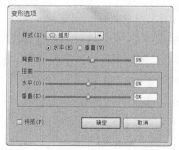

图 6-131　　　　　　　　图 6-132

103

（19）选择"文字"工具 T，在图形中输入需要的文字，选择"选择"工具 ，在属性栏中选择合适的字体并设置文字大小，效果如图 6-133 所示。设置文字填充色的 C、M、Y、K 值分别为 0、100、100、20，填充文字；填充文字描边色的 C、M、Y、K 值分别为 0、10、0、0。并在属性栏中将"描边粗细"选项设为 6 pt，效果如图 6-134 所示。

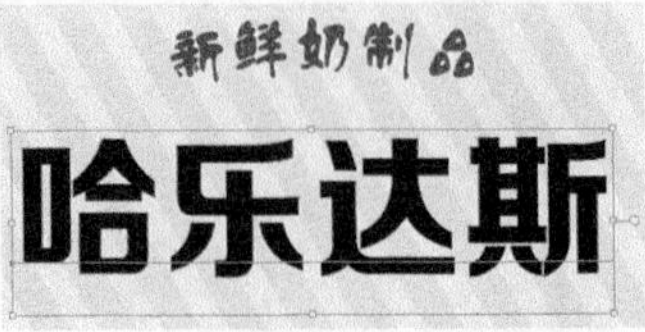

图 6-133

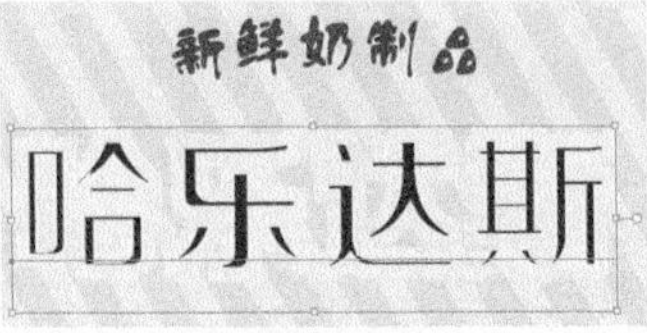

图 6-134

（20）选择"选择"工具 ，在属性栏中选择"封套"按钮 ，在弹出的"变形选项"对话框中进行设置，如图 6-135 所示，单击"确定"按钮，效果如图 6-136 所示。用相同方法制作其他文字，效果如图 6-137 所示。

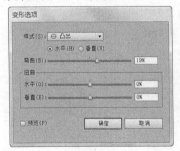

图 6-135

图 6-136

图 6-137

（21）选择"文字"工具 T，在图形中输入需要的文字，选择"选择"工具 ，在属性栏中选择合适的字体并设置文字大小，效果如图 6-138 所示。

（22）选择"星形"工具 ，在适当的位置绘制星形，填充图形为白色，并设置描边色为无，效果如图 6-139 所示。选择"选择"工具 ，选取绘制的星形，在按住 Alt 键的同时拖曳星形到适当的位置，复制星形，效果如图 6-140 所示。

图 6-138

图 6-139

图 6-140

（23）选择"钢笔"工具 ，绘制所需的路径，效果如图 6-141 所示。选择"文字"工具 T，使用"路径文字"工具 ，在绘制好的路径上单击，输入需要的文字，选择"选择"工具 ，在属性栏中选择合适的字体并设置文字大小，效果如图 6-142 所示。

（24）打开光盘中的"Ch06 > 素材 > 制作冰淇淋招贴 > 02"文件，按 Ctrl+A 组合键全选图形，复制并将其粘贴到正在编辑的页面中，调整图形的大小及位置，效果如图 6-143 所示。

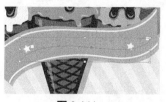

图 6-141

图 6-142

图 6-143

（25）选择"文字"工具 T，在图形中输入需要的文字，选择"选择"工具 ，在属性栏中选择合适的字体并设置文字大小，效果如图 6-144 所示。选取文字，将文字旋转适当的角度，效果如图 6-145 所示。

（26）打开光盘中的"Ch06 > 素材 > 制作冰淇淋招贴 > 03"文件，按 Ctrl+A 组合键全选图形，复制并将其粘贴到正在编辑的页面中，调整图形的大小及位置，效果如图 6-146 所示。选择"文字"工具 T，在图形中输入需要的文字，选择"选择"工具 ，在属性栏中选择合适的字体并设置文字大小，效果如图 6-147 所示。冰淇淋招贴制作完成。

图 6-144

图 6-145

图 6-146

图 6-147

6.4　设置段落格式

"段落"控制面板提供了文本对齐、段落缩进、段落间距以及制表符等设置，可用于处理较长的文本。选择"窗口 > 文字 > 段落"命令（组合键为 Alt+Ctrl+T），弹出"段落"控制面板，如图 6-148 所示。

6.4.1　文本对齐

文本对齐是指所有的文字在段落中按一定的标准有序地排列。Illustrator CC 提供了 7 种文本对齐的方式，分别为左对齐、居中对齐、右对齐、两端对齐末行左对齐、两端对齐末行居中对齐、两端对齐末行右对齐和全部两端对齐。

图 6-148

选中要对齐的段落文本，单击"段落"控制面板中的各个对齐方式按钮，应用不同对齐方式的段落文本效果如图 6-149 所示。

左对齐　　　　　　　　居中对齐　　　　　　　　右对齐

两端对齐末行左对齐　　　　　　两端对齐末行居中对齐

两端对齐末行右对齐　　　　　　全部两端对齐

图 6-149

6.4.2　段落缩进

段落缩进是指在一个段落文本开始时需要空出的字符位置。选定的段落文本可以是文本块、区域文本或文本路径。段落缩进有 5 种方式："左缩进" ⯐、"右缩进" ⯐、"首行左缩进" ⯐、"段前间距" ⯐和"段后间距" ⯐。

选中段落文本，单击"左缩进"图标⯐或"右缩进"图标⯐，在缩进数值框内输入合适的数值。单击"左缩进"图标或"右缩进"图标右边的上下微调按钮⯐，一次可以调整1pt。在缩进数值框内输入正值时，表示文本框和文本之间的距离拉开；输入负值时，表示文本框和文本之间的距离缩小。

单击"首行左缩进"图标⯐，在第 1 行左缩进数值框内输入数值可以设置首行缩进后空出的字符位置。应用"段前间距"图标⯐和"段后间距"图标⯐，可以设置段落间的距离。

选中要缩进的段落文本，单击"段落"控制面板中的各个缩进方式按钮，应用不同缩进方式的段落文本效果如图 6-150 所示。

左缩进　　　　　　　　右缩进　　　　　　　　首行左缩进

段前间距　　　　　　　　　　　　段后间距

图 6-150

6.5 ◣ 分栏和链接文本

在 Illustrator CC 中，大的段落文本经常采用分栏这种页面形式。分栏时，可自动创建链接文本，也可手动创建文本的链接。

6.5.1　创建文本分栏

在 Illustrator CC 中，可以对一个选中的段落文本块进行分栏。不能对点文本或路径文本进行分栏，也不能对一个文本块中的部分文本进行分栏。

选中要进行分栏的文本块，如图 6-151 所示，选择"文字 > 区域文字选项"命令，弹出"区域文字选项"对话框，如图 6-152 所示。

图 6-151　　　　　　　　　图 6-152

在"行"选项组中的"数量"选项中输入行数，所有的行自动定义为相同的高度，建立文本分栏后可以改变各行的高度。"跨距"选项用于设置行的高度。

在"列"选项组中的"数量"选项中输入栏数，所有的栏自动定义为相同的宽度，建立文本分栏后可以改变各栏的宽度。"跨距"选项用于设置栏的宽度。

单击"文本排列"选项后的图标按钮，如图 6-153 所示，选择一种文本流在链接时的排列方式，每个图标上的方向箭指明了文本流的方向。

"区域文字选项"对话框按照图 6-154 所示进行设定，单击"确定"按钮创建文本分栏，效果如图 6-155 所示。

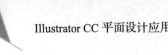

图 6-153　　　　　　　　　　　图 6-154　　　　　　　　　　　图 6-155

6.5.2　链接文本块

如果文本块出现文本溢出的现象，可以通过调整文本块的大小显示所有的文本，也可以将溢出的文本链接到另一个文本框中，还可以进行多个文本框的链接。点文本和路径文本不能被链接。

选择有文本溢出的文本块。在文本框的右下角出现了田图标，表示因文本框太小有文本溢出，绘制一个闭合路径或创建一个文本框，同时将文本块和闭合路径选中，如图 6-156 所示。

选择"文字 > 串接文本 > 创建"命令，左边文本框中溢出的文本会自动移到右边的闭合路径中，效果如图 6-157 所示。

图 6-156　　　　　　　　　　　　　　　　图 6-157

如果右边的文本框中还有文本溢出，可以继续添加文本框来链接溢出的文本，方法同上。链接的多个文本框其实还是一个文本块。选择"文字 > 串接文本 > 释放所选文字"命令，可以解除各文本框之间的链接状态。

6.6　图文混排

图文混排效果在版式设计中是经常使用的一种效果，使用文本绕图命令可以制作出漂亮的图文混排效果。文本绕图对整个文本块起作用，对于文本块中的部分文本，以及点文本、路径文本都不能进行文本绕图。

在文本块上放置图形并调整好位置，同时选中文本块和图形，如图 6-158 所示。选择"对象 > 文本绕排 > 建立"命令，建立文本绕排，文本和图形结合在一起，效果如图 6-159 所示。要增加绕排的图形，可先将图形放置在文本块上，再选择"对象 > 文本绕排 > 建立"命令，文本绕图将会重新排列，效果如图 6-160 所示。

图 6-158

图 6-159

图 6-160

选中文本绕图对象，选择"对象 > 文本绕排 > 释放"命令，可以取消文本绕图。

课堂练习——制作冲浪宣传单

📖 练习知识要点

使用矩形工具、钢笔工具和渐变工具绘制背景效果，使用复制粘贴命令添加风景图形，使用文字工具和字符面板添加文字，最终效果如图 6-161 所示。

📖 效果所在位置

光盘/Ch06/效果/制作冲浪宣传单.ai。

图 6-161

课后习题——制作圣诞邀请卡

📖 习题知识要点

使用矩形工具绘制背景效果，使用复制粘贴命令添加装饰图形，使用文字工具和变形命令添加祝福语，最终效果如图 6-162 所示。

📖 效果所在位置

光盘/Ch06/效果/制作圣诞邀请卡.ai。

图 6-162

第 7 章　图表的编辑

Illustrator CC 不仅具有强大的绘图功能，而且还具有强大的图表处理功能。本章将系统地介绍 Illustrator CC 中提供的 9 种基本图表形式，通过学习使用图表工具，可以创建出各种不同类型的表格，以更好地表现复杂的数据。另外，自定义图表各部分的颜色，以及将创建的图案应用到图表中，能更加生动地表现数据内容。

课堂学习目标	/ 掌握图表的创建方法
	/ 掌握图表的属性设置
	/ 掌握自定义图表图案的方法

7.1　创建图表

在 Illustrator CC 中，提供了 9 种不同的图表工具，利用这些工具可以创建不同类型的图表。

7.1.1　图表工具

在工具箱中的"柱形图工具"按钮 上单击并按住鼠标左键不放，将弹出图表工具组。工具组中包含的图表工具依次为柱形图工具 、堆积柱形图工具 、条形图工具 、堆积条形图工具 、折线图工具 、面积图工具 、散点图工具 、饼图工具 和雷达图工具 ，如图 7-1 所示。

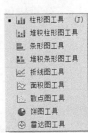

图 7-1

7.1.2　柱形图

柱形图是较为常用的一种图表类型，它通过一些竖排的、高度可变的矩形柱来表示各种数据，矩形的高度与数据大小成正比。

创建柱形图的具体步骤如下。

选择"柱形图"工具 ，在页面中拖曳光标绘出一个矩形区域来设置图表大小，或在页面上任意位置单击鼠标，将弹出"图表"对话框，如图 7-2 所示，在"宽度"选项和"高度"选项的数值框中输入图的宽度和高度数值。设定完成后，单击"确定"按钮，将自动在页面中建立图表，如图 7-3 所示，同时弹出"图表数据"对话框，如图 7-4 所示。

在"图表数据"对话框左上方的文本框中可以直接输入各种文本或数值，然后按 Tab 键或 Enter 键确认，文本或数值将会自动添加到"图表数据"对话框的单元格中。用鼠标单击可以选取各个单元格，输入要更改的文本或数据值后，再按 Enter 键确认。

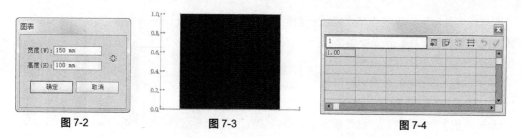

图 7-2　　　　　　图 7-3　　　　　　　　　　　图 7-4

在"图表数据"对话框右上方有一组按钮。单击"导入数据"按钮，可以从外部文件中输入数据信息。单击"换位行/列"按钮，可将横排和竖排的数据相互交换位置。单击"切换 X/Y 轴"按钮，将调换 x 轴和 y 轴的位置。单击"单元格样式"按钮，弹出"单元格样式"对话框，可以设置单元格的样式。单击"恢复"按钮，在没有单击应用按钮以前使文本框中的数据恢复到前一个状态。单击"应用"按钮，确认输入的数值并生成图表。

单击"单元格样式"按钮，将弹出"单元格样式"对话框，如图 7-5 所示。该对话框可以设置小数点的位置和数字栏的宽度。可以在"小数位数"和"列宽度"选项的文本框中输入所需要的数值。另外，将鼠标指针放置在各单元格相交处时，将会变成两条竖线和双向箭头的形状，这时拖曳光标可调整数字栏的宽度。

双击"柱形图"工具，将弹出"图表类型"对话框，如图 7-6 所示。柱形图表是默认的图表，其他参数也是采用默认设置，单击"确定"按钮。

在"图表数据"对话框中的文本表格的第 1 格中单击，删除默认数值 1。按照文本表格的组织方式输入数据。例如用来比较 3 个人 3 科分数情况，如图 7-7 所示。

单击"应用"按钮生成图表，所输入的数据被应用到图表上，柱形图效果如图 7-8 所示，从图中可以看到，柱形图是对每一行中的数据进行比较。

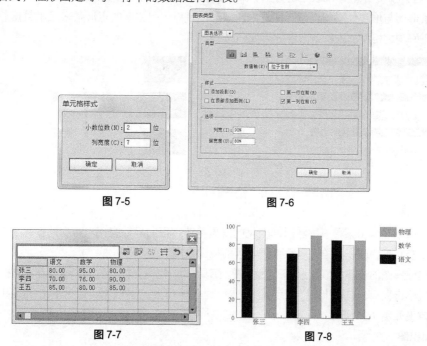

图 7-5　　　　　　　　　图 7-6

图 7-7　　　　　　　　　图 7-8

111

在"图表数据"对话框中单击换位行与列按钮，互换行、列数据得到新的柱形图，效果如图 7-9 所示。在"图表数据"对话框中单击关闭按钮将对话框关闭。

当需要对柱形图中的数据进行修改时，先选中要修改的图表，选择"对象 > 图表 > 数据"命令，弹出"图表数据"对话框。在对话框中可以再修改数据，设置数据后，单击"应用"按钮，将修改后的数据应用到选定的图表中。

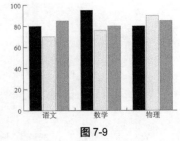

图 7-9

选中图表，用鼠标右键单击页面，在弹出的菜单中选择"类型"命令，弹出"图表类型"对话框，可以在对话框中选择其他的图表类型。

7.1.3　其他图表效果

1．堆积柱形图

堆积柱形图与柱形图类似，只是它们的显示方式不同。柱形图表显示为单一的数据比较，而堆积柱形图显示的是全部数据总和的比较。因此，在进行数据总量的比较时，多用堆积柱形图来表示，效果如图 7-10 所示。

从图表中可以看出，堆积柱形图将每个人的数值总量进行比较，并且每一个人都用不同颜色的矩形来显示。

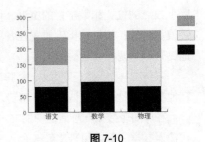

图 7-10

2．条形图和堆积条形图

条形图与柱形图类似，只是柱形图是以垂直方向上的矩形显示图表中的各组数据，而条形图是以水平方向上的矩形来显示图表中的数据，效果如图 7-11 所示。

堆积条形图与堆积柱形图类似，但是堆积条形图是以水平方向的矩形条来显示数据总量的，堆积柱形图正好与之相反。堆积条形图效果如图 7-12 所示。

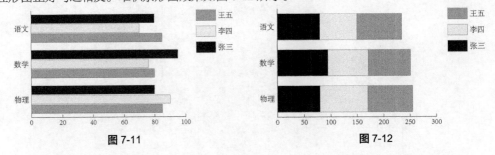

图 7-11　　　　　　　　　　　　　　　　图 7-12

3．折线图

折线图可以显示出某种事物随时间变化的发展趋势，很明显地表现出数据的变化走向。折线图也是一种比较常见的图表，给人以很直接明了的视觉效果。

与创建柱形图的步骤相似，选择"折线图"工具，拖曳光标绘制出一个矩形区域，或在页面上任意位置单击鼠标，在弹出的"图表数据"对话框中输入相应的数据，最后单击"应用"按钮，折线图的效果如图 7-13 所示。

4．面积图

面积图可以用来表示一组或多组数据。通过不同折线连接图表中所有的点，形成面积区域，并且折线内部可填充为不同的颜色。面积图表其实与折线图表类似，是一个填充了颜色的线段图表，效果如图 7-14 所示。

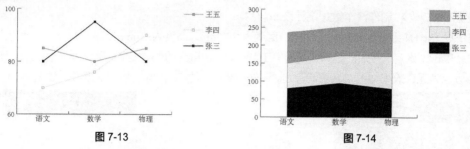

图 7-13　　　　　　　　　　　图 7-14

5. 散点图

散点图是一种比较特殊的数据图表。散点图的横坐标和纵坐标都是数据坐标，两组数据的交叉点形成了坐标点。因此，它的数据点由横坐标和纵坐标确定。图表中的数据点位置所创建的线能贯穿自身却无具体方向，效果如图 7-15 所示。散点图不适合用于太复杂的内容，它只适合显示图例的说明。

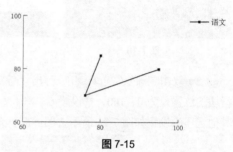

图 7-15

6. 饼图

饼图适用于一个整体中各组成部分的比较。该类图表应用的范围比较广。饼图的数据整体显示为一个圆，每组数据按照其在整体中所占的比例，以不同颜色的扇形区域显示出来。但是它不能准确地显示出各部分的具体数值，效果如图 7-16 所示。

7. 雷达图

雷达图是一种较为特殊的图表类型，它以一种环形的形式对图表中的各组数据进行比较，形成比较明显的数据对比。雷达图适合表现一些变换悬殊的数据，效果如图 7-17 所示。

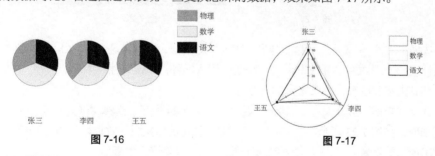

图 7-16　　　　　　　　　　　图 7-17

7.1.4　课堂案例——制作汽车数据统计表

案例学习目标

学习使用图表绘制工具绘制图表。

案例知识要点

使用条形图工具绘制图表，如图 7-18 所示。

效果所在位置

光盘/Ch07/效果/制作汽车数据统计表.ai。

（1）按 Ctrl+N 组合键新建一个文档，宽度为 297mm，高度为210mm，取向为横向，颜色模式为 CMYK，单击“确定”按钮。选择“矩形”工具，在适当的位置绘制矩形，填充图形为黑色，并设置描边色为无，效果如图 7-19 所示。选择“矩形”工具，再绘制一个矩形，如图 7-20 所示。

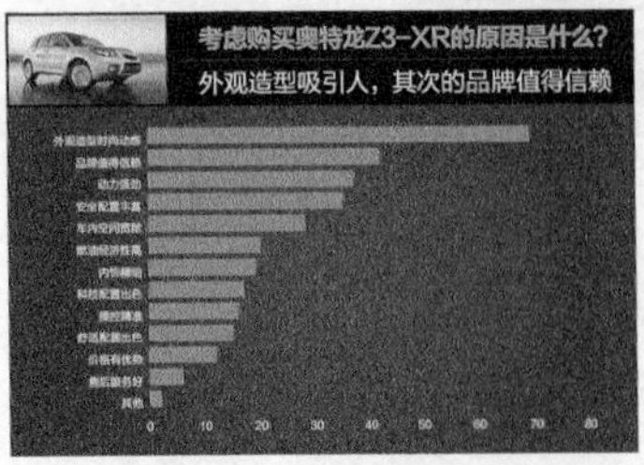

图 7-18

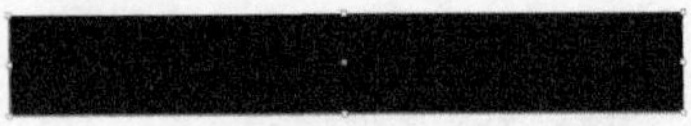

图 7-19

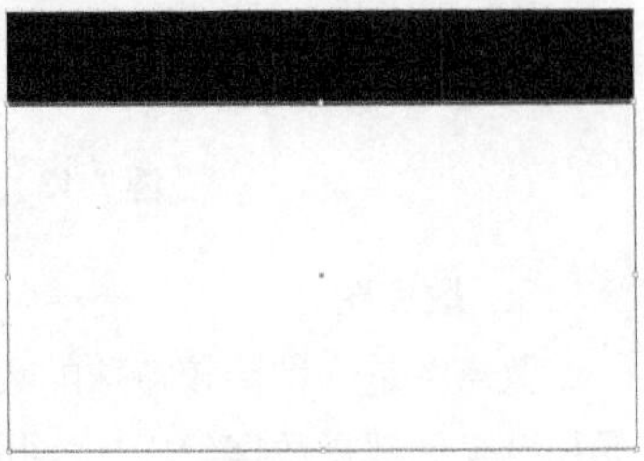

图 7-20

（2）双击“渐变”工具，弹出“渐变”控制面板，在色带上设置 2 个渐变滑块，分别将渐变滑块的位置设为 0、100，并设置 C、M、Y、K 的值分别为 0（0、0、0、80）、100（0、0、0、90），其他选项的设置如图 7-21 所示，图形被填充为渐变色，并设置描边色为无，效果如图 7-22 所示。

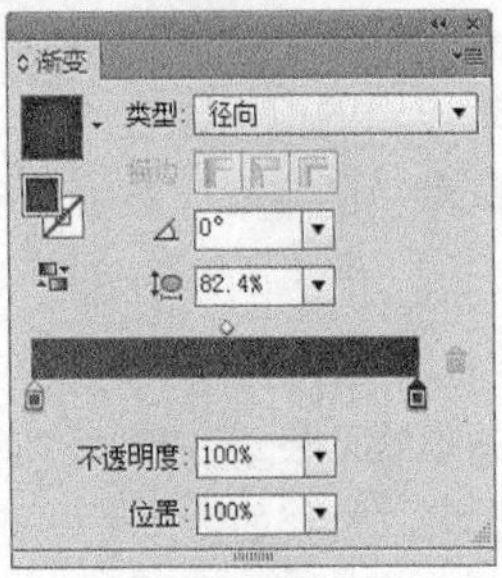

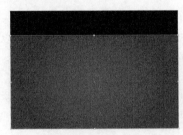

图 7-21

图 7-22

（3）选择“文件 > 置入”命令，弹出“置入”对话框，选择光盘中的“Ch17 > 素材 > 制作汽车数据统计表 > 01”文件，单击“置入”按钮，置入文件。单击属性栏中的“嵌入”按钮，嵌入图片，并调整其大小和位置，效果如图 7-23 所示。

（4）选择“矩形”工具，绘制一个矩形，如图 7-24 所示。选择“选择”工具，将图片和矩形同时选取，如图 7-25 所示。按 Ctrl+7 组合键，创建剪贴蒙版，效果如图 7-26 所示。

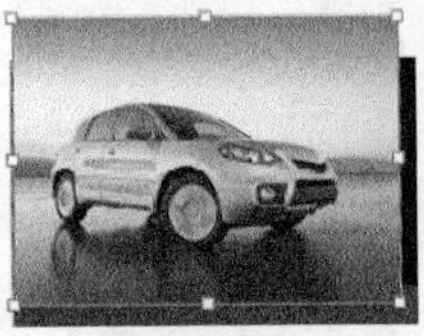

图 7-23

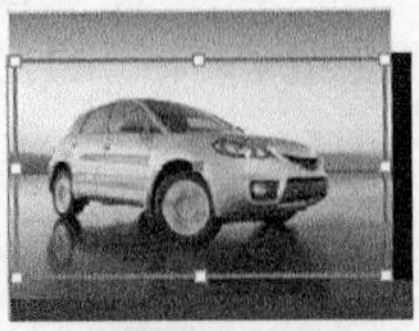

图 7-24

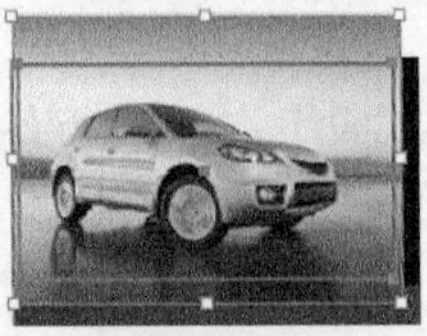

图 7-25

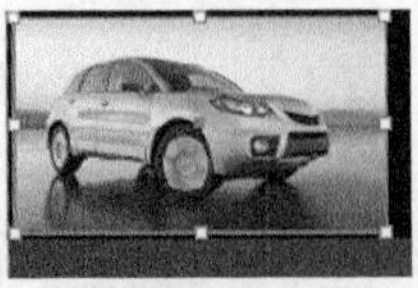

图 7-26

（5）选择“文字”工具，在图形上分别输入需要的文字，选择“选择”工具，在属性栏中分别选择合适的字体和文字大小，填充文字为白色，效果如图 7-27 所示。选取上方的文字，选择“窗口 > 文字 > 字符”命令，弹出“字符”面板，选项的设置如图 7-28 所示，按 Enter 键确认操作，效果如图 7-29 所示。设置文字填充色的 C、M、Y、K 值分别为 12、40、90、0，填充文字，效果如图 7-30 所示。

图 7-27　　　　　　　　　　　图 7-28

图 7-29　　　　　　　　　　　图 7-30

（6）选择"矩形"工具 ，在适当的位置绘制矩形。双击"渐变"工具 ，弹出"渐变"控制面板，在色带上设置 2 个渐变滑块，分别将渐变滑块的位置设为 0、100，并设置 C、M、Y、K 的值分别为 0（100、0、0、80）、100（0、0、0、100），其他选项的设置如图 7-31 所示，图形被填充为渐变色，并设置描边色为无，效果如图 7-32 所示。

图 7-31　　　　　　　　　　　图 7-32

（7）选择"条形图"工具 ，在页面中拖曳鼠标绘制图表区域，如图 7-33 所示，弹出"图表数据"对话框，在对话框中输入需要的文字，如图 7-34 所示。输入完成后，单击"应用"按钮 ，关闭"图表数据"对话框，建立柱形图表，效果如图 7-35 所示。

（8）选择"直接选择"工具 ，选取图表中需要的文字，如图 7-36 所示。选择"选择"工具 ，在属性栏中分别选择合适的字体和文字大小，如图 7-37 所示。填充为白色，效果如图 7-38 所示。

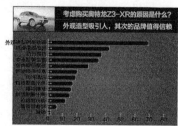

图 7-33　　　　　　　　　图 7-34　　　　　　　　　图 7-35

115

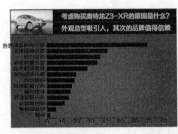
图 7-36

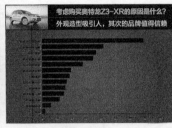
图 7-37

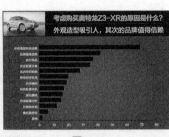
图 7-38

（9）选择"直接选择"工具 ，选取需要的线条，如图 7-39 所示，设置描边色为无，效果如图 7-40 所示。

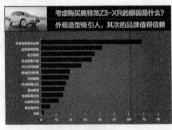
图 7-39

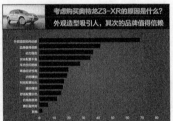
图 7-40

（10）选择"直接选择"工具 ，选取需要的图形，如图 7-41 所示，图形填充色的 C、M、Y、K 值分别为 60、30、10、0，填充图形，并设置描边色为无，效果如图 7-42 所示。汽车数据统计表制作完成，效果如图 7-43 所示。

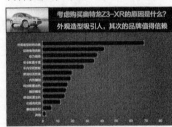
图 7-41

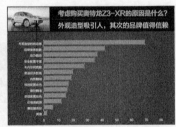
图 7-42

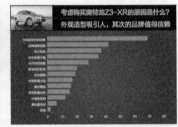
图 7-43

7.2 设置图表

在 Illustrator CC 中，可以重新调整各种类型图表的选项，以及更改某一组数据，还可以解除图表组合，应用描边或填充颜色。

7.2.1 设置"图表数据"对话框

选中图表，单击鼠标右键，在弹出的菜单中选择"数据"命令，或直接选择"对象 > 图表 > 数据"命令，弹出"图表数据"对话框。在对话框中可以进行数据的修改。

编辑一个单元格：选取该单元格，在文本框中输入新的数据，按 Enter 键确认并下移到另一个单元格。

删除数据：选取数据单元格，删除文本框中的数据，按 Enter 键确认并下移到另一个单元格。

删除多个数据：选取要删除数据的多个单元格，选择"编辑 > 清除"命令，即可删除多个数据。

更改图表选项：选中图表，双击"图表工具"或选择"对象 > 图表 > 类型"命令，弹出"图表类型"对话框，如图 7-44 所示。在"数值轴"选项的下拉列表中包括"位于左侧"、"位于右侧"或"位于两侧"选项，分别用来表示图表中坐标轴的位置，可根据需要选择（对饼形图表来说此选项不可用）。

图 7-44

"样式"选项组包括 4 个选项。勾选"添加投影"复选项，可以为图表添加一种阴影效果；勾选"在顶部添加图例"复选项，可以将图表中的图例说明放到图表的顶部；勾选"第一行在前"复选项，图表中的各个柱形或其他对象将会重叠地覆盖行，并按照从左到右的顺序排列；"第一列在前"复选项，是默认的放置柱形的方式，它能够从左到右依次放置柱形。

"选项"选项组包括两个选项。"列宽""簇宽度"两个选项分别用来控制图表的横栏宽和组宽。横栏宽是指图表中每个柱形条的宽度，组宽是指所有柱形所占据的可用空间。

选择折线图、散点图和雷达图时，"选项"复选项组如图 7-45 所示。勾选"标记数据点"复选项，使数据点显示为正方形，否则直线段中间的数据点不显示；勾选"连接数据点"复选项，在每组数据点之间进行连线，否则只显示一个个孤立的点；勾选"线段边到边跨 X 轴"复选项，线条将从图表左边和右边伸出，它对分散图表无作用；勾选"绘制填充线"复选项，将激活其下方的"线宽"选项。

图 7-45

选择饼形图时，"选项"选项组如图 7-46 所示。对于饼形图，"图例"选项控制图例的显示，在其下拉列表中，"无图例"选项即是不要图例；"标准图例"选项将图例放在图表的外围；"楔形图例"选项将图例插入相应的扇形中。"位置"选项控制饼形图形以及扇形块的摆放位置，在其下拉列表中，"比例"选项将按比例显示各个饼形图的大小，"相等"选项使所有饼形图的直径相等，"堆积"选项将所有的饼形图叠加在一起。"排序"选项控制图表元素的排列顺序，在其下拉列表中："全部"选项将元素信息由大到小顺时针排列；"第一个"选项将最大值元素信息放在顺时针方向的第一个，其余按输入顺序排列；"无"选项按元素的输入顺序顺时针排列。

图 7-46

7.2.2 设置坐标轴

在"图表类型"对话框左上方选项的下拉列表中选择"数值轴"选项，转换为相应的对话框，如图 7-47 所示。

图 7-47

"刻度值"选项组：当勾选"忽略计算出的值"复选项时，下面的 3 个数值框被激活。"最小值"选项的数值表示坐标轴的起始值，也就是图表原点的坐标值，它不能大于"最大值"选项的数值；"最大值"选项中的数值表示的是坐标轴的最大刻度值；"刻度"选项中的数值用来决定将坐标轴上下分为多少部分。

"刻度线"选项组："长度"选项的下拉列表中包括 3 项。选择"无"选项，表示不使用刻度标记；选择"短"选项，表示使用短的刻度标记；选择"全宽"选项，刻度线将贯穿整个图表，效果如图 7-48 所示。"绘制"选项数值框中的数值表示每一个坐标轴间隔的区分标记。

"添加标签"选项组："前缀"选项是指在数值前加符号，"后缀"选项是指在数值后加符号。在"后缀"选项的文本框中输入"分"后，图表效果如图 7-49 所示。

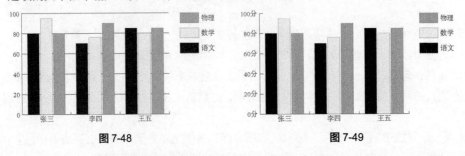

图 7-48   图 7-49

7.3 自定义图表

除了提供图表的创建和编辑这些基本的操作，Illustrator CC 还可以对图表中的局部进行编辑和修改，并可以自己定义图表的图案，使图表中所表现的数据更加生动。

7.3.1 自定义图表图案

在页面中绘制图形，效果如图 7-50 所示。选中图形，选择"对象 > 图表 > 设计"命令，弹出"图表设计"对话框。单击"新建设计"按钮，在预览框中将会显示所绘制的图形，对话框中的"删除设计"按钮、"粘贴设计"按钮和"选择未使用的设计"按钮将被激活，如图 7-51 所示。

单击"重命名"按钮，弹出"重命名"对话框，在对话框中输入自定义图案的名称，如图 7-52 所示，单击"确定"按钮，完成命名。

图 7-50   图 7-51   图 7-52

在"图表设计"对话框中单击"粘贴设计"按钮，可以将图案粘贴到页面中，对图案可以重新进行修改和编辑。编辑修改后的图案，还可以再将其重新定义。在对话框中编辑完成后，单击"确定"按钮，完成对一个图表图案的定义。

7.3.2　应用图表图案

用户可以将自定义的图案应用到图表中。选择要应用图案的图表，再选择"对象 > 图表 > 柱形图"命令，弹出"图表列"对话框。

在"图表列"对话框中，"列类型"选项包括 4 种缩放图案的类型："垂直缩放"选项表示根据数据的大小，对图表的自定义图案进行垂直方向上的放大与缩小，水平方向上保持不变；"一致缩放"选项表示图表将按照图案的比例并结合图表中数据的大小对图案进行放大和缩小；"重复堆叠"选项可以把图案的一部分拉伸或压缩。"重复堆叠"选项要和"每个设计表示"选项、"对于分数"选项结合使用。"每个设计表示"选项表示每个图案代表几个单位，如果在数值框中输入 50，表示 1 个图案就代表 50 个单位；在"对于分数"选项的下拉列表中，"截断设计"选项表示不足一个图案由图案的一部分来表示；"缩放设计"选项表示不足一个图案时，通过对最后那个图案成比例压缩来表示。设置完成后，如图 7-53 所示，单击"确定"按钮，将自定义的图案应用到图表中，效果如图 7-54 所示。

图 7-53

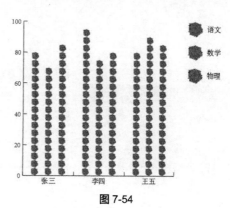

图 7-54

7.3.3　课堂案例——制作汽车图案统计表

📖 **案例学习目标**

学习使用柱形图工具和设计命令制作图案图表。

📖 **案例知识要点**

使用柱形图工具建立柱形图表，使用设计命令定义图案，使用柱形图命令制作图案图表，汽车图案统计表如图 7-55 所示。

图 7-55

📖 **效果所在位置**

光盘/Ch07/效果/制作汽车图案统计表.ai。

（1）按 Ctrl+N 组合键新建一个文档，宽度为 297mm，高度为210mm，取向为横向，颜色模式为 CMYK，单击"确定"按钮。按 Ctrl+O 组合键，打开光盘中的"Ch07 > 效果 > 制作汽车数据统计表"文件，选择"选择"工具，选取需要的图形，复制并将其粘贴到正在编辑的页面中，效果如图 7-56 所示。选择"直接选择"工具，选取需要的图形，如图 7-57 所示。

图 7-56

图 7-57

（2）选择"窗口 > 链接"命令，弹出"链接"面板，选取文件，如图 7-58 所示，单击下方的"重新链接"按钮，弹出"置入"对话框，选取需要的文件，如图 7-59 所示，单击"置入"按钮，置入文件，如图 7-60 所示。在按住 Shift 键的同时，调整图片的大小，效果如图 7-61 所示。

图 7-58

图 7-59

图 7-60

图 7-61

（3）选择"文字"工具，分别选取需要的文字进行修改，效果如图 7-62 所示。选择"选择"工具，选取上方的文字，设置文字填充色的 C、M、Y、K 值分别为 0、25、90、0，填充文字，效果如图 7-63 所示。

图 7-62

图 7-63

（4）选择"柱形图"工具，在页面中单击鼠标，在弹出的"图表"对话框中进行设置，如图

7-64 所示，单击"确定"按钮，弹出"图表数据"对话框，在对话框中输入需要的文字，如图 7-65 所示。输入完成后，单击"应用"按钮✓，关闭"图表数据"对话框，建立柱形图表，效果如图 7-66 所示。

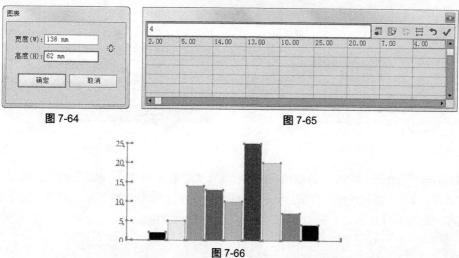

图 7-64　　　　　　　　　　　　　　　　图 7-65

图 7-66

（5）保持图表的选取状态。选择"对象 > 图表 > 类型"命令，在弹出的对话框中进行设置，如图 7-67 所示，单击"确定"按钮，效果如图 7-68 所示。

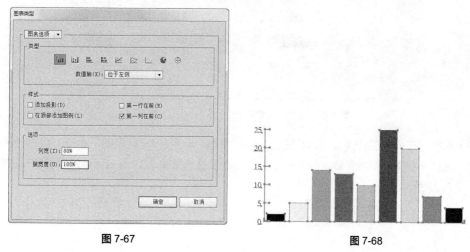

图 7-67　　　　　　　　　　　　　　　　图 7-68

（6）选择"文件 > 置入"命令，弹出"置入"对话框，选择光盘中的"Ch17 > 素材 > 制作汽车图案统计表 > 02"文件，单击"置入"按钮，置入文件。单击属性栏中的"嵌入"按钮，嵌入图片，并调整其大小和位置，效果如图 7-69 所示。

（7）选择"选择"工具，选取图片，在属性栏中单击"图像描摹"选项下拉列表中的"高保真度照片"选项，如图 7-70 所示，图像效果如图 7-71 所示。按 Ctrl+Shift+G 组合键，取消编组。选取需要的图形，如图 7-72 所示，按 Delete 键删除图形。

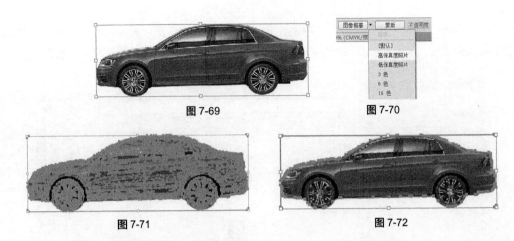

图 7-69　　　　　　　　　　　　图 7-70

图 7-71　　　　　　　　　　　　图 7-72

（8）选择"选择"工具 ，选取汽车图形。选择"对象 > 图表 > 设计"命令，弹出"图表设计"对话框，单击"新建设计"按钮，显示所选图形的预览，如图 7-73 所示，应用"重命名"按钮更改名称，如图 7-74 所示，单击"确定"按钮，完成图表图案的定义。

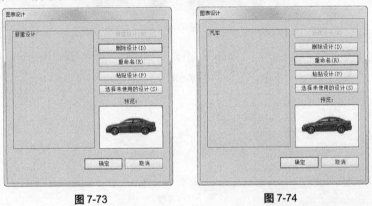

图 7-73　　　　　　　　　　　　图 7-74

（9）选择"选择"工具 ，选取图表，选择"对象 > 图表 > 柱形图"命令，弹出"图表列"对话框，选择新定义的图案名称，并在对话框中进行设置，如图 7-75 所示，单击"确定"按钮，效果如图 7-76 所示。

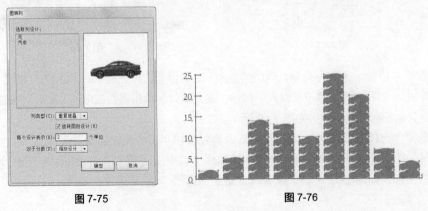

图 7-75　　　　　　　　　　　　图 7-76

（10）选择"选择"工具 ，选取图表并将其拖曳到适当的位置，效果如图 7-77 所示。选择"直接选择"工具 ，选取图表中需要的文字，如图 7-78 所示。填充为白色，效果如图 7-79 所示。选择"选择"工具 ，在属性栏中分别选择合适的字体和文字大小，效果如图 7-80 所示。

图 7-77

图 7-78

图 7-79

图 7-80

（11）选择"直接选择"工具 ，选取需要的线条，设置直线填充色的 C、M、Y、K 值分别为68、36、10、0，填充直线，效果如图 7-81 所示。在属性栏中将"描边粗细"选项设为 0.25，效果如图 7-82 所示。

图 7-81

图 7-82

（12）选择"文字"工具 ，在图表上适当的位置分别输入需要的文字，选择"选择"工具 ，在属性栏中分别选择合适的字体和文字大小，填充文字为白色，效果如图 7-83 所示。用相同的方法输入其他文字，效果如图 7-84 所示。汽车图案统计表制作完成。

图 7-83

图 7-84

课堂练习——制作数据分析图表

📖 练习知识要点

使用矩形工具和渐变工具制作背景效果，使用饼图工具添加饼图图表，使用椭圆工具和钢笔工具添加介绍线条，使用复制粘贴命令添加主体图形，使用矩形工具和文字工具添加图标，最终效果如图 7-85 所示。

📖 效果所在位置

光盘/Ch07/效果/制作数据分析图表.ai。

图 7-85

课后习题——制作人口预测图表

📖 习题知识要点

使用矩形工具绘制背景效果,使用柱形图工具和折线图工具绘制图形,使用饼图工具绘制男女比例图,使用文字工具添加需要的文字,最终效果如图 7-86 所示。

📖 效果所在位置

光盘/Ch07/效果/制作人口预测图表.ai。

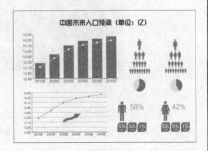

图 7-86

第 8 章　图层和蒙版的使用

本章将重点讲解 Illustrator CC 中图层和蒙版的使用方法。掌握图层和蒙版的功能，可以帮助读者在图形设计中提高效率，快速、准确地设计和制作出精美的平面设计作品。

课堂学习目标	
/	了解图层面板
/	掌握图层的基本操作方法
/	掌握蒙版的创建和编辑方法
/	掌握透明度面板的使用技巧

8.1　图层的使用

在平面设计中，特别是包含复杂图形的设计中，需要在页面上创建多个对象，由于每个对象的大小不一致，小的对象可能隐藏在大的对象下面。因此，使用图层来管理对象，就可以很好地解决这个问题。图层就像一个文件夹，它可包含多个对象，也可以对图层进行多种编辑。

8.1.1　认识"图层"控制面板

打开一张图像，选择"窗口 > 图层"命令，弹出"图层"控制面板，如图 8-1 所示。

图 8-1

在"图层"控制面板的右上方有两个系统按钮，分别是"折叠为图标"按钮和"关闭"按钮。单击"折叠为图标"按钮，可以将"图层"控制面板折叠为图标；单击"关闭"按钮，可以关闭"图层"控制面板。

图层名称显示在当前图层中。默认状态下，在新建图层时，如果未指定名称，程序将以数字的递增为图层指定名称，如图层 1、图层 2 等，可以根据需要为图层重新命名。

单击图层名称前的三角形按钮，可以展开或折叠图层。当按钮为时，表示此图层中的内容处于未显示状态，单击此按钮就可以展开当前图层中所有的选项；当按钮为时，表示显示了图层中的选项，单击此按钮，可以将图层折叠起来，这样可以节省"图层"控制面板的空间。

眼睛图标用于显示或隐藏图层；图层右上方的黑色三角形图标，表示当前正被编辑的图层；锁定图标表示当前图层和透明区域被锁定，不能被编辑。

在"图层"控制面板的最下面有 5 个按钮，如图 8-2 所示，它们从左至右依次是：定位对象按钮、建立/释放剪切蒙版按钮、创建新子图层按钮、创建新图层按钮和删除所选图层按钮。

图 8-2

定位对象按钮：单击此按钮，可以选中所选对象所在的图层。

建立/释放剪切蒙版按钮：单击此按钮，将在当前图层上建立或释放一个蒙版。

创建新子图层按钮：单击此按钮，可以为当前图层新建一个子图层。

创建新图层按钮：单击此按钮，可以在当前图层上面新建一个图层。

删除所选图层按钮：即垃圾桶，可以将不想要的图层拖到此处删除。

单击"图层"控制面板右上方的图标，将弹出其下拉式菜单。

8.1.2 使用图层

使用"图层"控制面板可以选择绘图页面中的对象，还可以切换对象的显示模式，更改对象的外观属性。

1. 选择对象

（1）使用"图层"控制面板中的目标图标。

在同一图层中的几个图形对象处于未选取状态，如图 8-3 所示。单击"图层"控制面板中要选择对象所在图层右侧的目标图标，如图 8-4 所示。目标图标变为，此时，图层中的对象被全部选中，效果如图 8-5 所示。

图 8-3　　　　　　　　　图 8-4　　　　　　　　　图 8-5

（2）结合快捷键并使用"图层"控制面板。

在按住 Alt 键的同时，单击"图层"控制面板中的图层名称，此图层中的对象将被全部选中。

（3）使用"选择"菜单下的命令。

使用"选择"工具选中同一图层中的一个对象，如图 8-6 所示。选择"选择 > 对象 > 同一图层上的所有对象"命令，此图层中的对象被全部选中，如图 8-7 所示。

图 8-6　　　　　　　　　图 8-7

2. 更改对象的外观属性

使用"图层"控制面板可以轻松地改变对象的外观。如果对一个图层应用一种特殊效果，则在该图层中的所有对象都将应用这种效果。如果将图层中的对象移动到此图层之外，对象将不再具有这种效果，因为效果仅仅作用于该图层，而不是对象。

选中一个想要改变对象外观属性的图层，如图 8-8 所示，选取图层中的全部对象，效果如图 8-9 所示。选择"效果 > 变形 > 弧形"命令，在弹出的"变形选项"对话框中进行设置，如图 8-10 所示，单击"确定"按钮，选中的图层中包括的对象

图 8-8

全部变成旗形效果，如图 8-11 所示，也就改变了此图层中对象的外观属性。

图 8-9

图 8-10

图 8-11

在"图层"控制面板中，图层的目标图标也是变化的。当目标图标显示为时，表示当前图层在绘图页面上没有对象被选择，并且没有外观属性；当目标图标显示为时，表示当前图层在绘图页面上有对象被选择，且没有外观属性；当目标图标显示为时，表示当前图层在绘图页面上没有对象被选择，但有外观属性；当目标图标显示为时，表示当前图层在绘图页面上有对象被选择，也有外观属性。

选择具有外观属性的对象所在的图层，拖曳此图层的目标图标到需要应用的图层的目标图标上，就可以移动对象的外观属性。在拖曳的同时按住 Alt 键，可以复制图层中对象的外观属性。

选择具有外观属性的对象所在的图层，拖曳此图层的目标图标到"图层"控制面板底部的"删除所选图层"按钮上，这时可以取消此图层中对象的外观属性。如果此图层中包括路径，将会保留路径的填充和描边填充。

3．移动对象

在设计制作的过程中，有时需要调整各图层之间的顺序，而图层中对象的位置也会相应地发生变化。选择需要移动的图层，按住鼠标左键将该图层拖曳到需要的位置，释放鼠标，图层被移动。移动图层后，图层中的对象在绘图页面上的排列次序也会被移动。

选择想要移动的"图层 2"中的对象，如图 8-12 所示，再选择"图层"控制面板中需要放置对象的"图层 1"，如图 8-13 所示，选择"对象 > 排列 > 发送至当前图层"命令，可以将对象移动到当前选中的"图层 1"中，效果如图 8-14 所示。单击"图层 1"右侧的图标，按住鼠标左键不放将其拖曳到"图层 2"中，如图 8-15 所示，可以将对象移动到"图层 2"中，效果如图 8-16 所示。

图 8-12

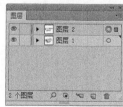
图 8-13

图 8-14

图 8-15

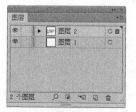
图 8-16

8.2 制作图层蒙版

将一个对象制作为蒙版后，对象的内部变得完全透明，这样就可以显示下面的被蒙版对象，同时也可以遮挡住不需要显示或打印的部分。

8.2.1 制作图像蒙版

（1）使用"创建"命令制作。

选择"文件 > 置入"命令，在弹出的"置入"对话框中选择图像文件，如图 8-17 所示，单击"置入"按钮，图像出现在页面中，效果如图 8-18 所示。选择"椭圆"工具 ⬤，在图像上绘制一个椭圆形作为蒙版，如图 8-19 所示。

图 8-17

图 8-18

图 8-19

使用"选择"工具 ▶，同时选中图像和椭圆形，如图 8-20 所示（作为蒙版的图形必须在图像的上面）。选择"对象 > 剪切蒙版 > 建立"命令（组合键为 Ctrl+7），制作出蒙版效果，如图 8-21 所示。图像在椭圆形蒙版外面的部分被隐藏，取消选取状态，蒙版效果如图 8-22 所示。

图 8-20

图 8-21

图 8-22

（2）使用鼠标右键的弹出式命令制作蒙版。

使用"选择"工具 ▶，选中图像和椭圆形，在选中的对象上单击鼠标右键，在弹出的菜单中选择"建立剪切蒙版"命令，制作出蒙版效果。

（3）用"图层"控制面板中的命令制作蒙版。

使用"选择"工具 ▶，选中图像和椭圆形，单击"图层"控制面板右上方的图标 ▤，在弹出的菜单中选择"建立剪切蒙版"命令，制作出蒙版效果。

8.2.2　编辑图像蒙版

制作蒙版后，还可以对蒙版进行编辑，如查看、选择蒙版、增加和减少蒙版区域等。

1．查看蒙版

使用"选择"工具，选中蒙版图像，如图 8-23 所示。单击"图层"控制面板右上方的图标，在弹出的菜单中选择"定位对象"命令，"图层"控制面板如图 8-24 所示，可以在"图层"控制面板中查看蒙版状态，也可以编辑蒙版。

2．锁定蒙版

使用"选择"工具，选中需要锁定的蒙版图像，如图 8-25 所示。选择"对象 > 锁定 > 所选对象"命令，可以锁定蒙版图像，效果如图 8-26 所示。

图 8-23

图 8-24

图 8-25

图 8-26

3．添加对象到蒙版

选中要添加的对象，如图 8-27 所示。选择"编辑 > 剪切"命令，剪切该对象。使用"直接选择"工具，选中蒙版中的对象，如图 8-28 所示。选择"编辑 > 贴在前面、贴在后面"命令，就可以将要添加的对象粘贴到相应的蒙版图形的前面或后面，并成为图形的一部分，贴在前面的效果如图 8-29 所示。

图 8-27

图 8-28

图 8-29

4．删除被蒙版的对象

选中被蒙版的对象，选择"编辑 > 清除"命令或按 Delete 键，即可删除被蒙版的对象。

也可以在"图层"控制面板中选中被蒙版对象所在图层，再单击"图层"控制面板下方的"删除所选图层"按钮，也可删除被蒙版的对象。

8.2.3　课堂案例——制作体操门票

📋 **案例学习目标**

学习使用绘图工具、蒙版命令和文字工具制作体操门票。

![案例知识要点]

使用矩形工具、钢笔工具、渐变面板和创建剪贴蒙版命令制作门票背景，使用直线段工具和描边面板添加分割线，使用文字工具输入门票信息，体操门票效果如图 8-30 所示。

![效果所在位置]

光盘/Ch08/效果/制作体操门票.ai。

图 8-30

1．制作门票背景

（1）按 Ctrl+N 组合键新建一个文档，宽度为 297mm，高度为 210mm，取向为横向，颜色模式为 CMYK，单击"确定"按钮。选择"矩形"工具▣，在页面中绘制一个矩形，如图 8-31 所示。

（2）双击"渐变"工具▣，弹出"渐变"控制面板，在色带上设置 2 个渐变滑块，分别将渐变滑块的位置设为 68、100，并设置 C、M、Y、K 的值分别为 68（0、17、34、0）、100（48、65、100、27），其他选项的设置如图 8-32 所示，图形被填充为渐变色，并设置描边色为无，效果如图 8-33 所示。选择"钢笔"工具✑，在适当的位置绘制一个图形，如图 8-34 所示。

图 8-31

图 8-32

图 8-33

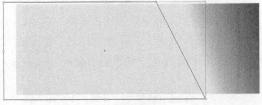

图 8-34

（3）设置图形填充色的 C、M、Y、K 值分别为 50、100、100、40，填充图形，并设置描边色为无，效果如图 8-35 所示。用相同的方法再绘制一个图形，如图 8-36 所示。设置图形填充色的 C、M、Y、K 值分别为 10、100、100、0，填充图形，并设置描边色为无，效果如图 8-37 所示。用相同的方法绘制其他图形并填充适当的颜色，效果如图 8-38 所示。

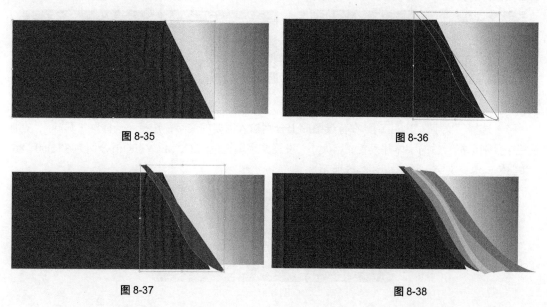

图 8-35　　　　　　　　　　　　　　　　　图 8-36

图 8-37　　　　　　　　　　　　　　　　　图 8-38

（4）选择"选择"工具，选取需要的图形，按 Ctrl+G 组合键将其编组，如图 8-39 所示。选取需要的图形，按 Ctrl+C 组合键复制图形，按 Ctrl+F 组合键原位粘贴，效果如图 8-40 所示。

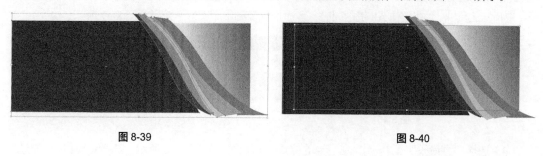

图 8-39　　　　　　　　　　　　　　　　　图 8-40

（5）按 Shift+Ctrl+] 组合键，将复制的图形置于顶层，如图 8-41 所示。在按住 Shift 键的同时，选取编组图形，将其同时选取，按 Ctrl+7 组合键创建剪贴蒙版，效果如图 8-42 所示。

图 8-41　　　　　　　　　　　　　　　　　图 8-42

2．添加门票信息

（1）选择"文字"工具，在背景图形上分别输入需要的文字，选择"选择"工具，在属性栏中选择合适的字体并设置文字大小，填充文字为白色，效果如图 8-43 所示。按 Ctrl+O 组合键，打开光盘中的"Ch08 > 素材 > 制作体操门票 > 01"文件，按 Ctrl+A 组合键全选图形，复制并将其粘贴到正在编辑的页面中，效果如图 8-44 所示。

图 8-43

图 8-44

（2）选择"文字"工具 T，在背景图形上分别输入需要的文字，选择"选择"工具 ，在属性栏中分别选择合适的字体并设置文字大小，设置文字填充色的 C、M、Y、K 值分别为 37、60、86、0 和白色，填充文字，效果如图 8-45 所示。

图 8-45

（3）选择"椭圆"工具 ，按住 Shift 键的同时，在适当的位置绘制圆形，设置图形填充色的 C、M、Y、K 值分别为 40、100、100、0，填充图形，并设置描边色为无，效果如图 8-46 所示。选择"选择"工具 ，在按住 Alt 键的同时，多次拖曳复制 2 个圆形，效果如图 8-47 所示。

图 8-46

图 8-47

（4）选择"直线段"工具 ，在适当的位置绘制直线，如图 8-48 所示。选择"窗口 > 描边"命令，弹出"描边"面板，设置如图 8-49 所示，直线效果如图 8-50 所示。

图 8-48

图 8-49

图 8-50

（5）选择"选择"工具 ，选取需要的文字，在按住 Alt 键的同时，拖曳其到适当的位置进行复制，填充为黑色，效果如图 8-51 所示。选择"矩形"工具 ，在页面中绘制一个矩形，填充为黑色，并设置描边色为无，效果如图 8-52 所示。

图 8-51　　　　　　　　　　　　　　　　图 8-52

（6）用上述方法绘制其他矩形，填充为黑色，并设置描边色为无，效果如图 8-53 所示。选择"矩形"工具，在矩形上再绘制一个矩形，如图 8-54 所示。选择"选择"工具，在按住 Shift 键的同时，选取编组图形，将其同时选取，按 Ctrl+7 组合键创建剪贴蒙版，效果如图 8-55 所示。

图 8-53　　　　　　　　图 8-54　　　　　　　　图 8-55

（7）选择"文字"工具，输入需要的文字，选择"选择"工具，在属性栏中分别选择合适的字体并设置文字大小，效果如图 8-56 所示。将需要的文字和图形同时选取，选择"对象 > 变换 > 旋转"命令，弹出"旋转"对话框，选项的设置如图 8-57 所示，单击"确定"按钮，效果如图 8-58 所示。分别将其拖曳到适当的位置，效果如图 8-59 所示。体操门票制作完成，效果如图 8-60 所示。

图 8-56　　　　　　　　图 8-57　　　　　　　图 8-58　　图 8-59

图 8-60

8.3　制作文本蒙版

在 Illustrator CC 中，可以将文本制作为蒙版。根据设计需要来制作文本蒙版，可以使文本产生丰富的效果。

8.3.1　制作文本蒙版

（1）使用"对象"命令制作文本蒙版。

使用"矩形"工具绘制一个矩形，在"图形样式"控制面板中选择需要的样式，如图 8-61

所示，矩形被填充上此样式，如图 8-62 所示。

选择"文字"工具 T，在矩形上输入文字"羽毛"，使用"选择"工具 ，选中文字和矩形，如图 8-63 所示。选择"对象 > 剪切蒙版 > 建立"命令（组合键为 Ctrl+7），制作出蒙版效果，如图 8-64 所示。

图 8-61

图 8-62

图 8-63

图 8-64

（2）使用鼠标右键弹出菜单命令制作文本蒙版。

使用"选择"工具 ，选中图像和文字，在选中的对象上单击鼠标右键，在弹出的菜单中选择"建立剪切蒙版"命令，制作出蒙版效果。

（3）使用"图层"控制面板中的命令制作蒙版。

使用"选择"工具 ，选中图像和文字。单击"图层"控制面板右上方的图标 ，在弹出的菜单中选择"建立剪切蒙版"命令，制作出蒙版效果。

8.3.2 编辑文本蒙版

使用"选择"工具 ，选取被蒙版的文本，如图 8-65 所示。选择"文字 > 创建轮廓"命令，将文本转换为路径，路径上出现了许多锚点，效果如图 8-66 所示。使用"直接选择"工具 ，选取路径上的锚点，就可以编辑修改被蒙版的文本了，效果如图 8-67、图 8-68、图 8-69 所示。

图 8-65　　　　图 8-66　　　　图 8-67　　　　图 8-68　　　　图 8-69

8.4　透明度控制面板

在透明度控制面板中可以为对象添加透明度，还可以设置透明度的混合模式。

8.4.1　认识"透明度"控制面板

透明度是 Illustrator 中对象的一个重要外观属性。通过 Illustrator CC 的透明度设置，绘图页面上的对象可以是完全透明、半透明或不透明 3 种状态。在"透明度"控制面板中，可以给对象添加不透明度，还可以改变混合模式，从而制作出新的效果。

选择"窗口 > 透明度"命令（组合键为 Shift+Ctrl+F10），弹出"透明度"控制面板，如图 8-70 所示。单击控制面板右上方的图标 ，在弹出的菜单中选择"显示缩览图"命令，可以将"透明度"控制面板中的缩览图显示出来，如图 8-71 所示。在弹出的菜单中选择"显示选项"命令，可以将"透明度"控制面板中的选项显示出来，如图 8-72 所示。

图 8-70

图 8-71

图 8-72

1．"透明度"控制面板的表面属性

在图 8-72 所示的"透明度"控制面板中，当前选中对象的缩略图出现在其中。当"不透明度"选项设置为不同的数值时，效果如图 8-73 所示（默认状态下，对象是完全不透明的）。

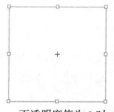
不透明度值为 0 时

不透明度值为 50 时

不透明度值为 100 时

图 8-73

选择"隔离混合"选项：可以使不透明度设置只影响当前组合或图层中的其他对象。

选择"挖空组"选项：可以使不透明度设置不影响当前组合或图层中的其他对象，但背景对象仍然受影响。

选择"不透明度和蒙版用来定义挖空形状"选项：可以使用不透明度蒙版来定义对象的不透明度所产生的效果。

选中"图层"控制面板中要改变不透明度的图层，用鼠标单击图层右侧的图标 ○，将其定义为目标图层，在"透明度"控制面板的"不透明度"选项中调整不透明度的数值，此时的调整会影响到整个图层不透明度的设置，包括此图层中已有的对象和将来绘制的任何对象。

2．"透明度"控制面板的下拉式命令

单击"透明度"控制面板右上方的图标 ，弹出其下拉菜单，如图 8-74 所示。

"建立不透明蒙版"命令可以将蒙版的不透明度设置应用到它所覆盖的所有对象中。

在绘图页面中选中两个对象，如图 8-75 所示，选择"建立不透明蒙版"命令，"透明度"控制面板显示的效果如图 8-76 所示，制作不透明蒙版的效果如图 8-77 所示。

图 8-74

图 8-75

图 8-76

图 8-77

选择"释放不透明蒙版"命令，制作的不透明蒙版将被释放，对象恢复原来的效果。选中制作

的不透明蒙版，选择"停用不透明蒙版"命令，不透明蒙版被禁用，"透明度"控制面板的变化如图 8-78 所示。

选中制作的不透明蒙版，选择"取消链接不透明蒙版"命令，蒙版对象和被蒙版对象之间的链接关系被取消。"透明度"控制面板中，蒙版对象和被蒙版对象缩略图之间的"指名不透明蒙版链接到图稿"按钮 ⑧，转换为"单击可将不透明蒙版链接到图稿"按钮 ⑨，如图 8-79 所示。

 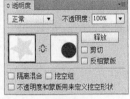

图 8-78　　　　　　　　　图 8-79

选中制作的不透明蒙版，勾选"透明度"控制面板中的"剪切"复选项，如图 8-80 所示，不透明蒙版的变化效果如图 8-81 所示。勾选"透明度"控制面板中的"反相蒙版"复选项，如图 8-82 所示，不透明蒙版的变化效果如图 8-83 所示。

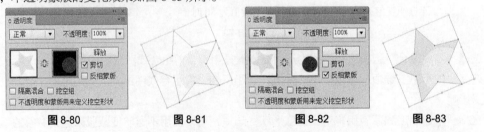

图 8-80　　　　　图 8-81　　　　　图 8-82　　　　　图 8-83

8.4.2 "透明度"控制面板中的混合模式

在"透明度"控制面板中提供了 16 种混合模式，如图 8-84 所示。打开一张图像，如图 8-85 所示。在图像上选择需要的图形，如图 8-86 所示。分别选择不同的混合模式，可以观察图像的不同变化，效果如图 8-87 所示。

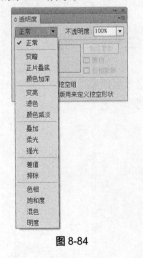  

图 8-84　　　　　　　图 8-85　　　　　　　图 8-86

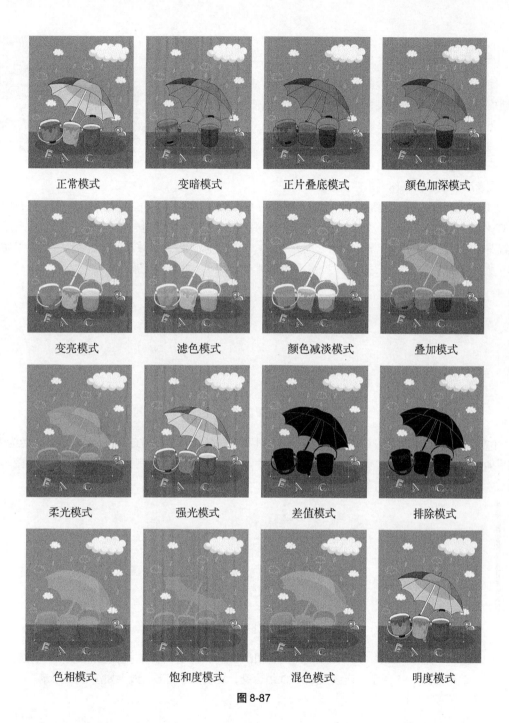

正常模式　　　　变暗模式　　　　正片叠底模式　　　颜色加深模式

变亮模式　　　　滤色模式　　　　颜色减淡模式　　　叠加模式

柔光模式　　　　强光模式　　　　差值模式　　　　排除模式

色相模式　　　　饱和度模式　　　　混色模式　　　　明度模式

图 8-87

8.4.3　课堂案例——制作汽车广告

📋 **案例学习目标**

学习使用绘图工具和透明度面板制作汽车广告。

图 8-88

📋 **案例知识要点**

使用矩形工具和透明度面板制作背景效果，使用椭圆工具、高斯模糊效果命令和透明度面板制作汽车投影，使用文字工具添加介绍文字。汽车广告效果如图 8-88 所示。

📋 **效果所在位置**

光盘/Ch08/效果/制作汽车广告.ai。

（1）按 Ctrl+N 组合键新建一个文档，宽度为 297mm，高度为 210mm，取向为横向，颜色模式为 CMYK，单击"确定"按钮。选择"矩形"工具▣，在页面中绘制一个矩形，如图 8-89 所示。设置图形填充色的 C、M、Y、K 值分别为 0、0、5、0，填充图形，并设置描边色为无，效果如图 8-90 所示。选择"矩形"工具▣，在页面中绘制一个矩形，如图 8-91 所示。

图 8-89　　　　　　　　　　　图 8-90　　　　　　　　　　　图 8-91

（2）设置图形填充色的 C、M、Y、K 值分别为 0、0、100、0，填充图形，并设置描边色为无，效果如图 8-92 所示。选择"窗口 > 透明度"命令，弹出"透明度"控制面板，选项的设置如图 8-93 所示，按 Enter 键，效果如图 8-94 所示。

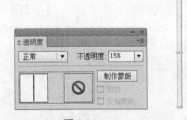

图 8-92　　　　　　　　　　　图 8-93　　　　　　　　　　　图 8-94

（3）选择"选择"工具▶，在按住 Shift+Alt 键的同时，水平向右拖曳图形到适当的位置，复制图形，效果如图 8-95 所示。连续按 Ctrl+D 组合键，复制多个图形，效果如图 8-96 所示。

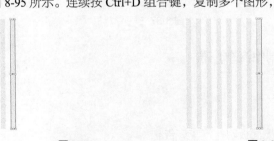

图 8-95　　　　　　　　　　　图 8-96

（4）选择"文件 > 置入"命令，弹出"置入"对话框，选择光盘中的"Ch08 > 素材 > 制作汽车广告 > 01"文件，单击"置入"按钮，置入文件。单击属性栏中的"嵌入"按钮，嵌入图片，效果如图 8-97 所示。选择"椭圆"工具 ，按住 Shift 键的同时，在适当的位置绘制圆形，填充为黑色，并设置描边色为无，效果如图 8-98 所示。

图 8-97

图 8-98

（5）选择"效果 > 模糊 > 高斯模糊"命令，在弹出的对话框中进行设置，如图 8-99 所示，单击"确定"按钮，效果如图 8-100 所示。

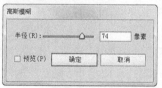

图 8-99

图 8-100

（6）在"透明度"面板中进行设置，如图 8-101 所示，效果如图 8-102 所示。按 Ctrl+ [组合键后移图形，效果如图 8-103 所示。

图 8-101

图 8-102

图 8-103

（7）选择"矩形"工具 ，在页面中绘制一个矩形，设置图形填充色的 C、M、Y、K 值分别为 60、100、60、0，填充图形，并设置描边色为无，效果如图 8-104 所示。在"透明度"面板中进行设置，如图 8-105 所示，效果如图 8-106 所示。

图 8-104

图 8-105

图 8-106

（8）选择"钢笔"工具 ✏️，沿着汽车图形绘制一条曲线，设置描边色的 C、M、Y、K 值分别为 0、70、0、40，填充描边，效果如图 8-107 所示。按 Ctrl+O 组合键，打开光盘中的"Ch08 > 素材 > 制作汽车广告 > 02"文件，按 Ctrl+A 组合键全选图形，复制并将其粘贴到正在编辑的页面中，效果如图 8-108 所示。选择"文字"工具 T，在标志下方分别输入需要的文字，选择"选择"工具 ▶，在属性栏中分别选择合适的字体并设置文字大小，填充文字为白色，效果如图 8-109 所示。

图 8-107   图 8-108   图 8-109

（9）选择"椭圆"工具 ⬭，按住 Shift 键的同时，在适当的位置绘制圆形，填充为黑色，并设置描边色为无，效果如图 8-110 所示。选择"钢笔"工具 ✏️，绘制一个图形，填充为黑色，并设置描边色为无，效果如图 8-111 所示。

（10）选择"选择"工具 ▶，用圈选的方法将需要的图形同时选取，选择"窗口 > 路径查找器"命令，弹出"路径查找器"面板，单击需要的按钮，如图 8-112 所示，结合后的效果如图 8-113 所示。

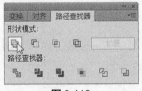

图 8-110   图 8-111   图 8-112   图 8-113

（11）选择"选择"工具 ▶，将其拖曳到适当的位置，设置图形填充色的 C、M、Y、K 值分别为 60、100、60、0，填充图形，效果如图 8-114 所示。选择"文字"工具 T，输入需要的文字，选择"选择"工具 ▶，在属性栏中选择合适的字体并设置文字大小，设置文字填充色的 C、M、Y、K 值分别为 0、50、100、0，填充图形，效果如图 8-115 所示。按 Alt+向左方向键，调整文字间距，效果如图 8-116 所示。

图 8-114   图 8-115   图 8-116

（12）选择"文字"工具 T，输入需要的文字，选择"选择"工具 ▶，在属性栏中选择合适的字体并设置文字大小，设置文字填充色的 C、M、Y、K 值分别为 0、75、25、0，填充图形，效果如图 8-117 所示。用上述方法输入文字并调整字距，填充适当的颜色，效果如图 8-118 所示。

（13）选择"文字"工具 T ，输入需要的文字，选择"选择"工具 ，在属性栏中选择合适的字体并设置文字大小，效果如图 8-119 所示。汽车广告制作完成。

图 8-117

图 8-118

图 8-119

课堂练习——制作咖啡海报

📖 练习知识要点

使用矩形工具和移动复制命令制作背景效果，使用钢笔工具、复制命令和透明度面板制作装饰图形，使用文字工具和直线段工具添加宣传文字，使用文字工具和封套扭曲命令制作装饰文字，最终效果如图 8-120 所示。

📖 效果所在位置

光盘/Ch08/效果/制作咖啡海报.ai。

图 8-120

课后习题——制作儿童节卡片

📖 习题知识要点

使用矩形工具、圆角矩形工具和路径查找器面板绘制背景效果，使用椭圆工具、移动复制命令和透明度面板制作装饰底纹，使用星形工具、直接选择工具和转换点工具绘制标牌，使用矩形工具和直接选择工具绘制彩带，使用文字工具添加文字，最终效果如图 8-121 所示。

📖 效果所在位置

光盘/Ch08/效果/制作儿童节卡片.ai。

图 8-121

第 9 章　使用混合与封套效果

本章将重点讲解混合和封套效果的制作方法。使用混合命令可以产生颜色和形状的混合，生成中间对象的逐级变形。封套命令是 Illustrator CC 中很实用的一个命令，它可以用图形对象轮廓来约束其他对象的行为。

课堂学习目标	/ 熟练掌握混合效果的创建方法
	/ 掌握封套变形命令的使用技巧

9.1　混合效果的使用

混合命令可以创建一系列处于两个自由形状之间的路径，也就是一系列样式递变的过渡图形。该命令可以在两个或两个以上的图形对象之间使用。

9.1.1　创建混合对象

选择混合命令可以对整个图形、部分路径或控制点进行混合。混合对象后，中间各级路径上的点的数量、位置以及点之间线段的性质取决于起始对象和终点对象上点的数目，同时还取决于在每个路径上指定的特定点。

混合命令试图匹配起始对象和终点对象上的所有点，并在每对相邻的点间画条线段。起始对象和终点对象最好包含相同数目的控制点。如果两个对象含有不同数目的控制点，Illustrator 将在中间级中增加或减少控制点。

1．创建混合对象

（1）应用混合工具创建混合对象。

选择"选择"工具，选取要进行混合的两个对象，如图 9-1 所示。选择"混合"工具，用鼠标单击要混合的起始图像，如图 9-2 所示。在另一个要混合的图像上进行单击，将它设置为目标图像，如图 9-3 所示，绘制出的混合图像效果如图 9-4 所示。

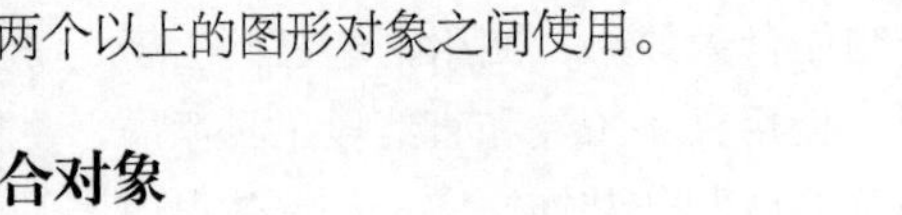

图 9-1　　　　　　　　　　　　　　　图 9-2

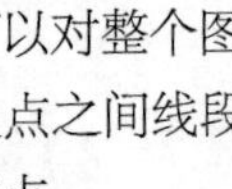

图 9-3 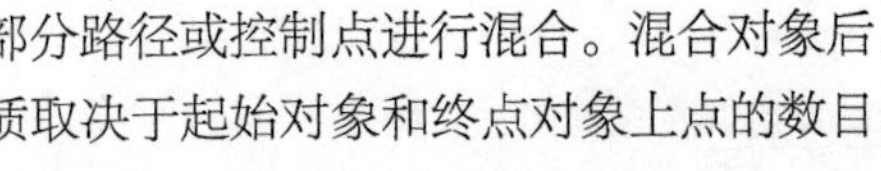　　　　　　　　图 9-4

（2）应用命令创建混合对象。

选择"选择"工具，选取要进行混合的对象。选择"对象 > 混合 > 建立"命令（组合键为

Alt+Ctrl+B），绘制出混合图像。

2．创建混合路径

选择"选择"工具　，选取要进行混合的对象，如图 9-5 所示。选择"混合"工具　，用鼠标单击要混合的起始路径上的某一节点，光标变为实心，如图 9-6 所示。用鼠标单击另一个要混合的目标路径上的某一节点，将它设置为目标路径，如图 9-7 所示。绘制出混合路径，效果如图 9-8 所示。

图 9-5　　　　　　　图 9-6　　　　图 9-7　　　　　　图 9-8

提 示

在起始路径和目标路径上单击的节点不同，所得出的混合效果也不同。

3．继续混合其他对象

选择"混合"工具　，用鼠标单击混合路径中最后一个混合对象路径上的节点，如图 9-9 所示。单击想要添加的其他对象路径上的节点，如图 9-10 所示。继续混合对象后的效果如图 9-11 所示。

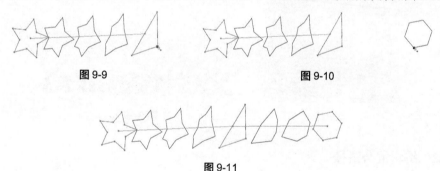

图 9-9　　　　　　　　　　　　　　　　图 9-10

图 9-11

4．释放混合对象

选择"选择"工具　，选取一组混合对象，如图 9-12 所示。选择"对象 > 混合 > 释放"命令（组合键为 Alt+Shift+Ctrl+B），释放混合对象，效果如图 9-13 所示。

图 9-12　　　　　　　　　　　　　图 9-13

5．使用混合选项对话框

选择"选择"工具　，选取要进行混合的对象，如图 9-14 所示。选择"对象 > 混合 > 混合选项"命令，弹出"混合选项"对话框，在对话框中"间距"选项的下拉列表中选择"平滑颜色"，可以使混合的颜色保持平滑，如图 9-15 所示。

在对话框中"间距"选项的下拉列表中选择"指定的步数"，可以设置混合对象的步骤数，如图 9-16 所示。在对话框中"间距"选项的下拉列表中选择"指定的距离"选项，可以设置混合对象间的距离，如图 9-17 所示。

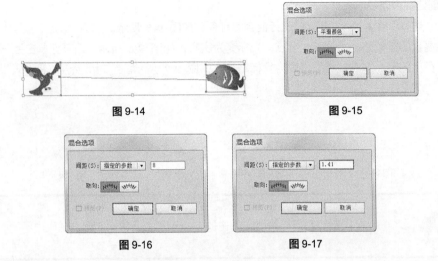

图 9-14　　　　　　　　　　　　图 9-15

图 9-16　　　　　　　　　　　　图 9-17

在对话框的"取向"选项组中有两个选项可以选择："对齐页面"选项和"对齐路径"选项，如图 9-18 所示。设置每个选项后，单击"确定"按钮。选择"对象 > 混合 > 建立"命令，将对象混合，效果如图 9-19 所示。

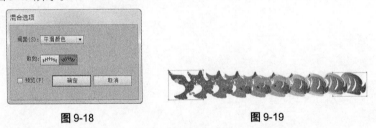

图 9-18　　　　　　　　　　　　图 9-19

9.1.2　编辑混合路径

在制作混合图形之前，需要修改混合选项的设置，否则系统将采用默认的设置建立混合图形。

混合得到的图形由混合路径相连接，自动创建的混合路径默认是直线，如图 9-20 所示，可以编辑这条混合路径。编辑混合路径可以添加、减少控制点，以及扭曲混合路径，也可将直角控制点转换为曲线控制点。

图 9-20

选择"对象 > 混合 > 混合选项"命令，弹出"混合选项"对话框，在"间距"选项组中包括 3 个选项，如图 9-21 所示。

"平滑颜色"选项：按进行混合的两个图形的颜色和形状来确定混合的步数，为默认的选项，效果如图 9-22 所示。

图 9-21

图 9-22

"指定的步数"选项：控制混合的步数。当"指定的步数"选项设置为 2 时，效果如图 9-23 所示。当"指定的步数"选项设置为 7 时，效果如图 9-24 所示。

图 9-23　　　　　　　　　　　　　　　　　　图 9-24

"指定的距离"选项：控制每一步混合的距离。当"指定的距离"选项设置为 25 时，效果如图 9-25 所示。当"指定的距离"选项设置为 2 时，效果如图 9-26 所示。

图 9-25　　　　　　　　　　　　　　　　　　图 9-26

如果想要将混合图形与存在的路径结合，则同时选取混合图形和外部路径，选择"对象 > 混合 > 替换混合轴"选项，可以替换混合图形中的混合路径，混合前后的效果对比如图 9-27 和图 9-28 所示。

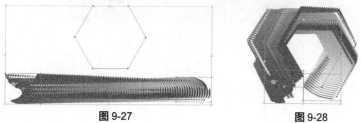

图 9-27　　　　　　　　　　　　　　　　　　图 9-28

9.1.3　操作混合对象

1．改变混合图像的重叠顺序

选取混合图像，选择"对象 > 混合 > 反向堆叠"命令，混合图像的重叠顺序将被改变，改变前后的效果对比如图 9-29 和图 9-30 所示。

图 9-29　　　　　　　　　　　　　　　　　　图 9-30

2．打散混合图像

选取混合图像，选择"对象 > 混合 > 扩展"命令，混合图像将被打散，打散后的前后效果对比如图 9-31 和图 9-32 所示。

图 9-31

图 9-32

9.1.4 课堂案例——制作销售海报

📋 **案例学习目标**

学习使用混合工具制作文字的立体化效果。

📋 **案例知识要点**

使用文字工具添加文字，使用混合工具制作立体化文字效果，使用置入命令和透明度面板添加销售产品，销售海报效果如图 9-33 所示。

📋 **效果所在位置**

光盘/Ch09/效果/制作销售海报.ai。

图 9-33

1．制作背景效果

（1）按 Ctrl+N 组合键新建一个文档，宽度为 297mm，高度为 210mm，取向为横向，颜色模式为 CMYK，单击"确定"按钮。选择"文件 > 置入"命令，弹出"置入"对话框，选择光盘中的"Ch08 > 素材 > 制作销售海报 > 01"文件，单击"置入"按钮，置入文件。单击属性栏中的"嵌入"按钮，嵌入图片，效果如图 9-34 所示。

（2）选择"文件 > 置入"命令，弹出"置入"对话框，选择光盘中的"Ch08 > 素材 > 制作销售海报 > 02"文件，单击"置入"按钮，置入文件。单击属性栏中的"嵌入"按钮，嵌入图片，效果如图 9-35 所示。

图 9-34

图 9-35

（3）选择"窗口 > 透明度"命令，弹出"透明度"面板，选项的设置如图 9-36 所示，图像效果如图 9-37 所示。

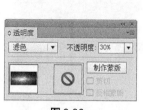

图 9-36

图 9-37

（4）选择"文件 > 置入"命令，弹出"置入"对话框，选择光盘中的"Ch08 > 素材 > 制作销售海报 > 03"文件，单击"置入"按钮，置入文件。单击属性栏中的"嵌入"按钮，嵌入图片，效果如图 9-38 所示。在"透明度"面板中选项的设置如图 9-39 所示，图像效果如图 9-40 所示。

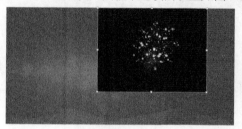

图 9-38

图 9-39

图 9-40

2．添加宣传语和产品

（1）选择"文字"工具 T，在页面中输入需要的文字，选择"选择"工具 ↖，在属性栏中分别选择合适的字体并设置文字大小，设置文字填充色的 C、M、Y、K 值分别为 32、100、73、0，填充文字，效果如图 9-41 所示。在按住 Alt 键的同时，将文字拖曳到适当的位置，复制文字，并调整其大小，效果如图 9-42 所示。

图 9-41　　　　　　　　　图 9-42

（2）选择"选择"工具 ↖，选取复制的文字，选择"文字 > 创建轮廓"命令，创建文字轮廓，如图 9-43 所示。双击"渐变"工具 ▦，弹出"渐变"控制面板，在色带上设置 2 个渐变滑块，分别将渐变滑块的位置设为 0、100，并设置 C、M、Y、K 的值分别为 0（5、2、52、0）、100（7、40、39、0），其他选项的设置如图 9-44 所示，图形被填充为渐变色，效果如图 9-45 所示。

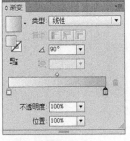

图 9-43   图 9-44

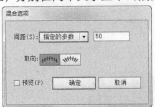

图 9-45

（3）双击"混合"工具，在弹出的"混合选项"对话框中进行设置，如图 9-46 所示，单击"确定"按钮，分别在两个文字上单击鼠标，图形混合后的效果如图 9-47 所示。

图 9-46   图 9-47

（4）选择"选择"工具，将复合文字拖曳到适当的位置，效果如图 9-48 所示。选择"文字"工具，在页面中分别输入需要的文字，选择"选择"工具，在属性栏中分别选择合适的字体并设置文字大小。选择"文字"工具，分别选取文字，设置文字填充色的 C、M、Y、K 值分别为 7、0、51、0 和 10、0、77、0，分别填充文字，效果如图 9-49 所示。

图 9-48   图 9-49

（5）选择"选择"工具，选取上方的文字，选择"倾斜"工具，将中心点拖曳到适当的位置，在文字上方向右拖曳鼠标，倾斜文字，效果如图 9-50 所示。用相同的方法倾斜下方的文字，效果如图 9-51 所示。

148

图 9-50　　　　　　　　　　　　　图 9-51

（6）选择"文件 > 置入"命令，弹出"置入"对话框，选择光盘中的"Ch08 > 素材 > 制作销售海报 > 04"文件，单击"置入"按钮，置入文件。单击属性栏中的"嵌入"按钮，嵌入图片，效果如图 9-52 所示。在"透明度"面板中选项的设置如图 9-53 所示，图像效果如图 9-54 所示。

图 9-52　　　　　　　　　　图 9-53　　　　　　　　图 9-54

（7）选择"文件 > 置入"命令，弹出"置入"对话框，选择光盘中的"Ch08 > 素材 > 制作销售海报 > 08"文件，单击"置入"按钮，置入文件。单击属性栏中的"嵌入"按钮，嵌入图片，效果如图 9-55 所示。选择"选择"工具 ，在图像外围拖曳鼠标，旋转图像，效果如图 9-56 所示。

图 9-55　　　　　　　　　　　　　　图 9-56

（8）在"透明度"面板中选项的设置如图 9-57 所示，效果如图 9-58 所示。用相同的方法置入文字，调整其位置和角度，并在"透明度"面板中调整混合模式和不透明度，效果如图 9-59 所示，销售海报制作完成。

图 9-57　　　　　　图 9-58　　　　　　　　　图 9-59

9.2 ▶ 封套效果的使用

Illustrator CC 中提供了不同形状的封套类型，利用不同的封套类型可以改变选定对象的形状。封套不仅可以应用到选定的图形中，还可以应用于路径、复合路径、文本对象、网格、混合或导入的位图当中。当对一个对象使用封套时，对象就像被放入了一个特定的容器中，封套使对象的本身发生相应的变化。同时，对于应用了封套的对象，还可以对其进行修改、删除等操作。

9.2.1 创建封套

当需要使用封套来改变对象的形状时，可以应用程序所预设的封套图形，或者使用网格工具调整对象，还可以使用自定义图形作为封套。但是，该图形必须处于所有对象的最上层。

（1）从应用程序预设的形状创建封套。

选中对象，选择"对象 > 封套扭曲 > 用变形建立"命令（组合键为 Alt+Shift+Ctrl+W），弹出"变形选项"对话框，如图 9-60 所示。

在"样式"选项的下拉列表中提供了 15 种封套类型，可根据需要选择，如图 9-61 所示。

"水平"选项和"垂直"选项用来设置指定封套类型的放置位置。选定一个选项，在"弯曲"选项中设置对象的弯曲程度，可以设置应用封套类型在水平或垂直方向上的比例。勾选"预览"复选项，预览设置的封套效果，单击"确定"按钮，将设置好的封套应用到选定的对象中，图形应用封套前后的对比效果如图 9-62 所示。

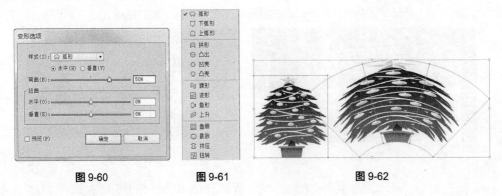

图 9-60　　　　　图 9-61　　　　　　　图 9-62

（2）使用网格建立封套。

选中对象，选择"对象 > 封套扭曲 > 用网格建立"命令（组合键为 Alt+Ctrl+M），弹出"封套网格"对话框。在"行数"选项和"列数"选项的数值框中，可以根据需要输入网格的行数和列数，如图 9-63 所示，单击"确定"按钮，设置完成的网格封套将应用到选定的对象中，如图 9-64 所示。

设置完成的网格封套还可以通过"网格"工具 囲 进行编辑。选择"网格"工具 囲，单击网格封套对象，即可增加对象上的网格数，如图 9-65 所示。在按住 Alt 键的同时，单击对象上的网格点和网格线，可以减少网格封套的行数和列数。用"网格"工具 囲 拖曳网格点可以改变对象的形状，如图 9-66 所示。

图 9-63

图 9-64

图 9-65

图 9-66

（3）使用路径建立封套。

同时选中对象和想要用来作为封套的路径（这时封套路径必须处于所有对象的最上层），如图 9-67 所示。选择"对象 > 封套扭曲 > 用顶层对象建立"命令（组合键为 Alt+Ctrl+C），使用路径创建的封套效果如图 9-68 所示。选择"直接选择"工具 可以拖曳封套上的锚点进行编辑。

图 9-67

图 9-68

选择"对象 > 封套扭曲 > 编辑内容"命令（组合键为 Shift+Ctrl+V），可以修改封套中的内容。

9.2.2　课堂案例——制作快餐广告

📋 **案例学习目标**

学习使用封套扭曲命令制作广告语。

📋 **案例知识要点**

使用置入命令和剪贴蒙版命令制作背景效果，使用文字工具、描边面板、偏移路径命令和封套扭曲命令制作广告语，快餐广告效果如图 9-69 所示。

图 9-69

📋 **效果所在位置**

光盘/Ch09/效果/制作快餐广告.ai。

（1）按 Ctrl+N 组合键新建一个文档，宽度为 297mm，高度为 210mm，取向为横向，颜色模式为 CMYK，单击"确定"按钮。选择"文件 > 置入"命令，弹出"置入"对话框，选择光盘中的"Ch08 > 素材 > 制作快餐广告 > 01"文件，单击"置入"按钮，置入文件。单击属性栏中的"嵌入"按钮，嵌入图片，效果如图 9-70 所示。

（2）选择"矩形"工具 ，绘制一个与页面大小相等的矩形，如图 9-71 所示。选择"选择"工具 ，将两个图形同时选取，按 Ctrl+7 组合键创建剪贴蒙版，效果如图 9-72 所示。

151

图 9-70

图 9-71

图 9-72

（3）选择"文件 > 置入"命令，弹出"置入"对话框，选择光盘中的"Ch08 > 素材 > 制作快餐广告 > 02、03"文件，单击"置入"按钮，分别置入文件。单击属性栏中的"嵌入"按钮，分别嵌入图片，并调整其位置，效果如图 9-73、图 9-74 所示。

图 9-73

图 9-74

（4）选择"文字"工具 T，在页面中输入需要的文字，选择"选择"工具，在属性栏中选择合适的字体并设置文字大小，效果如图 9-75 所示。选取文字，选择"文字 > 创建轮廓"命令，创建文字轮廓，设置文字填充色的 C、M、Y、K 值分别为 0、60、100、0，填充文字，效果如图 9-76 所示。

图 9-75

图 9-76

（5）设置文字描边色的 C、M、Y、K 值分别为 0、85、100、50，填充文字描边。选择"窗口 > 描边"命令，弹出"描边"面板，选项的设置如图 9-77 所示，按 Enter 键，效果如图 9-78 所示。

图 9-77

图 9-78

（6）选择"对象 > 路径 > 偏移路径"命令，在弹出的对话框中进行设置，如图 9-79 所示，单击"确定"按钮，效果如图 9-80 所示。保持文字的选取状态，选择"对象 > 取消编组"命令，取消文字编组。选择"选择"工具 ，选取需要的图形，如图 9-81 所示。

图 9-79　　　　　　　　　图 9-80　　　　　　　　图 9-81

（7）设置图形填充色的 C、M、Y、K 值分别为 0、0、54、0，填充图形，并设置描边色为无，效果如图 9-82 所示。选择"选择"工具 ，将所有文字同时选取。选择"对象 > 封套扭曲 > 用变形建立"命令，在弹出的对话框中进行设置，如图 9-83 所示，单击"确定"按钮，效果如图 9-84 所示。

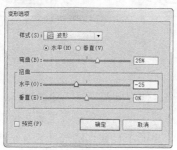

图 9-82　　　　　　　　　图 9-83　　　　　　　　图 9-84

（8）选择"选择"工具 ，将文字拖曳到适当的位置，如图 9-85 所示。选择"文字"工具 T ，在背景图形上分别输入需要的文字，选择"选择"工具 ，在属性栏中选择合适的字体并设置文字大小，设置文字填充色的 C、M、Y、K 值分别为 0、100、100、20，填充文字，效果如图 9-86 所示。

图 9-85　　　　　　　　　　　　　　　　图 9-86

（9）选择"对象 > 封套扭曲 > 用变形建立"命令，在弹出的对话框中进行设置，如图 9-87 所示，单击"确定"按钮，效果如图 9-88 所示。

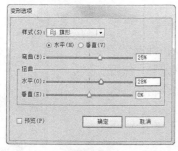

图 9-87　　　　　　　　　　图 9-88

（10）用上述方法输入文字并制作封套扭曲效果，如图 9-89 所示。按 Ctrl+O 组合键，打开光盘中的"Ch08 > 素材 > 制作快餐广告 > 04"文件，按 Ctrl+A 组合键全选图形，复制并将其粘贴到正在编辑的页面中，效果如图 9-90 所示。快餐广告制作完成。

图 9-89

图 9-90

课堂练习——绘制星球插画

练习知识要点

使用矩形工具绘制背景效果，使用椭圆工具、矩形工具、混合工具和路径查找器面板制作星球，使用圆角矩形工具和椭圆工具制作指示线，使用椭圆工具、星形工具和直接选择工具绘制装饰图形，最终效果如图 9-91 所示。

图 9-91

效果所在位置

光盘/Ch09/效果/绘制星球插画.ai。

课后习题——制作立体文字

习题知识要点

使用矩形工具和渐变工具绘制背景效果，使用椭圆工具、渐变工具和透明度面板制作装饰圆形和文字阴影，使用文字工具、凸出和斜角效果、封套扭曲和扩展命令制作立体文字，最终效果如图 9-92 所示。

图 9-92

效果所在位置

光盘/Ch09/效果/制作立体文字.ai。

第 10 章　效果的使用

本章将主要讲解 Illustrator CC 中强大的效果功能。通过本章的学习，读者可以掌握效果的使用方法，并把变化丰富的图形图像效果应用到实际中。

课堂学习目标

/ 了解Illustrator CC中的效果菜单
/ 掌握重复应用效果命令的方法
/ 掌握Illustrator效果的使用方法
/ 掌握Photoshop效果的使用方法
/ 掌握锚点的添加、删除和转换
/ 掌握样式的面板使用技巧
/ 了解外观控制面板的使用方法

10.1　效果简介

在 Illustrator CC 中，使用效果命令可以快速地处理图像，通过对图像的变形和变色来使其更加精美。所有的效果命令都放置在"效果"菜单下，如图 10-1 所示。

"效果"菜单包括 4 个部分。第 1 部分是重复应用上一个效果的命令，第 2 部分是文档栅格化效果的设置，第 3 部分是应用于矢量图的效果命令，第 4 部分是应用于位图的效果命令。

图 10-1

10.2　重复应用效果命令

"效果"菜单的第 1 部分有两个命令，分别是"应用上一个效果"命令和"上一个效果"命令。当没有使用过任何效果时，这两个命令均为灰色不可用状态，如图 10-2 所示。当使用过效果后，这两个命令将显示为上次所使用过的效果命令。例如，如果上次使用过"效果 > 扭曲和变换 > 扭转"命令，那么菜单将变为图 10-3 所示的命令。

图 10-2

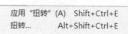

图 10-3

选择"应用上一个效果"命令可以直接使用上次效果操作所设置好的数值，把效果添加到图像上。打开文件，如图 10-4 所示，使用"效果 > 扭曲和变换 > 扭转"命令，设置扭曲度为 40°，效果如图 10-5 所示。选择"应用扭转"命令，可以保持第 1 次设置的数值不变，使图像再次扭转

40°，如图 10-6 所示。

图 10-4

图 10-5

图 10-6

在上例中，如果选择"扭转"命令，将弹出"扭转"对话框，可以重新输入新的数值，如图 10-7 所示，单击"确定"按钮，得到的效果如图 10-8 所示。

图 10-7

图 10-8

10.3　Illustrator 效果

Illustrator 效果是应用于矢量图像的效果，它包括 10 个效果组，下面介绍几个常用的效果组。

10.3.1　"3D"效果

"3D"效果可以将开放路径、封闭路径或位图对象转换为可以凸出和斜角、绕转和旋转的三维对象，如图 10-9 所示。

图 10-9

"3D"效果组中的效果如图 10-10 所示。

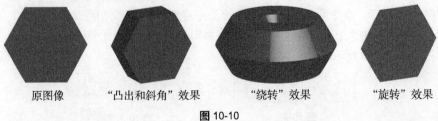

原图像　　　"凸出和斜角"效果　　　"绕转"效果　　　"旋转"效果

图 10-10

10.3.2　"变形"效果

"变形"效果使对象扭曲或变形，可作用的对象有路径、文本、网格、混合和栅格图像，如图 10-11

所示。

图 10-11

"变形"效果组中的效果如图 10-12 所示。

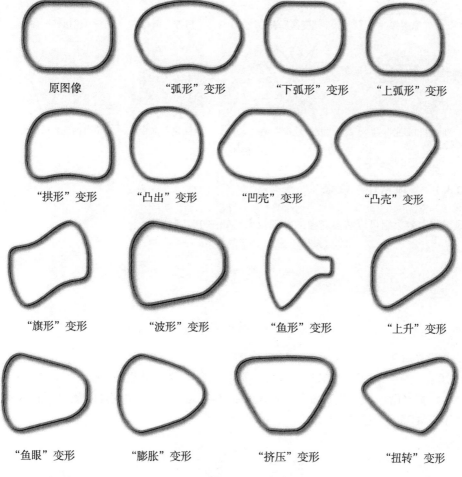

| 原图像 | "弧形"变形 | "下弧形"变形 | "上弧形"变形 |

"拱形"变形　　"凸出"变形　　"凹壳"变形　　"凸壳"变形

"旗形"变形　　"波形"变形　　"鱼形"变形　　"上升"变形

"鱼眼"变形　　"膨胀"变形　　"挤压"变形　　"扭转"变形

图 10-12

10.3.3 "扭曲和变换"效果

"扭曲和变换"效果组可以使图像产生各种扭曲变形的效果，它包括 7 个效果命令，如图 10-13

所示。

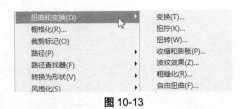

图 10-13

"扭曲"效果组中的效果如图 10-14 所示。

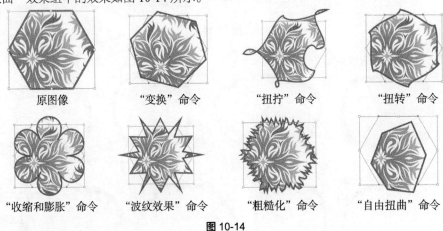

图 10-14

10.3.4 "风格化"效果

"风格化"效果组可以增强对象的外观效果，如图 10-15 所示。

图 10-15

1. 内发光命令

在对象的内部可以创建发光的外观效果。选中要添加内发光效果的对象，如图 10-16 所示，选择"效果 > 风格化 > 内发光"命令，在弹出的"内发光"对话框中设置数值，如图 10-17 所示，单击"确定"按钮，对象的内发光效果如图 10-18 所示。

图 10-16

图 10-17

图 10-18

158

2．圆角命令

可以为对象添加圆角效果。选中要添加圆角效果的对象，如图 10-19 所示，选择"效果 > 风格化 > 圆角"命令，在弹出的"圆角"对话框中设置数值，如图 10-20 所示，单击"确定"按钮，对象的效果如图 10-21 所示。

图 10-19　　　　　　　　　　图 10-20　　　　　　　　　　图 10-21

3．外发光命令

可以在对象的外部创建发光的外观效果。选中要添加外发光效果的对象，如图 10-22 所示，选择"效果 > 风格化 > 外发光"命令，在弹出的"外发光"对话框中设置数值，如图 10-23 所示，单击"确定"按钮，对象的外发光效果如图 10-24 所示。

图 10-22　　　　　　　　　　图 10-23　　　　　　　　　　图 10-24

4．投影命令

为对象添加投影。选中要添加投影的对象，如图 10-25 所示，选择"效果 > 风格化 > 投影"命令，在弹出的"投影"对话框中设置数值，如图 10-26 所示，单击"确定"按钮，对象的投影效果如图 10-27 所示。

图 10-25　　　　　　　　　　图 10-26　　　　　　　　　　图 10-27

5．涂抹命令

选中要添加涂抹效果的对象，如图 10-28 所示，选择"效果 > 风格化 > 涂抹"命令，在弹出的"涂抹选项"对话框中设置数值，如图 10-29 所示，单击"确定"按钮，对象的效果如图 10-30 所示。

图 10-28　　　　　图 10-29　　　　　图 10-30

6．羽化命令

将对象的边缘从实心颜色逐渐过渡为无色。选中要羽化的对象，如图 10-31 所示，选择"效果 > 风格化 > 羽化"命令，在弹出的"羽化"对话框中设置数值，如图 10-32 所示，单击"确定"按钮，对象的效果如图 10-33 所示。

图 10-31　　　　　图 10-32　　　　　图 10-33

10.3.5　课堂案例——绘制卡通小狐狸

📓 **案例学习目标**

学习使用绘图工具、变形命令以及扭曲和变换命令绘制卡通小狐狸。

📓 **案例知识要点**

使用矩形工具、椭圆工具、色板库和透明度面板绘制背景底图，使用钢笔工具、椭圆工具、变形命令和扭转命令绘制狐狸图形。卡通小狐狸效果如图 10-34 所示。

图 10-34

📓 **效果所在位置**

光盘/Ch10/效果/绘制卡通小狐狸.ai。

1．绘制背景图形

（1）按 Ctrl+N 组合键新建一个文档，宽度为 297mm，高度为 210mm，取向为横向，颜色模式为 CMYK，单击"确定"按钮。选择"矩形"工具 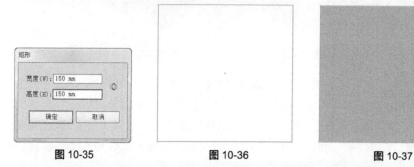，在页面中单击，弹出对话框，设置如图 10-35 所示，单击"确定"按钮，效果如图 10-36 所示。设置图形填充色的 C、M、Y、K 值分别为 41、18、36、0，填充图形，并设置描边色为无，效果如图 10-37 所示。

| 图 10-35 | 图 10-36 | 图 10-37 |

（2）选择"选择"工具 ，选取矩形，按 Ctrl+C 组合键复制矩形，按 Ctrl+F 组合键原位粘贴矩形，效果如图 10-38 所示。选择"窗口 > 色板库 > 图案 > 基本图形 > 基本图形-点"命令，弹出面板，选择需要的图案，如图 10-39 所示，图案效果如图 10-40 所示。

| 图 10-38 | 图 10-39 | 图 10-40 |

（3）选择"窗口 > 透明度"命令，弹出面板，选项的设置如图 10-41 所示，图像效果如图 10-42 所示。选择"椭圆"工具 ，按住 Shift 键的同时，在适当的位置绘制圆形，设置图形填充色的 C、M、Y、K 值分别为 62、35、60、0，填充图形，并设置描边色为无，效果如图 10-43 所示。

（4）按 Ctrl+O 组合键，打开光盘中的"Ch08 > 素材 > 绘制卡通小狐狸 > 01"文件，按 Ctrl+A 组合键全选图形，复制并将其粘贴到正在编辑的页面中，效果如图 10-44 所示。

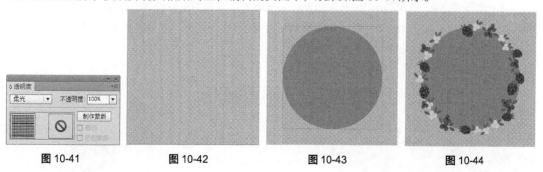

| 图 10-41 | 图 10-42 | 图 10-43 | 图 10-44 |

2．绘制狐狸

（1）选择"钢笔"工具 ，在页面空白处绘制一个图形，如图 10-45 所示。设置图形填充色的

C、M、Y、K 值分别为 0、80、100、10，填充图形，并设置描边色为无，效果如图 10-46 所示。

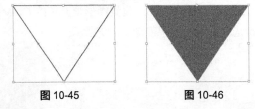

图 10-45　　　　　　图 10-46

（2）选择"选择"工具 ▶，选取图形。选择"效果 > 变形 > 上弧形"命令，在弹出的对话框中进行设置，如图 10-47 所示，单击"确定"按钮，效果如图 10-48 所示。

（3）按 Ctrl+C 组合键复制图形，按 Ctrl+F 组合键原位粘贴图形，效果如图 10-49 所示。设置图形填充色的 C、M、Y、K 值分别为 10、16、25、0，填充图形，效果如图 10-50 所示。选择"窗口 > 外观"命令，弹出"外观"面板，删除样式，效果如图 10-51 所示。

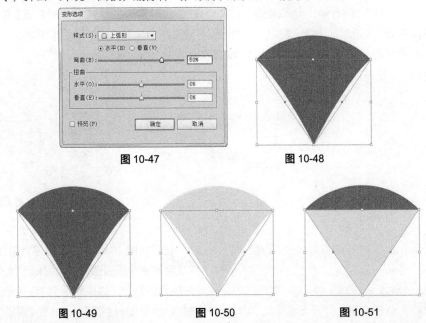

图 10-47　　　　　　图 10-48

图 10-49　　　　　图 10-50　　　　　图 10-51

（4）选择"效果 > 变形 > 凸出"命令，在弹出的对话框中进行设置，如图 10-52 所示，单击"确定"按钮，效果如图 10-53 所示。按 Ctrl+ [组合键，后移一层，效果如图 10-54 所示。

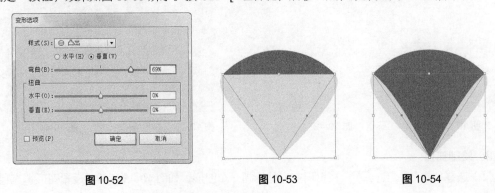

图 10-52　　　　　图 10-53　　　　　图 10-54

162

（5）选择"椭圆"工具 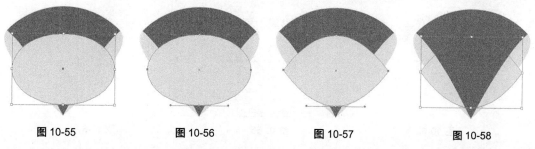，绘制一个椭圆形，设置图形填充色的 C、M、Y、K 值分别为 10、16、25、0，填充图形，并设置描边色为无，效果如图 10-55 所示。选择"直接选择"工具 ，按住 Shift 键，选取需要的锚点，如图 10-56 所示。单击属性栏中的"将所选锚点转换为尖角"按钮 ，转换锚点，效果如图 10-57 所示。按 Ctrl+ [组合键，后移一层，效果如图 10-58 所示。

| 图 10-55 | 图 10-56 | 图 10-57 | 图 10-58 |

（6）选择"选择"工具 ，选取图形。按 Ctrl+C 组合键复制图形，按 Ctrl+F 组合键原位粘贴图形，效果如图 10-59 所示。选择"效果 > 变形 > 弧形"命令，在弹出的对话框中进行设置，如图 10-60 所示，单击"确定"按钮。按 Ctrl+ [组合键，后移一层，效果如图 10-61 所示。

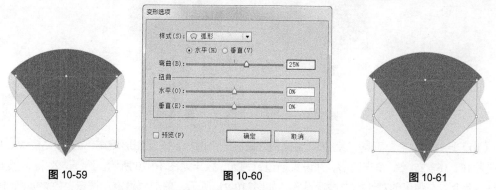

| 图 10-59 | 图 10-60 | 图 10-61 |

（7）选择"钢笔"工具 ，在页面空白处绘制一个图形。设置图形填充色的 C、M、Y、K 值分别为 0、80、100、10，填充图形，并设置描边色为无，效果如图 10-62 所示。选择"效果 > 变形 > 凸出"命令，在弹出的对话框中进行设置，如图 10-63 所示，单击"确定"按钮，效果如图 10-64 所示。

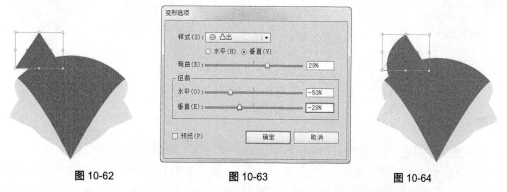

| 图 10-62 | 图 10-63 | 图 10-64 |

（8）选择"钢笔"工具 ，在页面空白处绘制一个图形。设置图形填充色的 C、M、Y、K 值分别为 0、85、100、30，填充图形，并设置描边色为无，效果如图 10-65 所示。选择"效果 > 变形 >

163

凸出"命令，在弹出的对话框中进行设置，如图 10-66 所示，单击"确定"按钮，效果如图 10-67 所示。

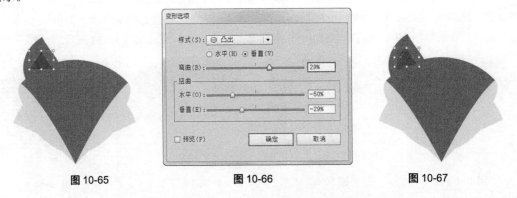

图 10-65　　　　　　　　　　图 10-66　　　　　　　　　　图 10-67

（9）用上述方法制作右侧的耳朵图形，效果如图 10-68 所示。选择"椭圆"工具 ，按住 Shift 键的同时，在适当的位置绘制多个圆形，填充图形为黑色，并设置描边色为无，效果如图 10-69 所示。

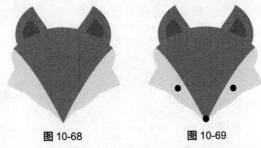

图 10-68　　　　　　　　图 10-69

（10）选择"钢笔"工具 ，在页面空白处绘制一个图形。设置图形填充色的 C、M、Y、K 值分别为 10、16、25、5，填充图形，并设置描边色为无，效果如图 10-70 所示。选择"效果 > 变形 > 凸出"命令，在弹出的对话框中进行设置，如图 10-71 所示，单击"确定"按钮，效果如图 10-72 所示。按 Ctrl+Shift+ [组合键，后移一层，效果如图 10-73 所示。

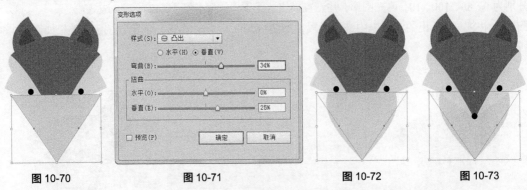

图 10-70　　　　　图 10-71　　　　　图 10-72　　　　　图 10-73

（11）选择"钢笔"工具 ，在页面空白处绘制一个图形。设置图形填充色的 C、M、Y、K 值分别为 0、85、100、25，填充图形，并设置描边色为无，效果如图 10-74 所示。选择"效果 > 变形 > 凸出"命令，在弹出的对话框中进行设置，如图 10-75 所示，单击"确定"按钮，效果如图 10-76 所示。按 Ctrl+Shift+ [组合键，将图形置于底层，效果如图 10-77 所示。

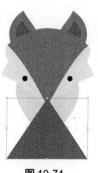
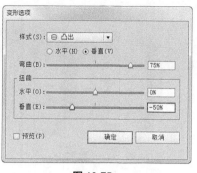
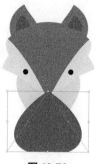
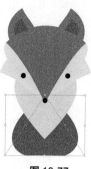

图 10-74　　　　　　　　　图 10-75　　　　　　　　　图 10-76　　　　　图 10-77

（12）选择"椭圆"工具 ，在页面空白处绘制椭圆形。设置图形填充色的 C、M、Y、K 值分别为 0、80、100、10，填充图形，并设置描边色为无，效果如图 10-78 所示。选择"效果 > 变形 > 弧形"命令，在弹出的对话框中进行设置，如图 10-79 所示，单击"确定"按钮，效果如图 10-80 所示。选择"对象 > 扩展外观"命令，扩展图形的外观，效果如图 10-81 所示。按 Ctrl+C 组合键复制图形，按 Ctrl+F 组合键原位粘贴图形。

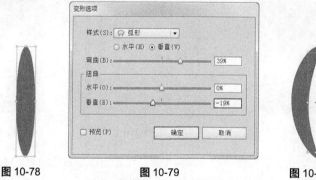

图 10-78　　　　　　　　图 10-79　　　　　　　　图 10-80　　　　图 10-81

（13）选择"椭圆"工具 ，在页面空白处绘制椭圆形，填充为黑色，并设置描边色为无，效果如图 10-82 所示。选择"直接选择"工具 ，按住 Shift 键，选取需要的锚点，如图 10-83 所示。单击属性栏中的"将所选锚点转换为尖角"按钮 ，转换锚点，效果如图 10-84 所示。

（14）选择"选择"工具 ，选取图形，按住 Alt 键的同时，将其拖曳两次，复制图形，并调整其位置和角度，效果如图 10-85 所示。选择"窗口 > 路径查找器"命令，在弹出的面板中单击需要的按钮，如图 10-86 所示，合并后的效果如图 10-87 所示。

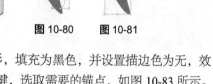

图 10-82　　　图 10-83　　　图 10-84　　　图 10-85　　　　　　图 10-86　　　　　　图 10-87

（15）选择"选择"工具 ，将合并后的图形拖曳到适当的位置并调整其角度，效果如图 10-88 所示。用圈选的方法将需要的图形同时选取，如图 10-89 所示，按 Ctrl+7 组合键，创建剪贴蒙版，效果如图 10-90 所示。

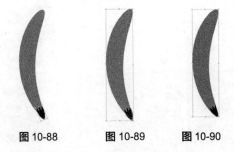

图 10-88　　　　图 10-89　　　　图 10-90

（16）选择"选择"工具 ![arrow]，用圈选的方法将图形同时选取，拖曳到适当的位置，如图 10-91 所示。连续按 Ctrl+ [组合键，后移图形，效果如图 10-92 所示。选择"对象 > 变换 > 对称"命令，在弹出的对话框中进行设置，如图 10-93 所示，单击"复制"按钮，复制图形，调整其位置后，效果如图 10-94 所示。

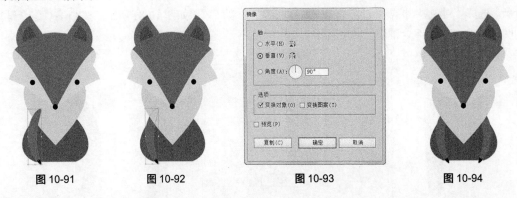

图 10-91　　　　图 10-92　　　　图 10-93　　　　图 10-94

（17）选择"椭圆"工具 ![ellipse]，在页面空白处绘制椭圆形，设置图形填充色的 C、M、Y、K 值分别为 10、90、100、20，填充图形，并设置描边色为无，效果如图 10-95 所示。选择"直接选择"工具 ![arrow]，按住 Shift 键，选取需要的锚点，如图 10-96 所示。单击属性栏中的"将所选锚点转换为尖角"按钮 ![icon]，转换锚点，效果如图 10-97 所示。

（18）选择"效果 > 扭曲和变换 > 扭转"命令，在弹出的对话框中进行设置，如图 10-98 所示，单击"确定"按钮，效果如图 10-99 所示。

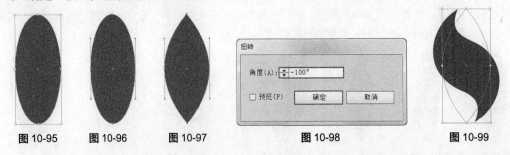

图 10-95　　图 10-96　　图 10-97　　　　图 10-98　　　　图 10-99

（19）选择"对象 > 扩展外观"命令，扩展图形的外观，效果如图 10-100 所示。用上述方法制作上方的绒毛，效果如图 10-101 所示。选择"选择"工具 ![arrow]，用圈选的方法将尾巴同时选取，拖曳到适当的位置。按 Ctrl+Shift+ [组合键，后移图形，效果如图 10-102 所示。将狐狸图形同时选取，拖曳到适当的位置，效果如图 10-103 所示。卡通小狐狸绘制完成。

图 10-100

图 10-101

图 10-102

图 10-103

10.4　Photoshop 效果

Photoshop 效果是应用于位图图像的效果，它包括一个效果库和 9 个效果组，有些效果组又包括多个效果。

> **提示**　在应用 Photoshop 效果制作图像效果之前，要确定当前新建页面是在 RGB 模式之下，否则效果的各选项为不可用。

10.4.1　"像素化"效果

"像素化"效果组可以将图像中颜色相似的像素合并起来，产生特殊的效果，如图 10-104 所示。"像素化"效果组中的效果如图 10-105 所示。

图 10-104

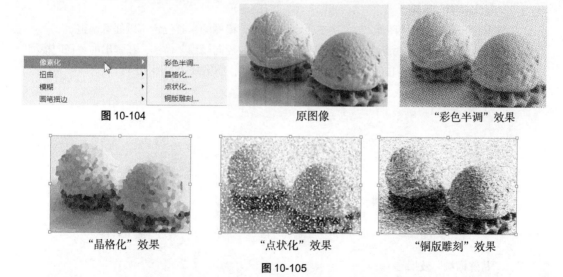
原图像　　　"彩色半调"效果　　　"晶格化"效果　　　"点状化"效果　　　"铜版雕刻"效果
图 10-105

10.4.2　"扭曲"效果

"扭曲"效果组可以对像素进行移动或插值来使图像达到扭曲效果，如图 10-106 所示。

"扭曲"效果组中的效果如图 10-107 所示。

图 10-106　　　　　　　　原图像　　　　　　　"扩散亮光"效果

"海洋波纹"效果　　　　　　　"玻璃"效果

图 10-107

10.4.3 "模糊"效果

"模糊"效果组可以削弱相邻像素之间的对比度,使图像达到柔化的效果,如图 10-108 所示。

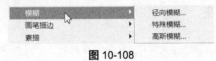

图 10-108

1."径向模糊"效果

"径向模糊"效果可以使图像产生旋转或运动的效果,模糊的中心位置可以任意调整。

选中图像,如图 10-109 所示。选择"效果 > 模糊 > 径向模糊"命令,在弹出的"径向模糊"对话框中进行设置,如图 10-110 所示,单击"确定"按钮,图像效果如图 10-111 所示。

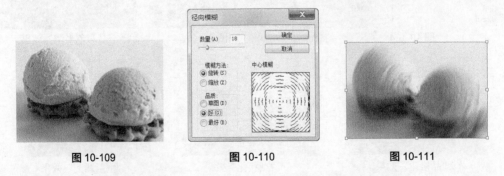

图 10-109　　　　　　　图 10-110　　　　　　　图 10-111

2."特殊模糊"效果

"特殊模糊"效果可以使图像背景产生模糊效果,可以用来制作柔化效果。

选中图像,如图 10-112 所示。选择"效果 > 模糊 > 特殊模糊"命令,在弹出的"特殊模糊"对话框中进行设置,如图 10-113 所示,单击"确定"按钮,图像效果如图 10-114 所示。

图 10-112

图 10-113

图 10-114

3．"高斯模糊"效果

"高斯模糊"效果可以使图像变得柔和，可以用来制作倒影或投影。

选中图像，如图 10-115 所示。选择"效果 > 模糊 > 高斯模糊"命令，在弹出的"高斯模糊"对话框中进行设置，如图 10-116 所示，单击"确定"按钮，图像效果如图 10-117 所示。

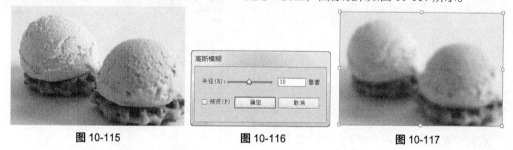

图 10-115　　　　　　　　图 10-116　　　　　　　　图 10-117

10.4.4　"画笔描边"效果

"画笔描边"效果组可以通过不同的画笔和油墨设置产生类似绘画的效果，如图 10-118 所示。

图 10-118

"画笔描边"效果组中的各效果如图 10-119 所示。

原图像　　　　　"喷溅"效果　　　　"喷色描边"效果　　　"墨水轮廓"效果　　　"强化的边缘"效果

169

"成角的线条"效果　　　"深色线条"效果　　　"烟灰墨"效果　　　"阴影线"效果

图 10-119

10.4.5 "素描"效果

"素描"效果组可以模拟现实中的素描、速写等美术方法对图像进行处理，如图 10-120 所示。

图 10-120

"素描"效果组中的各效果如图 10-121 所示。

原图像　　　　　"便条纸"效果　　　"半调图案"效果　　　"图章"效果

"基底凸现"效果　　　"影印"效果　　　"撕边"效果　　　"水彩画纸"效果

170

"炭笔"效果

"炭精笔"效果

"石膏效果"效果

"粉笔和炭笔"效果

"绘图笔"效果

"网状"效果

"铬黄"效果

图 10-121

10.4.6　"纹理"效果

"纹理"效果组可以使图像产生各种纹理效果，还可以利用前景色在空白的图像上制作纹理图，如图 10-122 所示。"纹理"效果组中的各效果如图 10-123 所示。

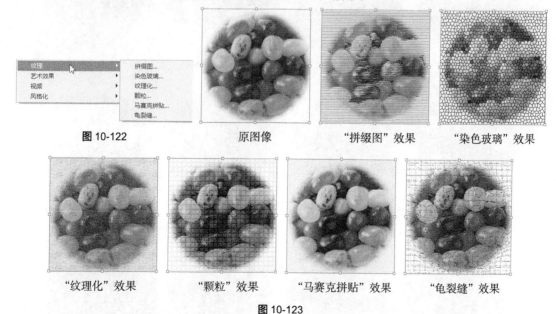

图 10-122　　原图像　　"拼缀图"效果　　"染色玻璃"效果

"纹理化"效果　　"颗粒"效果　　"马赛克拼贴"效果　　"龟裂缝"效果

图 10-123

10.4.7　"艺术效果"效果

"艺术效果"效果组可以模拟不同的艺术派别，使用不同的工具和介质为图像创造出不同的艺术效果，如图 10-124 所示。"艺术效果"组中的各效果如图 10-125 所示。

图 10-124

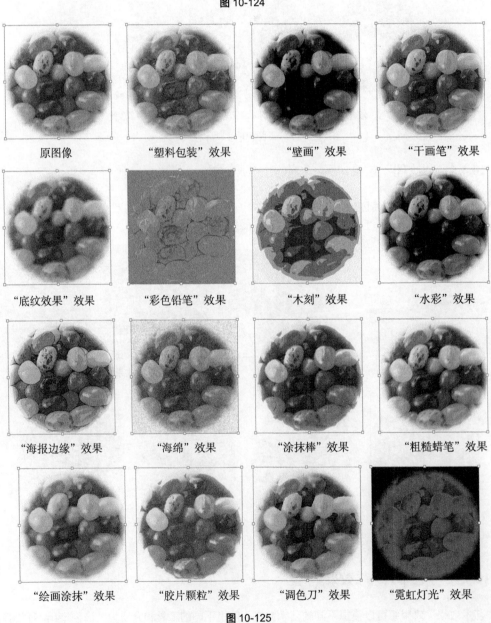

图 10-125

10.4.8　"风格化"效果

"风格化"效果组中只有 1 个效果，如图 10-126 所示。

"照亮边缘"效果可以把图像中的低对比度区域变为黑色，高对比度区域变为白色，从而使图像上不同颜色的交界处出现发光效果。

选择"选择"工具，选中图像，如图 10-127 所示，选择"效果 > 风格化 > 照亮边缘"命令，在弹出的"照亮边缘"对话框中进行设置，如图 10-128 所示，单击"确定"按钮，图像效果如图 10-129 所示。

图 10-126

图 10-127

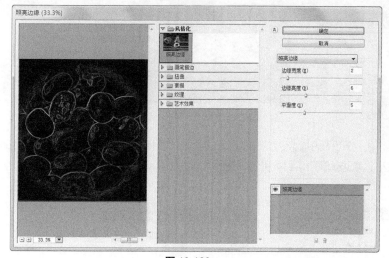

图 10-128

图 10-129

10.4.9　课堂案例——制作涂鸦文字

📋 **案例学习目标**

学习使用文字工具、素描效果命令、风格化命令和画笔面板制作涂鸦文字。

📋 **案例知识要点**

使用矩形工具和图形样式面板制作背景效果。使用文字工具、素描效果命令、透明度面板和投影效果命令制作文字效果。使用铅笔工具、画笔面板和画笔选项命令制作涂鸦效果。涂鸦文字效果如图 10-130 所示。

📋 **效果所在位置**

光盘/Ch10/效果/制作涂鸦文字.ai。

（1）按 Ctrl+N 组合键新建一个文档，宽度为 297mm，高度为 210mm，取向为横向，颜色模式为 CMYK，单击"确定"按钮。选择"矩形"工具 ▣，在适当的位置绘制一个矩形，如图 10-31 所示。

（2）选择"窗口 > 图形样式库 > 纹理"命令，弹出"纹理"面板，选择需要的纹理样式，如图 10-132 所示，图像效果如图 10-133 所示。

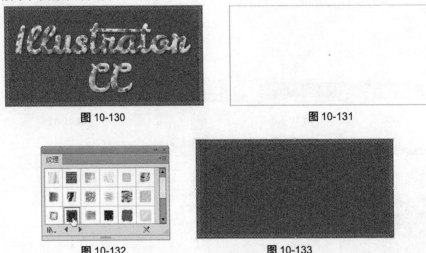

图 10-130   图 10-131

图 10-132   图 10-133

（3）选择"文字"工具 T，在页面中输入需要的文字，选择"选择"工具 ▶，在属性栏中选择合适的字体并设置文字大小，效果如图 10-134 所示。选择"文字 > 创建轮廓"命令，创建文字轮廓，如图 10-135 所示。

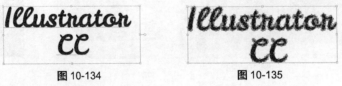

图 10-134   图 10-135

（4）选择"直接选择"工具 ▷，用圈选的方法选取需要的锚点，如图 10-136 所示。拖曳鼠标调整选取的锚点，效果如图 10-137 所示。

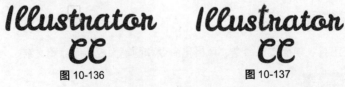

图 10-136   图 10-137

（5）用圈选的方法选取另一个字母中需要的锚点，如图 10-138 所示。拖曳鼠标调整选取的锚点，效果如图 10-139 所示。

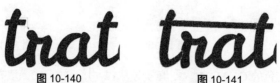

图 10-138　　　　　　　图 10-139

（6）用圈选的方法选取需要的锚点，如图 10-140 所示。向右拖曳鼠标调整锚点的位置，效果如图 10-141 所示。

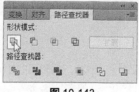

图 10-140　　　　　　　　图 10-141

（7）选择"选择"工具 ，选取文字，如图 10-142 所示。选择"窗口 > 路径查找器"命令，在弹出的面板中单击需要的按钮，如图 10-143 所示，合并后的图形如图 10-144 所示。

图 10-142　　　　　　　图 10-143　　　　　　　图 10-144

（8）选择"效果 > 素描 > 基底凸显"命令，在弹出的对话框中进行设置，如图 10-145 所示，单击"确定"按钮，效果如图 10-146 所示。

（9）选择"窗口 > 透明度"命令，在弹出的面板中进行设置，如图 10-147 所示，图形效果如图 10-148 所示。

图 10-145　　　　　　　　　　　　图 10-146

图 10-147　　　　　　　图 10-148

（10）保持图形的选取状态。按 Ctrl+C 组合键复制图形，按 Ctrl+F 组合键原位粘贴图形。选择"窗口 > 外观"命令，弹出"外观"面板，选取样式并将其拖曳到"删除所选项目"按钮 🗑 上，如图 10-149 所示，删除样式，面板如图 10-150 所示，效果如图 10-151 所示。

图 10-149　　　　　　　　　图 10-150　　　　　　　　　　　图 10-151

（11）设置图形填充色的 C、M、Y、K 值分别为 12、15、23、10，填充图形，效果如图 10-152 所示。在"透明度"面板中将"不透明度"选项设置为 100%，效果如图 10-153 所示。

图 10-152　　　　　　　　　　　　图 10-153

（12）选择"效果 > 风格化 > 投影"命令，在弹出的对话框中进行设置，如图 10-154 所示，单击"确定"按钮。选择"效果 > 风格化 > 投影"命令，弹出提示框，单击"应用新效果"按钮，弹出"投影"对话框，设置如图 10-155 所示，单击"确定"按钮。再应用两次投影效果，设置如图 10-156、图 10-157 所示，单击"确定"按钮，效果如图 10-158 所示。

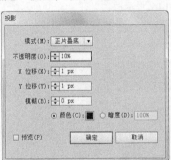

图 10-154　　　　　　　　　图 10-155　　　　　　　　　图 10-156

图 10-157　　　　　　　　　图 10-158

（13）按 Ctrl+ [组合键，后移图形，效果如图 10-159 所示。选择"选择"工具 ，选取上方的图形。按 Ctrl+C 组合键复制图形，按 Ctrl+F 组合键原位粘贴图形，如图 10-160 所示。在"外观"面板中选取不需要的样式删除，效果如图 10-161 所示。

図 10-159　　　　　　　　　图 10-160　　　　　　　　　图 10-161

（14）选择"对象 > 复合路径 > 建立"命令，建立复合路径，效果如图 10-162 所示。在按住 Alt 键的同时，将复合路径拖曳到适当的位置，复制路径。

（15）选择"选择"工具 ，选取复合对象和后方的立体图形，按 Ctrl+7 组合键，建立剪贴蒙版，效果如图 10-163 所示。选取后面的投影图形，按 Ctrl+C 组合键复制图形，按 Ctrl+F 组合键原位粘贴图形。按 Ctrl+] 组合键，前移图形，效果如图 10-164 所示。

图 10-162　　　　　　　　　图 10-163　　　　　　　　　图 10-164

（16）在"外观"面板中选取不需要的样式删除，并将其填充为白色，效果如图 10-165 所示。在"透明度"面板中的设置如图 10-166 所示，效果如图 10-167 所示。选择"铅笔"工具 ，在适当的位置绘制线条，效果如图 10-168 所示。

图 10-165　　　　　　　　　图 10-166

图 10-167　　　　　　　　　图 10-168

（17）选择"选择"工具 ，选取需要的线条，如图 10-169 所示。选择"窗口 > 画笔库 > 艺术效果 > 艺术效果-油墨"命令，在弹出的面板中选择需要的样式，如图 10-170 所示，应用后的效果如图 10-171 所示。

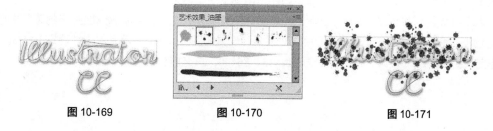

图 10-169　　　　　　　　　图 10-170　　　　　　　　　图 10-171

177

（18）单击控制面板右上角的图标，在弹出的菜单中选择"画笔选项"命令，弹出"散点画笔选项"对话框，选项的设置如图 10-172 所示，单击"确定"按钮，效果如图 10-173 所示。

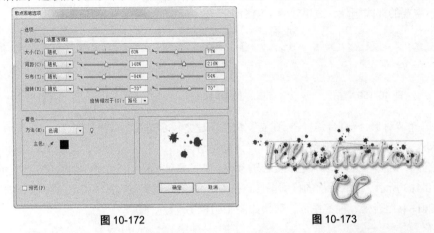

图 10-172　　　　　　　　　　　　　图 10-173

（19）在"画笔"面板中生成新的画笔样式，如图 10-174 所示。选择"选择"工具，选取下方的线条，单击"画笔"面板中的新样式，效果如图 10-175 所示。

图 10-174　　　　　　　　　　　　　图 10-175

（20）选择"选择"工具，选取应用画笔样式后的两条线条，设置线条描边色的 C、M、Y、K 值分别为 39、3、6、0，填充描边，效果如图 10-176 所示。按 Ctrl+C 组合键复制图形，按 Ctrl+F 组合键原位粘贴图形，效果如图 10-177 所示。

图 10-176　　　　　　　　　　　　　图 10-177

（21）单击"画笔"控制面板右上角的图标，在弹出的菜单中选择"画笔选项"命令，弹出"散点画笔选项"对话框，设置如图 10-178 所示，单击"确定"按钮。设置线条描边色的 C、M、Y、K 值分别为 5、92、82、0，填充描边，效果如图 10-179 所示。

（22）再次复制并原位粘贴线条。单击"画笔"控制面板右上角的图标，在弹出的菜单中选择"画笔选项"命令，弹出"散点画笔选项"对话框，设置如图 10-180 所示，单击"确定"按钮。设置线条描边色的 C、M、Y、K 值分别为 11、33、86、0，填充描边，效果如图 10-181 所示。

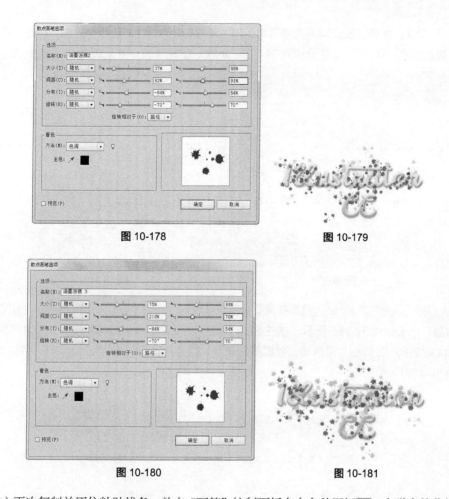

图 10-178

图 10-179

图 10-180

图 10-181

（23）再次复制并原位粘贴线条。单击"画笔"控制面板右上角的图标，在弹出的菜单中选择"画笔选项"命令，弹出"散点画笔选项"对话框，设置如图 10-182 所示，单击"确定"按钮。设置线条描边色的 C、M、Y、K 值分别为 71、23、41、0，填充描边，效果如图 10-183 所示。

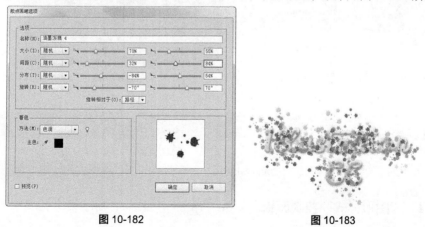

图 10-182

图 10-183

（24）再次复制并原位粘贴线条。单击"画笔"控制面板右上角的图标，在弹出的菜单中选择

"画笔选项"命令，弹出"散点画笔选项"对话框，设置如图 10-184 所示，单击"确定"按钮。设置线条描边色的 C、M、Y、K 值分别为 74、73、0、0，填充描边，效果如图 10-185 所示。

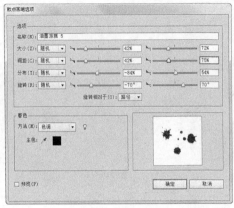

图 10-184　　　　　　　　　　　　　　　图 10-185

（25）选择"选择"工具 ，将复制的复合路径拖曳到适当的位置，按 Ctrl+Shift+] 组合键，将其置于顶层，效果如图 10-186 所示。按住 Shift 键的同时，单击所有的描边线条，将其同时选取，如图 10-187 所示，按 Ctrl+7 组合键，创建剪贴蒙版，效果如图 10-188 所示。涂鸦文字制作完成，效果如图 10-189 所示。

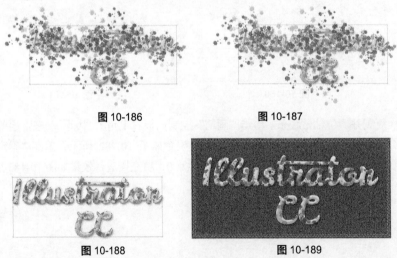

图 10-186　　　　　　　　　　　　　　　图 10-187

图 10-188　　　　　　　　　　　　　　　图 10-189

10.5　样式

Illustrator CC 提供了多种样式库供选择和使用，下面具体介绍各种样式的使用方法。

10.5.1　"图形样式"控制面板

选择"窗口 > 图形样式"命令，弹出"图形样式"控制面板。在默认的状态下，控制面板的效果如图 10-190 所示。在"图形样式"控制面板中，系统提供多种预置的样式。在制作图像的过程中，不但可以任意调用控制面板中的样式，还可以创建、保存和管理样式。在"图形样式"控制面板的下方，"断开图形样式链接"按钮 用于断开样式与图形之间的链接；"新建图形样式"按钮 用于建立新的样式；"删除图形样式"按钮 用于删除不需要的样式。

　　Illustrator CC 提供了丰富的样式库，可以根据需要调出样式库。选择"窗口 > 图形样式库"命令，弹出其子菜单，如图 10-191 所示，用以调出不同的样式库，如图 10-192 所示。

> **提示**
>
> Illustrator CC 中的样式有 CMYK 颜色模式和 RGB 颜色模式两种类型。

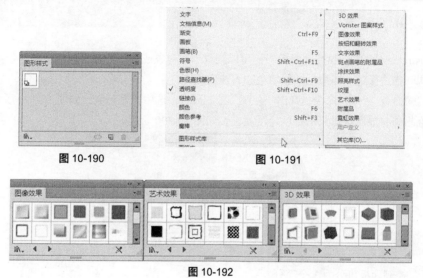

图 10-190　　　　　　　　　　图 10-191

图 10-192

10.5.2　使用样式

　　选中要添加样式的图形，如图 10-193 所示。在"图形样式"控制面板中单击要添加的样式，如图 10-194 所示。图形被添加样式后的效果如图 10-195 所示。

图 10-193　　　　　　　图 10-194　　　　　　　图 10-195

　　定义图形的外观后，可以将其保存。选中要保存外观的图形，如图 10-196 所示。单击"图形样式"控制面板中的"新建图形样式"按钮 ，样式被保存到样式库，如图 10-197 所示。

　　用鼠标将图形直接拖曳到"图形样式"控制面板中也可以保存图形的样式，如图 10-198 所示。

　　当把"图形样式"控制面板中的样式添加到图形上时，Illustrator CC 将在图形和选定的样式之间创建一种链接关系，也就是说，如果"图形样式"控制面板中的样式发生了变化，那么被添加了该样式的图形也会随之变化。单击"图形样式"控制面板中的"断开图形样式链接"按钮 ，可断开链接关系。

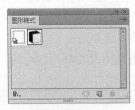
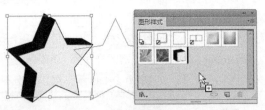

图 10-196	图 10-197	图 10-198

10.6 外观控制面板

在 Illustrator CC 的外观控制面板中，可以查看当前对象或图层的外观属性，其中包括应用到对象上的效果、描边颜色、描边粗细、填色和不透明度等。

选择"窗口 > 外观"命令，弹出"外观"控制面板。选中一个对象，如图 10-199 所示，在"外观"控制面板中将显示该对象的各项外观属性，如图 10-200 所示。

图 10-199	图 10-200

"外观"控制面板可分为 3 个部分。

第 1 部分为显示当前选择，可以显示当前路径或图层的缩略图。

第 2 部分为当前路径或图层的全部外观属性列表。它包括应用到当前路径上的效果、描边颜色、描边粗细、填色和不透明度等。如果同时选中的多个对象具有不同的外观属性，如图 10-201 所示，"外观"控制面板将无法一一显示，只能提示当前选择为混合外观，效果如图 10-202 所示。

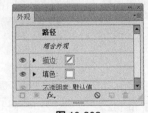

图 10-201	图 10-202

在"外观"控制面板中，各项外观属性是有层叠顺序的。在列举选取区的效果属性时，后应用的效果位于先应用的效果之上。拖曳代表各项外观属性的列表项，可以重新排列外观属性的层叠顺序，从而影响到对象的外观。例如，当图像的描边属性在填色属性之上时，图像效果如图 10-203 所示。在"外观"控制面板中将描边属性拖曳到填色属性的下方，如图 10-204 所示。改变层叠顺序后的图像效果如图 10-205 所示。

在创建新对象时，Illustrator CC 将把当前设置的外观属性自动添加到新对象上。

图 10-203

图 10-204

图 10-205

课堂练习——制作广告宣传页

📖 练习知识要点

　　使用椭圆工具和自由扭曲命令制作主体不规则图形，使用文字工具和倾斜命令添加主体文字，使用椭圆工具、羽化命令和不透明面板制作阴影，使用钢笔工具、矩形工具和剪切蒙版命令制作装饰标签，使用文字工具和创建轮廓命令制作标志，最终效果如图 10-206 所示。

📖 效果所在位置

光盘/Ch10/效果/制作广告宣传页.ai。

图 10-206

课后习题——制作月饼盒包装

📖 习题知识要点

　　使用矩形工具、复制粘贴命令、剪切蒙版和不透明度面板制作背景花纹，使用文字工具和封套扭曲命令制作变形文字，使用矩形工具和移动复制命令制作装饰条形，最终效果如图 10-207 所示。

📖 效果所在位置

光盘/Ch10/效果/制作月饼盒包装.ai。

图 10-207

PART02

下篇　案例实训篇

第 11 章　插画设计

现代插画艺术发展迅速，已经被广泛应用于杂志、周刊、广告、包装和纺织品领域。使用 Illustrator 绘制的插画简洁明快、独特新颖、形式多样，已经成为最流行的插画表现形式。本章以多个主题插画为例，讲解插画的多种绘制方法和制作技巧。

课堂学习目标	
	/ 了解插画的概念和应用领域
	/ 了解插画的分类
	/ 了解插画的风格特点
	/ 掌握插画的绘制思路和过程
	/ 掌握插画的绘制方法和技巧

11.1　插画设计概述

插画，就是用来解释说明一段文字的图画。广告、杂志、说明书、海报、书籍、包装等平面作品中，凡是用来做"解释说明"用的图画都可以称之为插画。

11.1.1　插画的应用领域

通行于国外市场的商业插画包括出版物插图、卡通吉祥物插图、影视与游戏美术设计插图和广告插画 4 种形式。在中国，插画已经遍布于平面和电子媒体、商业场馆、公众机构、商品包装、影视演艺海报、企业广告，甚至 T 恤、日记本和贺年卡中。

11.1.2　插画的分类

插画的种类繁多，可以分为商业广告类插画、海报招贴类插画、儿童读物类插画、艺术创作类插画、流行风格类插画，如图 11-1 所示。

11.1.3　插画的风格特点

插画的风格和表现形式多样，有抽象手法、写实手法，有黑白的、彩色的，有运用材料的、照片的、电脑制作的。现代插画运用到的技术手段更加丰富。

商业广告类插画　　　　　　　海报招贴类插画

儿童读物类插画　　　艺术创作类插画　　　流行风格类插画

图 11-1

11.2　绘制飞艇插画

11.2.1　案例分析

本案例是要为儿童书籍绘制插画。该书籍主要介绍的是飞艇，在插画绘制上要通过简洁的绘画语言表现出宁静、璀璨的夜空和现代感、科技感。

在设计绘制过程中，先从背景入手，通过深蓝色的背景营造出沉静广阔的夜空，起到衬托的效果。点缀的星光增加了画面的活泼感，形成了动静结合的画面。由深到浅的云层排列在丰富画面的同时，增加了空间感，使插画更加真实。飞艇的设计充满现代感，且颜色的运用与环境相呼应，使人印象深刻。

本案例将使用矩形工具和渐变工具制作渐变背景，使用钢笔工具和不透明度面板制作背景装饰图形，使用椭圆工具、渐变工具和透明度面板制作云和星光图形，使用钢笔工具、混合工具、复制命令和镜像工具绘制飞艇图形。

绘制背景效果　　　　　绘制云图形

绘制星光　　　　　　　最终效果

图 11-2

11.2.2　案例设计

本案例设计流程如图 11-2 所示。

11.2.3　案例制作

1．制作背景效果

（1）按 Ctrl+N 组合键新建一个文档，宽度为 297mm，高度为 210mm，取向为横向，颜色模式为 CMYK，单击"确定"按钮。选择"矩形"工具，绘制一个与页面大小相等的矩形。双击"渐变"工具，弹出"渐变"控制面板，在色带上设置 2 个渐变滑块，分别将渐变滑块的位置设为 0、100，并设置 C、M、Y、K 的值分别为 0（3、36、32、0）、100（80、61、42、1），其他选项的设置如图 11-3 所示，图形被填充为渐变色，并设置描边色为无，效果如图 11-4 所示。

图 11-3　　　　　　　　　图 11-4

（2）选择"钢笔"工具，在适当的位置绘制图形，如图 11-5 所示，设置图形填充色的 C、M、Y、K 值分别为 13、40、35、0，填充图形，并设置描边色为无，效果如图 11-6 所示。

图 11-5　　　　　　　　　图 11-6

（3）选择"选择"工具，选取需要的图形。选择"窗口 > 透明度"命令，在弹出的面板中进行设置，如图 11-7 所示，效果如图 11-8 所示。

（4）保持图形的选取状态。按 Ctrl+C 组合键复制图形。按 Ctrl+F 组合键原位粘贴图形。缩放图形并调整其大小和位置，效果如图 11-9 所示。设置图形填充色的 C、M、Y、K 值分别为 6、36、32、0，填充图形，效果如图 11-10 所示。

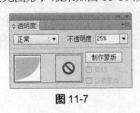

图 11-7　　　　图 11-8　　　　图 11-9　　　　图 11-10

（5）保持图形的选取状态。在"透明度"面板中进行设置，如图 11-11 所示，效果如图 11-12 所示。用相同的方法再次制作图形，效果如图 11-13 所示。

图 11-11

图 11-12

图 11-13

2．绘制云和星光

（1）选择"椭圆"工具 ，在适当的位置绘制多个椭圆形，如图 11-14 所示。选择"选择"工具 ，将需要的椭圆形同时选取，如图 11-15 所示。

图 11-14

图 11-15

（2）选择"窗口 > 路径查找器"命令，在弹出的面板中单击需要的按钮，如图 11-16 所示，合并后的图形效果如图 11-17 所示。保持图形的选取状态。

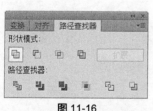
图 11-16

图 11-17

（3）双击"渐变"工具 ，弹出"渐变"控制面板，在色带上设置 2 个渐变滑块，分别将渐变滑块的位置设为 0、100，并设置 C、M、Y、K 的值分别为 0（40、43、24、0）、100（46、52、17、0），其他选项的设置如图 11-18 所示，图形被填充为渐变色，并设置描边色为无，效果如图 11-19 所示。

图 11-18

图 11-19

（4）保持图形的选取状态。在"透明度"面板中进行设置，如图 11-20 所示，效果如图 11-21 所示。选择"选择"工具 ，在按住 Alt 键的同时，将其拖曳到适当的位置，复制图形，并调整其角度，效果如图 11-22 所示。设置图形填充色的 C、M、Y、K 值分别为 0、40、39、0，填充图形，效果如图 11-23 所示。

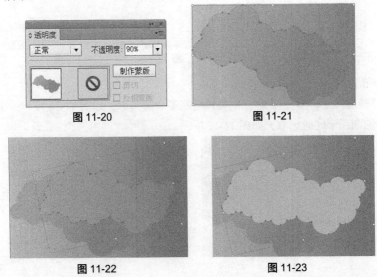

图 11-20　　　　　　　　　　图 11-21

图 11-22　　　　　　　　　　图 11-23

（5）在"透明度"面板中进行设置，如图 11-24 所示，效果如图 11-25 所示。按 Ctrl+ [组合键，后移图形，效果如图 11-26 所示。用相同的方法制作其他图形，效果如图 11-27 所示。

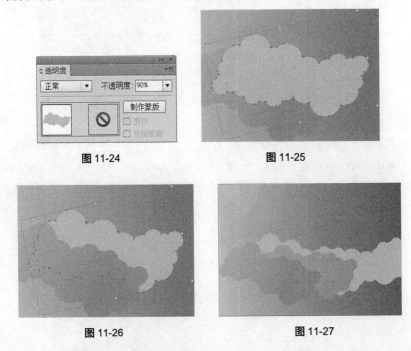

图 11-24　　　　　　　　　　图 11-25

图 11-26　　　　　　　　　　图 11-27

（6）选择"椭圆"工具 ◉，在适当的位置绘制多个椭圆形，如图 11-28 所示。选择"选择"工具 ▶，将需要的椭圆形同时选取，如图 11-29 所示。在"路径查找器"面板中单击需要的按钮，如图 11-30 所示，合并后的图形效果如图 11-31 所示。

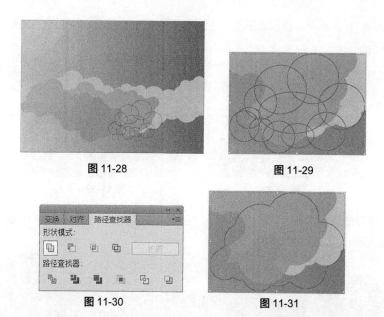

图 11-28　　　　　　　　图 11-29

图 11-30　　　　　　　　图 11-31

（7）保持图形的选取状态。双击"渐变"工具，弹出"渐变"控制面板，在色带上设置 2 个渐变滑块，分别将渐变滑块的位置设为 0、100，并设置 C、M、Y、K 的值分别为 0（1、38、40、0）、100（0、61、31、0），其他选项的设置如图 11-32 所示，图形被填充为渐变色，并设置描边色为无，效果如图 11-33 所示。选择"渐变"工具，拖曳渐变控制点到适当的位置，效果如图 11-34 所示。

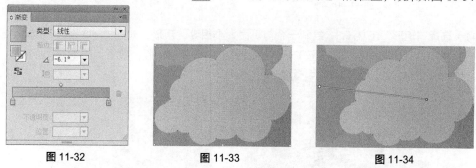

图 11-32　　　　　　图 11-33　　　　　　图 11-34

（8）选择"选择"工具，拖曳右上角的控制手柄到适当的位置，旋转图形，效果如图 11-35 所示。保持图形的选取状态。按 Ctrl+C 组合键复制图形，按 Ctrl+F 组合键原位粘贴图形，调整其位置，效果如图 11-36 所示。设置图形填充色的 C、M、Y、K 值分别为 72、74、42、3，填充图形，效果如图 11-37 所示。

图 11-35　　　　　　图 11-36　　　　　　图 11-37

（9）选择"选择"工具，在按住 Alt 键的同时，将其拖曳到适当的位置，复制图形，并调整其角度，效果如图 11-38 所示。设置图形填充色的 C、M、Y、K 值分别为 0、53、23、0，填充图形，效果如图 11-39 所示。

图 11-38　　　　　　　　　　图 11-39

（10）保持图形的选取状态，连续按 Ctrl+ [组合键，后移图形，效果如图 11-40 所示。用相同的方法绘制其他图形，效果如图 11-41 所示。

图 11-40　　　　　　　　　　图 11-41

（11）选择"矩形"工具■，绘制一个与页面大小相等的矩形，如图 11-42 所示。选择"选择"工具▶，将矩形和图形同时选取，按 Ctrl+7 组合键，创建剪贴蒙版，效果如图 11-43 所示。

图 11-42　　　　　　　　　　图 11-43

（12）选择"钢笔"工具✎，在适当的位置绘制图形，填充图形为白色，并设置描边色为无，效果如图 11-44 所示。用相同的方法再绘制一个图形，并填充相同的颜色，效果如图 11-45 所示。选择"椭圆"工具●，按住 Shift 键的同时，在适当的位置绘制圆形，填充为白色，并设置描边色为无，效果如图 11-46 所示。

（13）选择"选择"工具▶，将需要的图形同时选取，按 Ctrl+G 组合键将图形编组，如图 11-47 所示。在"透明度"面板中进行设置，如图 11-48 所示，效果如图 11-49 所示。用相同的方法绘制其他星形，并调整其不透明度，效果如图 11-50 所示。

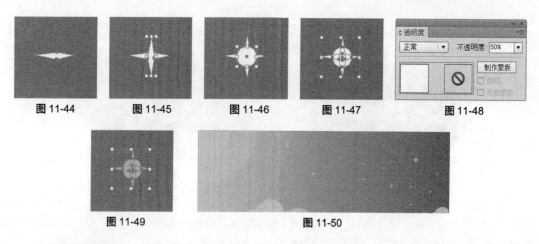

图 11-44　　　　图 11-45　　　　图 11-46　　　　图 11-47　　　　图 11-48

图 11-49　　　　　　　　　图 11-50

3．绘制飞艇图形

（1）选择"钢笔"工具 ，在适当的位置绘制图形，设置图形填充色的 C、M、Y、K 值分别为 4、68、35、0，填充图形，并设置描边色为无，效果如图 11-51 所示。用相同的方法再绘制一个图形，设置图形填充色的 C、M、Y、K 值分别为 79、83、52、19，填充图形，并设置描边色为无，效果如图 11-52 所示。

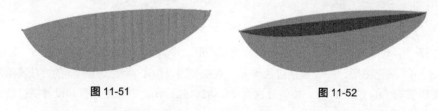

图 11-51　　　　　　　　　　　　　　图 11-52

（2）双击"混合"工具 ，在弹出的"混合选项"对话框中进行设置，如图 11-53 所示，单击"确定"按钮，分别在两个图形上单击鼠标，图形混合后的效果如图 11-54 所示。

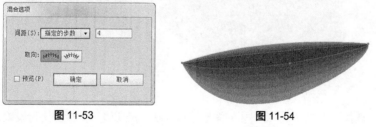

图 11-53　　　　　　　　　　　　图 11-54

（3）选择"选择"工具 ，在按住 Alt 键的同时，将其拖曳到适当的位置，复制图形，并旋转其角度，效果如图 11-55 所示。选择"镜像"工具 ，在按住 Shift 键的同时，拖曳鼠标镜像图形，效果如图 11-56 所示。

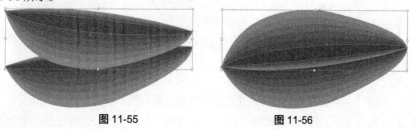

图 11-55　　　　　　　　　　　　图 11-56

191

（4）选择"直接选择"工具[k]，选取需要的图形，如图 11-57 所示。设置图形填充色的 C、M、Y、K 值分别为 5、41、37、0，填充图形，效果如图 11-58 所示。

图 11-57　　　　　　　　　　　图 11-58

（5）选择"椭圆"工具[◉]，在适当的位置绘制椭圆形。选择"选择"工具[▶]，拖曳右上角的控制手柄到适当的位置，旋转图形，效果如图 11-59 所示。设置图形填充色的 C、M、Y、K 值分别为 79、83、52、19，填充图形，并设置描边色为无，效果如图 11-60 所示。

图 11-59　　　　　　　　　　　图 11-60

（6）选择"钢笔"工具[✐]，在适当的位置绘制图形，设置图形填充色的 C、M、Y、K 值分别为 40、73、43、0，填充图形，并设置描边色为无，效果如图 11-61 所示。用相同的方法再绘制一个图形，设置图形填充色的 C、M、Y、K 值分别为 75、82、52、16，填充图形，并设置描边色为无，效果如图 11-62 所示。

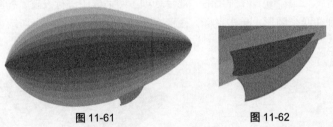

图 11-61　　　　　　　　　　　图 11-62

（7）选择"选择"工具[▶]，将需要的图形选取，在"透明度"面板中进行设置，如图 11-63 所示，效果如图 11-64 所示。将两个图形同时选取，连续按 Ctrl+[组合键，后移图形，效果如图 11-65 所示。

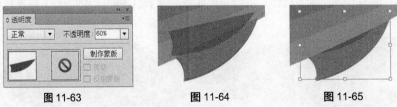

图 11-63　　　　　　图 11-64　　　　　　图 11-65

（8）选择"钢笔"工具[✐]，在适当的位置绘制图形，设置图形填充色的 C、M、Y、K 值分别为 79、83、52、19，填充图形，并设置描边色为无，效果如图 11-66 所示。保持图形的选取状态。在"透明度"面板中进行设置,如图 11-67 所示,效果如图 11-68 所示。用相同的方法绘制其他图形,效果如图 11-69 所示。

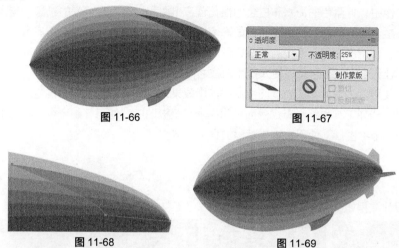

图 11-66　　　　　　　　　　　　　　　　图 11-67

图 11-68　　　　　　　　　　　　　　　　图 11-69

(9)选择"文字"工具 $\boxed{T}$,在适当的位置输入需要的文字,选择"选择"工具 $\boxed{k}$,在属性栏中选择合适的字体并设置文字大小,设置文字填充色的 C、M、Y、K 值分别为 4、57、26、0,填充文字,效果如图 11-70 所示。拖曳右上角的控制手柄到适当的位置,旋转文字,效果如图 11-71 所示。

图 11-70　　　　　　　　　　　　　　　　图 11-71

(10)选择"选择"工具 $\boxed{k}$,将绘制的飞艇图形同时选取,拖曳到适当的位置,效果如图 11-72 所示。飞艇插画绘制完成,效果如图 11-73 所示。

图 11-72　　　　　　　　　　　　　　　　图 11-73

11.3　绘制夏日沙滩插画

11.3.1　案例分析

本案例是为一个旅游杂志绘制的栏目插画,本期栏目的主题是夏日沙滩,设计要求插画的绘制要贴合主题，表现出热闹、美丽的沙滩景色，要调动形象、色彩、构图和形式感等元素营造出强烈的视觉效果，使主题更加突出明确。

在设计制作中，青蓝色的海水和白色的浪花营造出柔和、浪漫、可爱的景象，与浅黄色的海滩一起，给人舒适、宁静的感觉。色彩缤纷的海上用品不规则地分布在沙滩上和海水中，在增加画面活泼感的同时，营造出热闹、活泼的氛围，形成动静结合的画面。绿色的植物带给人一股清凉、舒爽的感觉，能让人身心放松，从而使人产生向往之情。

本案例将使用钢笔工具和透明度面板制作海岸效果，使用椭圆工具绘制浅色浪花，使用钢笔工具、旋转工具、选择工具和路径查找器面板制作伞和帆板图形，使用复制命令、矩形工具和创建剪贴蒙版命令添加植物图形，使用文字工具添加宣传文字。

11.3.2 案例设计

本案例设计流程如图 11-74 所示。

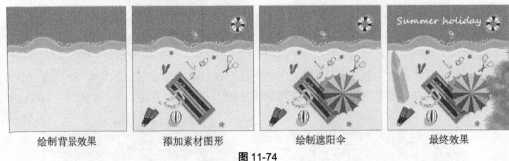

绘制背景效果　　　　　添加素材图形　　　　　绘制遮阳伞　　　　　最终效果

图 11-74

11.3.3 案例制作

1．制作背景效果

（1）按 Ctrl+N 组合键新建一个文档，宽度为 1000px，高度为 1000px，取向为横向，颜色模式为 CMYK，单击"确定"按钮。选择"矩形"工具 ，绘制一个与页面大小相等的矩形。设置图形填充色的 C、M、Y、K 值分别为 4、9、24、0，填充图形，并设置描边色为无，效果如图 11-75 所示。

（2）选择"钢笔"工具 ，在适当的位置绘制图形，设置图形填充色的 C、M、Y、K 值分别为 5、7、10、0，填充图形，并设置描边色为无，效果如图 11-76 所示。

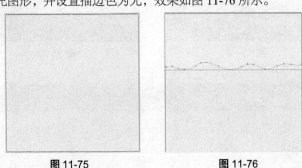

图 11-75　　　　　　　　　图 11-76

（3）保持图形的选取状态。选择"窗口 > 透明度"命令，在弹出的面板中进行设置，如图 11-77 所示，效果如图 11-78 所示。

图 11-77

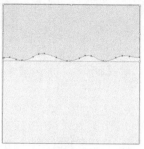

图 11-78

（4）选择"选择"工具 ，在按住 Alt 键的同时，将其拖曳到适当的位置，复制图形。在"透明度"面板中将混合模式选项设为"正常"，效果如图 11-79 所示。选择"钢笔"工具 ，在适当的位置绘制图形，设置图形填充色的 C、M、Y、K 值分别为 55、0、24、0，填充图形，并设置描边色为无，效果如图 11-80 所示。选择"钢笔"工具 ，在适当的位置绘制图形，设置图形填充色的 C、M、Y、K 值分别为 4、6、9、0，填充图形，并设置描边色为无，效果如图 11-81 所示。

图 11-79

图 11-80

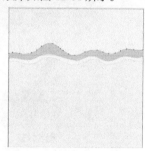

图 11-81

（5）在"透明度"面板中进行设置，如图 11-82 所示，效果如图 11-83 所示。选择"钢笔"工具 ，在适当的位置绘制图形，设置图形填充色的 C、M、Y、K 值分别为 71、9、28、0，填充图形，并设置描边色为无，效果如图 11-84 所示。

图 11-82

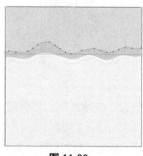

图 11-83

图 11-84

（6）选择"椭圆"工具 ，在适当的位置绘制多个椭圆形，设置图形填充色的 C、M、Y、K 值分别为 5、7、10、0，填充图形，并设置描边色为无，效果如图 11-85 所示。用相同的方法绘制多个图形，并填充相同的颜色，效果如图 11-86 所示。

图 11-85

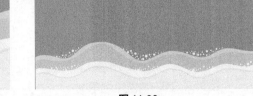

图 11-86

2．绘制遮阳伞

（1）按 Ctrl+O 组合键，打开光盘中的"Ch11 ＞ 素材 ＞ 绘制夏日沙滩插画 ＞ 01"文件，按 Ctrl+A 组合键全选图形，复制并将其粘贴到正在编辑的页面中，效果如图 11-87 所示。选择"钢笔"工具 ，在适当的位置绘制图形，设置图形填充色的 C、M、Y、K 值分别为 0、68、69、0，填充图形，并设置描边色为无，效果如图 11-88 所示。

（2）选择"旋转"工具 ，按住 Alt 键的同时，在适当的位置单击，将旋转中心拖曳到适当的位置，如图 11-89 所示，并弹出"旋转"对话框，设置如图 11-90 所示，单击"复制"按钮，效果如图 11-91 所示。连续按 Ctrl+D 组合键，复制多个图形，效果如图 11-92 所示。

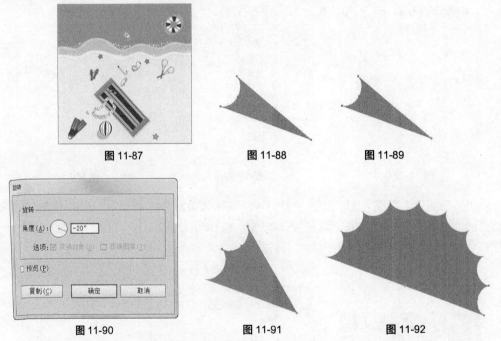

图 11-87　　　　　　图 11-88　　　　　　图 11-89

图 11-90　　　　　　图 11-91　　　　　　图 11-92

（3）选择"选择"工具 ，在按住 Shift 键的同时，将需要的图形同时选取，如图 11-93 所示。设置图形填充色的 C、M、Y、K 值分别为 12、5、80、0，填充图形，效果如图 11-94 所示。

（4）选择"选择"工具 ，将需要的图形同时选取，如图 11-95 所示。选择"旋转"工具 ，按住 Alt 键的同时，在适当的位置单击，将旋转中心拖曳到适当的位置，如图 11-96 所示，并弹出"旋转"对话框，设置如图 11-97 所示，单击"复制"按钮，效果如图 11-98 所示。

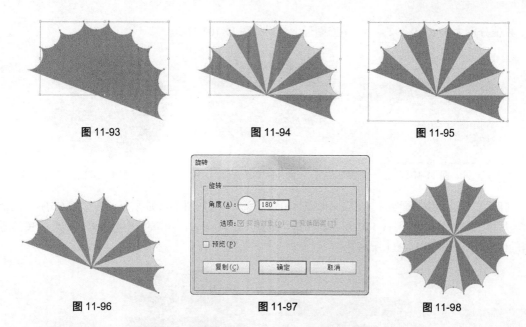

图 11-93　　　　　　　　图 11-94　　　　　　　　图 11-95

图 11-96　　　　　　　　图 11-97　　　　　　　　图 11-98

（5）选择"选择"工具 ，在按住 Shift 键的同时，将需要的图形同时选取，如图 11-99 所示。设置图形填充色的 C、M、Y、K 值分别为 12、33、89、0，填充图形，效果如图 11-100 所示。用相同的方法选取需要的图形，如图 11-101 所示。设置图形填充色的 C、M、Y、K 值分别为 17、88、91、0，填充图形，效果如图 11-102 所示。

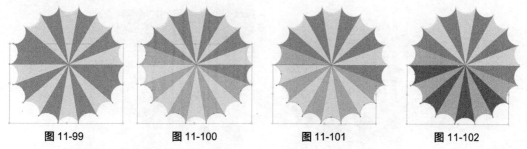

图 11-99　　　　　图 11-100　　　　　图 11-101　　　　　图 11-102

（6）选择"选择"工具 ，将需要的图形同时选取，如图 11-103 所示。在按住 Alt 键的同时，拖曳图形到适当的位置，复制图形，效果如图 11-104 所示。

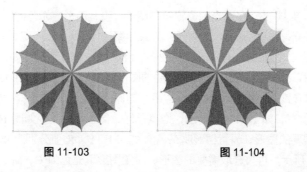

图 11-103　　　　　　　　图 11-104

（7）保持图形的选取状态。选择"窗口 > 路径查找器"命令，在弹出的面板中单击需要的按钮，如图 11-105 所示，合并后的效果如图 11-106 所示。保持图形的选取状态。设置图形填充色的 C、M、

Y、K 值分别为 67、91、92、64，填充图形，效果如图 11-107 所示。

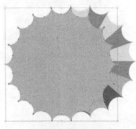

图 11-105   图 11-106   图 11-107

（8）在"透明度"面板中的设置如图 11-108 所示，效果如图 11-109 所示。连续按 Ctrl+ [组合键，后移图形，效果如图 11-110 所示。选择"选择"工具，将需要的图形同时选取，拖曳到适当的位置，效果如图 11-111 所示。

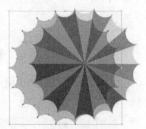

图 11-108   图 11-109

图 11-110   图 11-111

3．绘制帆板

（1）选择"钢笔"工具，在适当的位置绘制图形，设置图形填充色的 C、M、Y、K 值分别为 1、34、65、0，填充图形，并设置描边色为无，效果如图 11-112 所示。用相同的方法再绘制一个图形，设置图形填充色的 C、M、Y、K 值分别为 8、2、86、0，填充图形，并设置描边色为无，效果如图 11-113 所示。选择"选择"工具，将需要的图形同时选取，如图 11-114 所示。

（2）按 Ctrl+C 组合键复制图形，按 Ctrl+F 组合键原位粘贴图形。选择"镜像"工具，将镜像中心拖曳到适当的位置，如图 11-115 所示，拖曳鼠标镜像图形，效果如图 11-116 所示。选择"选择"工具，选取需要的图形，设置图形填充色的 C、M、Y、K 值分别为 0、45、80、0，填充图形，效果如图 11-117 所示。再次选取需要的图形，设置图形填充色的 C、M、Y、K 值分别为 12、22、91、0，填充图形，效果如图 11-118 所示。

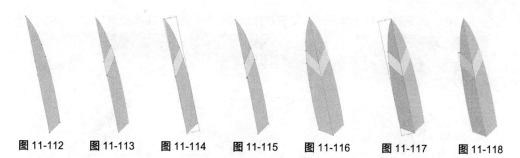

图 11-112　　图 11-113　　图 11-114　　图 11-115　　图 11-116　　图 11-117　　图 11-118

（3）选择"选择"工具，将需要的图形同时选取，在按住 Alt 键的同时，将其拖曳到适当的位置，复制图形，效果如图 11-119 所示。在"路径查找器"面板中单击需要的按钮，如图 11-120 所示，合并后的效果如图 11-121 所示。保持图形的选取状态。设置图形填充色的 C、M、Y、K 值分别为 75、44、100、5，填充图形，效果如图 11-122 所示。

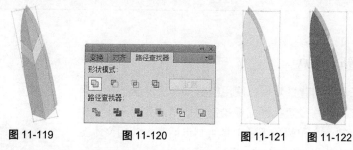

图 11-119　　　　　　图 11-120　　　　　　图 11-121　　图 11-122

（4）在"透明度"面板中进行设置，如图 11-123 所示，效果如图 11-124 所示。保持图形的选取状态。连续按 Ctrl+ [组合键，后移图形，效果如图 11-125 所示。选择"选择"工具，将需要的图形同时选取，拖曳到适当的位置，效果如图 11-126 所示。

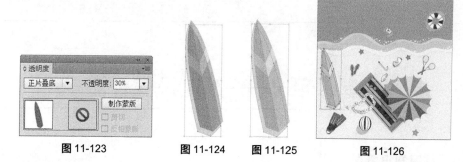

图 11-123　　　　　图 11-124　　图 11-125　　　　　图 11-126

（5）按 Ctrl+O 组合键，打开光盘中的"Ch11 > 素材 > 绘制夏日沙滩插画 > 02"文件，按 Ctrl+A 组合键全选图形，复制并将其粘贴到正在编辑的页面中，效果如图 11-127 所示。选择"矩形"工具，绘制一个与页面大小相等的矩形。选择"选择"工具，将矩形和图形同时选取，按 Ctrl+7 组合键，创建剪贴蒙版，效果如图 11-128 所示。

（6）选择"文字"工具，在适当的位置输入需要的文字，选择"选择"工具，在属性栏中选择合适的字体并设置文字大小，

图 11-127

填充文字为白色，效果如图 11-129 所示。夏日沙滩插画绘制完成，效果如图 11-130 所示。

图 11-128   图 11-129   图 11-130

课堂练习 1——绘制电话亭插画

练习知识要点

使用矩形工具绘制背景效果，使用椭圆工具、矩形工具、钢笔工具、镜像工具和路径查找器面板绘制电话亭顶和树图形，使用矩形工具、复制命令和圆角矩形工具绘制电话亭，使用文本工具添加文字，最终效果如图 11-131 所示。

图 11-131

效果所在位置

光盘/Ch11/效果/绘制电话亭插画.ai。

课堂练习 2——绘制风景插画

练习知识要点

使用矩形工具和纹理化命令绘制背景效果，使用椭圆工具、矩形工具和路径查找器面板绘制云图形，使用阴影命令为云添加阴影，使用钢笔工具和描边面板绘制鸟图形，使用矩形工具和创建剪切蒙版命令制作图形蒙版，最终效果如图 11-132 所示。

效果所在位置

光盘/Ch11/效果/绘制风景插画.ai。

图 11-132

课后习题 1——绘制情侣猫咪插画

习题知识要点

使用矩形工具和网格工具绘制背景效果，使用椭圆工具、旋转工具、钢笔工具和路径查找器面板绘制猫咪，使用复制粘贴命令添加猫咪衣物，使用椭圆工具和旋转工具添加装饰圆形，最终效果如图 11-133 所示。

效果所在位置

光盘/Ch11/效果/绘制情侣猫咪插画.ai。

图 11-133

课后习题 2——绘制秋景插画

习题知识要点

使用椭圆工具和路径查找器面板绘制云图形，使用钢笔工具绘制山、路、鸟图形，使用矩形工具、椭圆工具、圆角矩形工具、复制命令、透明度面板和路径查找器面板绘制风车图形，最终效果如图 11-134 所示。

效果所在位置

光盘/Ch11/效果/绘制秋景插画.ai。

图 11-134

第 12 章　宣传单设计

宣传单是直销广告的一种，对宣传活动和促销商品有着重要的作用。宣传单通过派送、邮递等形式，可以有效地将信息传达给目标受众。本章以各种不同主题的宣传单为例，讲解宣传单的设计方法和制作技巧。

课堂学习目标	/ 了解宣传单的概念
	/ 了解宣传单的功能
	/ 掌握宣传单的设计思路和过程
	/ 掌握宣传单的制作方法和技巧

12.1　宣传单设计概述

宣传单是将产品和活动信息传播出去的一种广告形式，其最终目的都是为了向客户推销产品。宣传单可以是单页，也可以做成多页形成宣传册，如图 12-1 所示。

图 12-1

12.2　制作夏令营宣传单

12.2.1　案例分析

本例是为英语夏令营制作的宣传海报，主要针对的客户是家长和学生们，要求能展示出轻松活泼、欢乐热闹的氛围，能使人有想要积极参与的欲望。

在设计制作中，首先通过草绿色与白色的结合营造出轻松、活力、健康的氛围。使用地球图形和边界的装饰图案在突出宣传主题的同时，带来视觉上的强力冲击，展现出热情和活力感，形成热闹、欢快的感觉。再用飞机和虚线将宣传内容连接在一起，在介绍内容的同时，起到引导人们视线的作用，宣传性强。文字的设计和用色活泼、大方，与主题相呼应。

本案例将使用矩形工具和钢笔工具绘制背景效果，使用置入命令添加图片和宣传文字，使用钢笔工具、文字工具和复制命令制作云图形，使用文字工具和字符面板添加电话信息。

12.2.2 案例设计

本案例设计流程如图 12-2 所示。

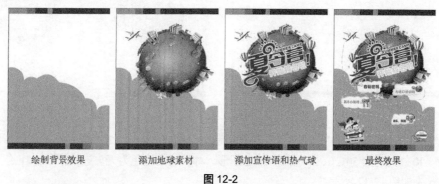

绘制背景效果　　　　添加地球素材　　　　添加宣传语和热气球　　　　最终效果

图 12-2

12.2.3 案例制作

（1）按 Ctrl+N 组合键新建一个文档，宽度为 210mm，高度为 297mm，取向为竖向，颜色模式为 CMYK，单击"确定"按钮。选择"矩形"工具▣，在页面中绘制矩形，设置图形填充色的 C、M、Y、K 值分别为 100、100、15、0，填充图形，并设置描边色为无，效果如图 12-3 所示。

（2）选择"选择"工具▶，选取矩形，按 Ctrl+C 组合键复制矩形，按 Ctrl+F 组合键原位粘贴矩形。拖曳右侧中间的控制手柄到适当的位置，缩小矩形，设置图形填充色的 C、M、Y、K 值分别为 65、0、100、0，填充图形，效果如图 12-4 所示。

图 12-3　　　　　　　　　　　　　　　　图 12-4

（3）选取绿色的矩形，在按住 Alt 键的同时，拖曳矩形到适当的位置，复制矩形。拖曳右侧中间的控制手柄到适当的位置，缩小矩形，设置图形填充色的 C、M、Y、K 值分别为 85、10、100、10，填充图形，效果如图 12-5 所示。

（4）选取绿色的矩形，在按住 Alt 键的同时，拖曳矩形到适当的位置，复制矩形。拖曳右侧中间的控制手柄到适当的位置，缩小矩形，设置图形填充色的 C、M、Y、K 值分别为 75、0、0、0，填充图形，效果如图 12-6 所示。

图 12-5　　　　　　　　　　　　　　　　图 12-6

（5）将所有绘制的矩形同时选取，按住 Shift+Alt 组合键的同时，垂直向下拖曳到适当的位置，效果如图 12-7 所示。选择"镜像"工具▥，向右拖曳图像，镜像图像，效果如图 12-8 所示。

（6）选择"文件 > 置入"命令，弹出"置入"对话框，选择光盘中的"Ch12 > 素材 > 制作夏令营宣传单 > 01"文件，单击"置入"按钮，置入文件。单击属性栏中的"嵌入"按钮，嵌入图片，效果如图 12-9 所示。

203

（7）按 Ctrl+O 组合键，打开光盘中的"Ch12 > 素材 > 制作夏令营宣传单 > 02"文件，按 Ctrl+A 组合键全选图形，复制并将其粘贴到正在编辑的页面中，效果如图 12-10 所示。

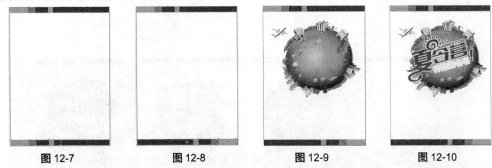

图 12-7　　　　　　图 12-8　　　　　　图 12-9　　　　　　图 12-10

（8）选择"钢笔"工具 ✐，在适当的位置绘制一个图形，如图 12-11 所示。设置图形填充色的 C、M、Y、K 值分别为 50、0、100、0，填充图形，并设置描边色为无。连续按 Ctrl+ [组合键，后移图形，效果如图 12-12 所示。

（9）选择"文件 > 置入"命令，弹出"置入"对话框，选择光盘中的"Ch12 > 素材 > 制作夏令营宣传单 > 03"文件，单击"置入"按钮，置入文件。单击属性栏中的"嵌入"按钮，嵌入图片，效果如图 12-13 所示。

（10）选择"铅笔"工具 ✐，在适当的位置绘制线条，设置图形描边色的 C、M、Y、K 值分别为 50、0、100、0，填充描边，在属性栏中将"描边"选项设为 2pt，效果如图 12-14 所示。

图 12-11　　　　　　图 12-12　　　　　　图 12-13　　　　　　图 12-14

（11）选择"选择"工具 ▶，选取线条，按 Ctrl+C 组合键复制线条，按 Ctrl+F 组合键原位粘贴线条。选择"窗口 > 描边"命令，在弹出的面板中进行设置，如图 12-15 所示，填充为白色，效果如图 12-16 所示。

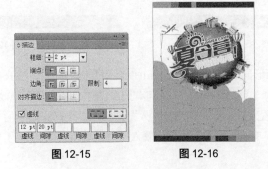

图 12-15　　　　　　图 12-16

（12）选择"钢笔"工具 ，在适当的位置绘制一个图形，设置图形填充色的 C、M、Y、K 值分别为 24、2、1、0，填充图形，并设置描边色为无，效果如图 12-17 所示。选择"选择"工具 ，选取图形，按 Ctrl+C 组合键复制图形，按 Ctrl+F 组合键原位粘贴图形，在按住 Alt+Shift 组合键的同时，缩小图形，填充为白色，效果如图 12-18 所示。

（13）按 Ctrl+O 组合键，打开光盘中的"Ch12 > 素材 > 制作夏令营宣传单 > 04"文件，选择"选择"工具 ，选取需要的图形，复制并将其粘贴到正在编辑的页面中，效果如图 12-19 所示。选择"文字"工具 ，在图形上输入需要的文字，选择"选择"工具 ，在属性栏中选择合适的字体并设置文字大小，设置文字填充色的 C、M、Y、K 值分别为 0、100、100、0，填充文字，效果如图 12-20 所示。

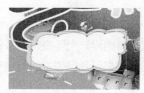

图 12-17　　　　　　　　图 12-18　　　　　　　　图 12-19　　　　　　　　图 12-20

（14）用相同的方法绘制图形，并制作出图 12-21 所示的效果。选择"钢笔"工具 ，在适当的位置绘制一条曲线，填充为白色，效果如图 12-22 所示。

（15）按 Ctrl+O 组合键，打开光盘中的"Ch12 > 素材 > 制作夏令营宣传单 > 05"文件，选择"选择"工具 ，选取需要的图形，复制并将其粘贴到正在编辑的页面中，效果如图 12-23 所示。

（16）按 Ctrl+O 组合键，打开光盘中的"Ch12 > 素材 > 制作夏令营宣传单 > 06"文件，选择"选择"工具 ，选取需要的图形，复制并将其粘贴到正在编辑的页面中，效果如图 12-24 所示。

图 12-21　　　　　　　　图 12-22　　　　　　　　图 12-23　　　　　　　　图 12-24

（17）选择"文字"工具 ，在图形上分别输入需要的文字，选择"选择"工具 ，在属性栏中分别选择合适的字体并设置文字大小，设置文字填充色的 C、M、Y、K 值分别为 75、0、0、0 和 100、100、15、0，分别填充文字，效果如图 12-25 所示。

（18）选取下方的文字，选择"窗口 > 文字 > 字符"命令，在弹出的面板中进行设置，如图 12-26 所示，效果如图 12-27 所示。夏令营宣传单制作完成，效果如图 12-28 所示。

图 12-25　　　　　　图 12-26　　　　　　图 12-27　　　　　　图 12-28

12.3　制作促销宣传单

12.3.1　案例分析

本案例是为某商店设计制作的促销宣传单。在宣传单的设计上要表现出号召力和感染力，要调动形象、色彩、构图和形式感等元素营造出强烈的视觉效果，使促销主题更加突出明确，使人产生参与的欲望。

在设计制作中，首先使用红色和橙黄色的背景图形，烘托出热闹、欢快、喜庆的气氛。接着添加红包图案体现出奖品不断、好礼不断的促销主题。上方的宣传文字在放射状图形的衬托下显得清晰醒目，宣传性强。通过中心的礼品圆盘表现出丰富多样的礼品，使人产生参与其中的欲望。下面的文字详细介绍优惠和奖品信息，让人一目了然。

本案例将使用钢笔工具、透明度面板、描边面板和文字工具制作宣传语，使用椭圆工具、旋转命令、路径查找器面板和描边面板制作主体底图，使用路径工具、文字工具、圆角矩形工具、创建剪贴蒙版命令制作主体文字，使用圆角矩形工具和文字工具制作介绍文字。

12.3.2　案例设计

本案例设计流程如图 12-29 所示。

打开背景效果　　　　制作宣传语　　　　制作宣传主体　　　　最终效果

图 12-29

12.3.3　案例制作

1．制作宣传语

（1）选择"文件 > 打开"命令，弹出"打开绘图"对话框。选择光盘中的"Ch12 > 素材 > 制

作促销宣传单 > 01"文件,单击"打开"按钮,效果如图 12-30 所示。选择"钢笔"工具,在适当的位置绘制一个图形,设置图形描边色的 C、M、Y、K 值分别为 4、27、79、0,填充描边,效果如图 12-31 所示。

图 12-30　　　　　图 12-31

(2)选择"钢笔"工具,再绘制一个图形,设置图形描边色的 C、M、Y、K 值分别为 5、16、70、0,填充描边,效果如图 12-32 所示。用相同的方法绘制右侧的图形,并填充与左侧相同的描边色,效果如图 12-33 所示。

图 12-32　　　　　　　　　　图 12-33

(3)选择"选择"工具,将绘制的图形同时选取。选择"窗口 > 透明度"命令,在弹出的面板中进行设置,如图 12-34 所示,效果如图 12-35 所示。

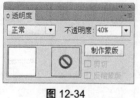

图 12-34　　　　　　　　　　图 12-35

(4)保持图形的选取状态,在按住 Alt 键的同时,将其拖曳到适当的位置,复制图形,效果如图 12-36 所示。选择"选择"工具,选取中间的图形,设置图形填充色的 C、M、Y、K 值分别为 15、91、66、0,填充图形,并设置描边色为无,效果如图 12-37 所示。

(5)在按住 Shift 键的同时,将两侧的图形同时选取,设置图形填充色的 C、M、Y、K 值分别为 44、100、77、9,填充图形,并设置描边色为无,效果如图 12-38 所示。选择"钢笔"工具,绘制一个图形,填充为黑色,并设置描边色为无,效果如图 12-39 所示。

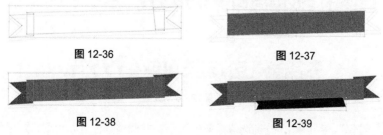

图 12-36　　　　　　　　　　　图 12-37

图 12-38　　　　　　　　　　图 12-39

(6)选择"文字"工具,在图形上输入需要的文字,选择"选择"工具,在属性栏中选

207

择合适的字体并设置文字大小，效果如图 12-40 所示。选择"文字 > 创建轮廓"命令，轮廓化文字，效果如图 12-41 所示。

活动不断 必须要你好看　　活动不断 必须要你好看

图 12-40　　　　　　　　　　　　图 12-41

（7）选择"窗口 > 描边"命令，在弹出的面板中进行设置，如图 12-42 所示。设置图形填充色的 C、M、Y、K 值分别为 0、0、100、0，填充图形，并设置描边色的 C、M、Y、K 值分别为 15、91、66、0，填充描边，效果如图 12-43 所示。

活动不断 必须要你好看

图 12-42　　　　　　　　　　　　图 12-43

（8）选择"文字"工具 T ，在图形上输入需要的文字，分别选取需要的文字，在属性栏中选择合适的字体并分别设置文字大小，效果如图 12-44 所示。按住 Alt+向左方向键，缩小文字，效果如图 12-45 所示。

扫码赢礼包，最高可免4999元　　扫码赢礼包，最高可免4999元

图 12-44　　　　　　　　　　　　图 12-45

（9）选择"文字 > 创建轮廓"命令，轮廓化文字，效果如图 12-46 所示。在"描边"面板中进行设置，如图 12-47 所示。设置图形填充色的 C、M、Y、K 值分别为 3、87、72、0，填充图形，并填充描边为白色，效果如图 12-48 所示。

扫码赢礼包，最高可免4999元

图 12-46　　　　　　　　　　　　图 12-47

扫码赢礼包，最高可免4999元

图 12-48

（10）选择"选择"工具 ，分别选取需要的图形，并调整其位置和角度，效果如图 12-49 所示。选择"文字"工具 T ，在图形上输入需要的文字，选择"选择"工具 ，在属性栏中选择合

适的字体并设置文字大小，调整其角度和位置，效果如图 12-50 所示。

图 12-49

图 12-50

（11）选择"选择"工具 ，将需要的图形同时选取，拖曳到适当的位置，效果如图 12-51 所示。选择"钢笔"工具 ，在适当的位置绘制一个图形，设置图形填充色的 C、M、Y、K 值分别为 5、16、70、0，填充图形，并设置描边色为无，效果如图 12-52 所示。

图 12-51

图 12-52

（12）用相同方法绘制其他图形，并填充相同的颜色，效果如图 12-53 所示。再次绘制多个图形，分别填充适当的颜色，效果如图 12-54 所示。

图 12-53

图 12-54

2．制作宣传主体

（1）选择"椭圆"工具 ，按住 Shift 键的同时，在适当的位置绘制圆形，设置图形填充色的 C、M、Y、K 值分别为 46、100、99、17，填充图形，并设置描边色为无，效果如图 12-55 所示。选择"选择"工具 ，选取图形，按 Ctrl+C 组合键复制图形，按 Ctrl+F 组合键原位粘贴图形，按住 Alt+Shift 键的同时，缩小图形，如图 12-56 所示。设置图形填充色的 C、M、Y、K 值分别为 0、50、91、0，填充图形，效果如图 12-57 所示。

图 12-55

图 12-56

图 12-57

（2）再次复制圆形并等比例缩小圆形，效果如图 12-58 所示。设置图形填充色的 C、M、Y、K 值分别为 5、0、78、0，填充图形，并设置描边色的 C、M、Y、K 值分别为 35、72、100、1，填充描边，在属性栏中将"描边"选项设为 6pt，效果如图 12-59 所示。

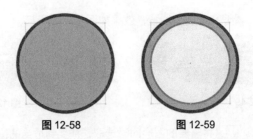

图 12-58　　　　　　　　图 12-59

（3）选择"椭圆"工具 ，按住 Shift 键的同时，在适当的位置绘制圆形，设置图形填充色的 C、M、Y、K 值分别为 4、1、35、0，填充图形，并设置描边色为无，效果如图 12-60 所示。选择 "旋转"工具 ，在按住 Alt 键的同时，单击圆形中心点，如图 12-61 所示，弹出"旋转"对话框，设置如图 12-62 所示，单击"复制"按钮，效果如图 12-63 所示。

（4）连续按 Ctrl+D 组合键，复制多个圆形，效果如图 12-64 所示。选择"椭圆"工具 ，在按住 Alt+Shift 组合键的同时，从圆形的中心形始绘制圆形，效果如图 12-65 所示。

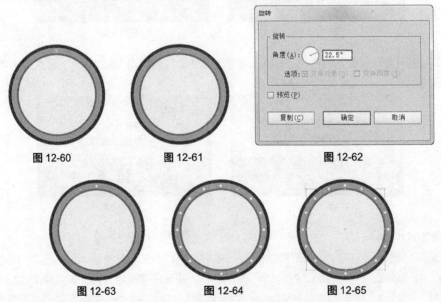

图 12-60　　　　　　　　图 12-61　　　　　　　　图 12-62

图 12-63　　　　　　　　图 12-64　　　　　　　　图 12-65

（5）选择"直线段"工具 ，在适当的位置绘制直线，如图 12-66 所示。按 Ctrl+C 组合键复制图形，按 Ctrl+F 组合键原位粘贴图形。选择"选择"工具 ，在按住 Shift 键的同时，拖曳鼠标将直线旋转 90°，效果如图 12-67 所示。将直线和圆形同时选取，如图 12-68 所示。

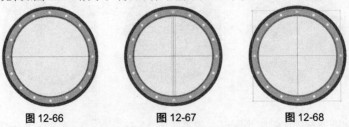

图 12-66　　　　　　　　图 12-67　　　　　　　　图 12-68

（6）选择"窗口 > 路径查找器"命令，弹出面板，单击需要的按钮，如图 12-69 所示，效果如图 12-70 所示。选择"对象 > 取消编组"命令，取消图形的编组，效果如图 12-71 所示。

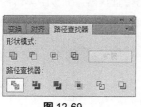
图 12-69

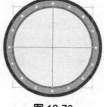
图 12-70

图 12-71

（7）选择"选择"工具 ，选取需要的图形，设置图形填充色的 C、M、Y、K 值分别为 7、3、86、0，填充图形，并设置描边色为无，效果如图 12-72 所示。选取另外两个图形，设置图形填充色的 C、M、Y、K 值分别为 5、0、48、0，填充图形，并设置描边色为无，效果如图 12-73 所示。

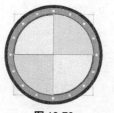
图 12-72

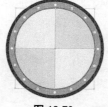
图 12-73

（8）选择"椭圆"工具 ，在按住 Alt+Shift 组合键的同时，以圆形中心为圆心绘制圆形，填充为白色，并设置描边色为无，效果如图 12-74 所示。"透明度"面板中的设置如图 12-75 所示，效果如图 12-76 所示。

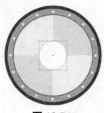
图 12-74

图 12-75

图 12-76

（9）用上述方法再绘制一个圆形，如图 12-77 所示。选择"钢笔"工具 ，在圆形上适当的位置单击，添加锚点，如图 12-78 所示。选择"直接选择"工具 ，选取需要的锚点并将其拖曳到适当的位置，效果如图 12-79 所示。

（10）设置图形填充色的 C、M、Y、K 值分别为 0、95、88、0，填充图形，并设置描边色的 C、M、Y、K 值分别为 29、94、92、0，填充描边，在属性栏中将"描边"选项设为 2pt，效果如图 12-80 所示。

图 12-77

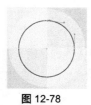
图 12-78

图 12-79

图 12-80

（11）用上述方法再绘制圆形，如图 12-81 所示。选择"钢笔"工具 ，再绘制一个图形，如图

12-82 所示。选择"选择"工具，选取两个图形。在"路径查找器"面板中单击需要的按钮，如图 12-83 所示，效果如图 12-84 所示。填充图形为白色，并设置描边色为无，效果如图 12-85 所示。

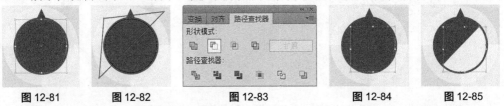

| 图 12-81 | 图 12-82 | 图 12-83 | 图 12-84 | 图 12-85 |

（12）在"透明度"面板中进行设置，如图 12-86 所示，效果如图 12-87 所示。选择"文字"工具，在图形上输入需要的文字，选择"选择"工具，在属性栏中选择合适的字体并设置文字大小，设置文字填充色的 C、M、Y、K 值分别为 4、0、28、0，填充图形，效果如图 12-88 所示。按 Ctrl+ [组合键，将图形后移，如图 12-89 所示。

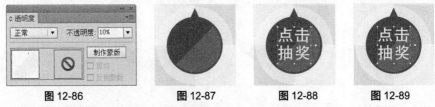

| 图 12-86 | 图 12-87 | 图 12-88 | 图 12-89 |

（13）选择"文件 > 置入"命令，弹出"置入"对话框，选择光盘中的"Ch12 > 素材 > 制作促销宣传单 > 02"文件，单击"置入"按钮，置入文件。单击属性栏中的"嵌入"按钮，嵌入图片，效果如图 12-90 所示。

（14）选择"文字"工具，在图形上分别输入需要的文字，选择"选择"工具，在属性栏中选择合适的字体并设置文字大小，设置文字填充色的 C、M、Y、K 值分别为 62、72、100、38，填充文字，并旋转文字到适当的角度，效果如图 12-91 所示。

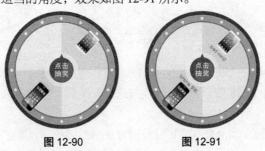

| 图 12-90 | 图 12-91 |

（15）选择"钢笔"工具，在适当的位置绘制一个图形，设置图形填充色的 C、M、Y、K 值分别为 4、82、93、0，填充图形，并设置描边色为无，效果如图 12-92 所示。用相同的方法再绘制一个图形，设置图形填充色的 C、M、Y、K 值分别为 42、100、100、8，填充图形，并设置描边色为无，效果如图 12-93 所示。再绘制一条曲线，如图 12-94 所示。

（16）选择"文字"工具，在路径上单击插入光标，输入需要的文字，选择"选择"工具，在属性栏中选择合适的字体并设置文字大小，填充为白色，效果如图 12-95 所示。用相同的方法输入下方的文字，效果如图 12-96 所示。

图 12-92

图 12-93

图 12-94

图 12-95

图 12-96

（17）选择"文字"工具 T ，在图形上输入需要的文字，选择"选择"工具 ，在属性栏中选择合适的字体并设置文字大小，设置文字填充色的 C、M、Y、K 值分别为 62、72、100、38，填充文字，并旋转文字到适当的角度，效果如图 12-97 所示。

（18）选择"文字"工具 T ，在右下角的图形上输入需要的文字，选择"选择"工具 ，在属性栏中选择合适的字体并设置文字大小，设置文字填充色的 C、M、Y、K 值分别为 62、72、100、38，填充文字，并旋转文字到适当的角度，效果如图 12-98 所示。

（19）选择"圆角矩形"工具 ，在页面中单击，弹出对话框，设置如图 12-99 所示，单击"确定"按钮。设置图形填充色的 C、M、Y、K 值分别为 0、67、89、0，填充图形，并设置描边色为无，效果如图 12-100 所示。

图 12-97

图 12-98

图 12-99

圆角矩形

宽度(W) 25.8 mm

高度(H) 12.4 mm

圆角半径(R) 2.5 mm

确定　　取消

图 12-100

（20）选择"文字"工具 T ，在图形上输入需要的文字，选择"选择"工具 ，在属性栏中选择合适的字体并设置文字大小，设置文字填充色的 C、M、Y、K 值分别为 0、80、95、0，填充文字，效果如图 12-101 所示。

（21）选择"椭圆"工具 ，在按住 Shift 键的同时，绘制一个圆形，设置描边色的 C、M、Y、K 值分别为 0、80、95、0，填充描边，效果如图 12-102 所示。选择"选择"工具 ，选取圆角矩形，按 Ctrl+C 组合键复制图形，按 Ctrl+F 组合键原位粘贴图形，按 Ctrl+] 组合键前移图形。将复制的图形、圆形和文字同时选取，按 Ctrl+7 组合键，创建剪贴蒙版，效果如图 12-103 所示。

图 12-101

图 12-102

图 12-103

（22）选择"文字"工具 T ，在图形上输入需要的文字，选择"选择"工具 ，在属性栏中选择合适的字体并设置文字大小，填充文字为白色，效果如图 12-104 所示。将制作的图形同时选取，调整其角度和位置，效果如图 12-105 所示。选择"钢笔"工具 ，在适当的位置绘制一个图形，填充为白色并设置描边色为无，效果如图 12-106 所示。在"透明度"面板中进行设置，如图 12-107 所示，

213

效果如图 12-108 所示。

图 12-104

图 12-105

图 12-106

图 12-107

图 12-108

（23）连续按 Ctrl+ [组合键，后移图形，效果如图 12-109 所示。用相同的方法制作右侧的图形，效果如图 12-110 所示。选择"选择"工具 ，将制作的主体图形同时选取，拖曳到适当的位置，效果如图 12-111 所示。按 Ctrl+O 组合键，打开光盘中的"Ch12 > 素材 > 制作促销宣传单 > 03"文件，按 Ctrl+A 组合键全选图形，复制并将其粘贴到正在编辑的页面中，效果如图 12-112 所示。

图 12-109　　　　图 12-110　　　　图 12-111　　　　图 12-112

3．制作介绍文字

（1）选择"矩形"工具 ，在页面中单击，弹出对话框，设置如图 12-113 所示，单击"确定"按钮。设置图形填充色的 C、M、Y、K 值分别为 0、50、91、0，填充图形，并设置描边色为无，效果如图 12-114 所示。

图 12-113　　　　　　图 12-114

（2）选择"文字"工具 ，在图形上输入需要的文字，选择"选择"工具 ，在属性栏中选择合适的字体并设置文字大小，填充文字为白色，效果如图 12-115 所示。用相同的方法分别输入需要的白色文字，效果如图 12-116 所示。

图 12-115

图 12-116

（3）选择"文字"工具 T，分别选取需要的文字，设置文字填充色的 C、M、Y、K 值分别为 7、3、86、0，填充文字，效果如图 12-117 所示。选择"矩形"工具 □，在页面中绘制一个矩形，设置图形填充色的 C、M、Y、K 值分别为 7、3、86、0，填充图形，并设置描边色为无，效果如图 12-118 所示。

（4）选择"钢笔"工具 ，在矩形上适当的位置单击，添加锚点，如图 12-119 所示。选择"直接选择"工具 ，选取需要的锚点并将其拖曳到适当的位置，效果如图 12-120 所示。

图 12-117　　　　　　图 12-118　　　　　　图 12-119　　　　　　图 12-120

（5）选择"文字"工具 T，在图形上输入需要的文字，选择"选择"工具 ，在属性栏中选择合适的字体并设置文字大小，设置文字填充色的 C、M、Y、K 值分别为 15、100、90、10，填充文字，效果如图 12-121 所示。用相同的方法制作其他文字效果，如图 12-122 所示。

图 12-121　　　　　　　　　　图 12-122

（6）选择"钢笔"工具 ，分别在适当的位置绘制图形，并填充适当的颜色，效果如图 12-123 所示。按 Ctrl+O 组合键，打开光盘中的"Ch12 > 素材 > 制作促销宣传单 > 04"文件，按 Ctrl+A 组合键全选图形，复制并将其粘贴到正在编辑的页面中，效果如图 12-124 所示。促销宣传单绘制完成。

图 12-123

图 12-124

215

课堂练习 1——制作房地产宣传单

图 12-125

练习知识要点

使用置入命令、矩形工具、钢笔工具和创建剪切蒙版命令制作背景效果，使用钢笔工具、椭圆工具和渐变工具制作分割图形和标题框，使用文字工具添加文字，使用创建轮廓命令和渐变工具为文字添加渐变效果，最终效果如图 12-125 所示。

效果所在位置

光盘/Ch12/效果/制作房地产宣传单.ai。

课堂练习 2——制作餐厅宣传单

图 12-126

练习知识要点

使用钢笔工具、复制和粘贴命令制作背景效果和标志图形，使用文字工具、旋转命令、椭圆工具和创建剪切蒙版命令制作宣传文字，使用圆角矩形工具、钢笔工具、置入命令和文字工具制作介绍栏目和文字，最终效果如图 12-126 所示。

效果所在位置

光盘/Ch12/效果/制作餐厅宣传单.ai。

课后习题 1——制作月饼宣传单

习题知识要点

使用置入命令、矩形工具、透明度面板和创建剪切蒙版命令制作背景效果，使用椭圆工具和高斯模糊命令制作月亮图形，使用文字工具、倾斜工具、钢笔工具和矩形工具制作标题文字，使用文字工具、字符面板和直线段工具添加介绍文字，最终效果如图 12-127 所示。

效果所在位置

光盘/Ch12/效果/制作月饼宣传单.ai。

图 12-127

课后习题 2——制作书籍宣传单

习题知识要点

使用椭圆工具、描边面板、置入命令、矩形工具和创建剪切蒙版命令制作背景效果，使用文字工具、直线段工具、旋转工具和字符面板添加书名和其他介绍文字，使用圆角矩形工具、星形工具和文字工具制作标价，使用画笔库添加装饰星形，最终效果如图 12-128 所示。

效果所在位置

光盘/Ch12/效果/制作书籍宣传单.ai。

图 12-128

第 13 章　海报设计

海报是广告艺术中的一种大众化载体，又名"招贴"或"宣传画"。由于海报具有尺寸大、远视性强、艺术性高的特点，所以在宣传媒介中占有重要的位置。本章以各种不同主题的海报为例，讲解海报的设计方法和制作技巧。

课堂学习目标	／ 了解海报的概念和功能
	／ 了解海报的种类和特点
	／ 掌握海报的设计思路和过程
	／ 掌握海报的制作方法和技巧

13.1　海报设计概述

海报分布在各街道、影剧院、展览会、商业闹区、车站、码头、公园等公共场所，用来完成一定的宣传任务。文化类的海报招贴更加接近于纯粹的艺术表现，是最能张扬个性的一种设计艺术形式，可以在其中注入一个民族的精神、一个国家的精神、一个企业的精神，或是一个设计师的精神。商业类的海报招贴具有一定的商业意义，其艺术性服务于商业目的，并为商业目的而努力。

13.1.1　海报的种类

海报按其应用不同大致可以分为商业海报、文化海报、电影海报和公益海报等，如图 13-1 所示。

商业海报　　　　　文化海报　　　　　电影海报　　　　　公益海报

图 13-1

13.1.2　海报的特点

尺寸大：海报张贴于公共场所，会受到周围环境和各种因素的干扰，所以必须以大画面及突出的形象和色彩展现在人们面前。其画面尺寸有全开、对开、长三开及特大画面（八张全开）等。

远视性强：为了给来去匆忙的人们留下视觉印象，除了尺寸大之外，海报设计还要充分体现定位设计的原理。以突出的商标、标志、标题、图形，或对比强烈的色彩，或大面积的空白，或简练的视觉流程使海报成为视觉焦点。

艺术性高：商业海报的表现形式以具备艺术表现力的摄影、造型写实的绘画或漫画形式表现为主，给消费者留下真实感人的画面和富有幽默情趣的感受；而非商业海报内容广泛、形式多样，艺术表现力丰富。特别是文化艺术类的海报，根据广告主题可以充分发挥想象力，尽情施展艺术才华。

13.2　制作太阳镜海报

13.2.1　案例分析

本例是为某眼镜公司设计制作的宣传海报。主要针对的客户是在炎热的夏日依然追求时尚、炫酷的人们。要求能展示出产品的时尚感和现代感。

在设计制作中，首先通过接近肤色的背景设计给人舒适、柔和的感觉，能使人产生亲近感。人物形象的添加在突出宣传主体的同时，展示出时尚、大气、新潮的气质，与宣传主题相呼应。文字和标志的设计简洁直观，让人一目了然，印象深刻。

本案例将使用矩形工具和渐变工具绘制背景效果；使用置入命令和创建剪贴蒙版命令添加人物图片；使用矩形工具、文字工具和创建轮廓命令制作宣传文字；使用钢笔工具、椭圆工具和路径查找器面板制作标志图形。

13.2.2　案例设计

本案例设计流程如图 13-2 所示。

绘制背景效果　　　　　添加宣传文字

制作标志　　　　　最终效果

图 13-2

13.2.3　案例制作

（1）按 Ctrl+N 组合键新建一个文档，宽度为 297mm，高度为 210mm，取向为横向，颜色模式为 CMYK，单击"确定"按钮。选择"矩形"工具 ，绘制一个与页面大小相等的矩形。双击"渐变"工具 ，弹出"渐变"控制面板，在色带上设置 2 个渐变滑块，分别将渐变滑块的位置设为 0、100，并设置 C、M、Y、K 的值分别为 0（16、27、36、0）、100（10、18、23、0），其他选项的设置如图 13-3 所示，图形被填充为渐变色，并设置描边色为无，效果如图 13-4 所示。

图 13-3 图 13-4

（2）选择"文件 > 置入"命令，弹出"置入"对话框，选择光盘中的"Ch13 > 素材 > 制作太阳镜海报 > 01"文件，单击"置入"按钮置入文件。单击属性栏中的"嵌入"按钮嵌入图片，效果如图 13-5 所示。选择"选择"工具 ，选取图片，调整其位置和角度，效果如图 13-6 所示。

图 13-5 图 13-6

（3）选择"选择"工具 ，选取底图，按 Ctrl+C 组合键复制图形，按 Ctrl+F 组合键原位粘贴图像。按 Ctrl+Shift+] 组合键，将其置于顶层，效果如图 13-7 所示。将图片和复制的底图同时选取，按 Ctrl+7 组合键，创建剪贴蒙版，效果如图 13-8 所示。

图 13-7 图 13-8

（4）选择"文字"工具 ，在页面中输入需要的文字，选择"窗口 > 文字 > 字符"命令，弹出"字符"面板，选项的设置如图 13-9 所示，按 Enter 键确认操作。设置文字填充色的 C、M、Y、K 值分别为 40、70、100、50，填充文字，效果如图 13-10 所示。

图 13-9　　　　　　　　　　　　　　　图 13-10

（5）选择"文字"工具 ⊤，在页面中输入需要的文字，在"字符"面板中进行设置，如图 13-11 所示，按 Enter 键确认操作。设置文字填充色的 C、M、Y、K 值分别为 50、70、80、70，填充文字，效果如图 13-12 所示。

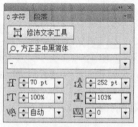

图 13-11　　　　　　　　　　　　　　　图 13-12

（6）选择"文字 > 创建轮廓"命令，轮廓化文字，效果如图 13-13 所示。双击"渐变"工具 ，弹出"渐变"控制面板，在色带上设置 2 个渐变滑块，分别将渐变滑块的位置设为 0、100，并设置 C、M、Y、K 的值分别为 0（0、57、68、80）、100（0、65、73、62），其他选项的设置如图 13-14 所示，图形被填充为渐变色，并设置描边色为无，效果如图 13-15 所示。

图 13-13　　　　　　　　　　图 13-14　　　　　　　　　　图 13-15

（7）选择"文字"工具 ⊤，在页面中输入需要的文字，在"字符"面板中进行设置，如图 13-16 所示，按 Enter 键确认操作。设置文字填充色的 C、M、Y、K 值分别为 50、70、80、70，填充文字，效果如图 13-17 所示。

（8）选择"矩形"工具 ，绘制一个矩形。设置图形填充色的 C、M、Y、K 值分别为 25、40、65、0，填充图形，并设置描边色为无，效果如图 13-18 所示。选择"文字"工具 ⊤，在页面中输入需要的文字，在"字符"面板中进行设置，如图 13-19 所示，按 Enter 键确认操作。填充文字为白色，效果如图 13-20 所示。

图 13-16

图 13-17

图 13-18

图 13-19

图 13-20

（9）选择"文字"工具 T，在页面中输入需要的文字，在"字符"面板中进行设置，如图 13-21 所示，按 Enter 键确认操作，效果如图 13-22 所示。

图 13-21

图 13-22

（10）选择"钢笔"工具 ，在适当的位置绘制一个图形，设置图形填充色的 C、M、Y、K 值分别为 40、70、100、50，填充图形，并设置描边色为无，效果如图 13-23 所示。选择"椭圆"工具 ，按住 Shift 键的同时，在适当的位置绘制圆形，如图 13-24 所示。选择"选择"工具 ，选取圆形，按 Ctrl+C 组合键，复制图形，按 Ctrl+F 组合键，原位粘贴图形，按住 Alt+Shift 键的同时，缩小图形，如图 13-25 所示。

图 13-23

图 13-24

图 13-25

（11）选择"窗口 > 路径查找器"命令，在弹出的面板中单击需要的按钮，如图 13-26 所示，剪切后的效果如图 13-27 所示。设置图形填充色的 C、M、Y、K 值分别为 35、60、80、25，填充图形，并设置描边色为无，效果如图 13-28 所示。

图 13-26　　　　　　　图 13-27　　　　　　图 13-28

（12）用相同的方法绘制左侧的图形，并填充适当的颜色，效果如图 13-29 所示。选择"窗口 ＞ 透明度"命令，在弹出的面板中进行设置，如图 13-30 所示，效果如图 13-31 所示。

图 13-29　　　　　　　图 13-30　　　　　　图 13-31

（13）选择"文字"工具 T，在标志下方输入需要的文字，在"字符"面板中进行设置，如图 13-32 所示，按 Enter 键确认操作。设置文字填充色的 C、M、Y、K 值分别为 40、70、100、50，填充文字，效果如图 13-33 所示。

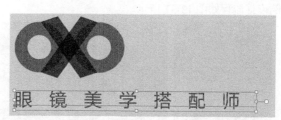

图 13-32　　　　　　　　　　图 13-33

（14）选择"直线段"工具 ，在适当的位置分别绘制直线，设置直线描边色的 C、M、Y、K 值分别为 40、70、100、50，填充描边，如图 13-34 所示。选择"选择"工具 ，选取需要的直线，连续按 Ctrl+ [组合键，下移直线，效果如图 13-35 所示。

（15）选择"文件 ＞ 置入"命令，弹出"置入"对话框，选择光盘中的"Ch13 ＞ 素材 ＞ 制作太阳镜海报 ＞ 02、03、04"文件，单击"置入"按钮，置入文件。单击属性栏中的"嵌入"按钮，嵌入图片，效果如图 13-36 所示。太阳镜海报制作完成。

图 13-34　　　　　　　图 13-35　　　　　　图 13-36

13.3 制作汽车海报

13.3.1 案例分析

本案例是为越动汽车公司设计制作的宣传海报，主要以介绍新产品的优惠活动为主。在海报的设计上要能体现出简洁大气的车型和雅致尊贵的气质。

在设计制作中，首先使用紫色的渐变背景给人尊贵、大气、雅致的印象，起到衬托的作用。放射状图形与具有引导作用的折线图形一起突出显示前方的产品，使其成为视觉焦点，宣传性强。文字设计醒目突出，让人一目了然。

本案例将使用矩形工具和渐变工具制作背景渐变；使用钢笔工具、旋转命令、椭圆工具、路径查找器面板和剪贴蒙版命令制作放射性装饰图形；使用置入命令和透明度面板制作产品图片效果；使用文字工具、倾斜工具和光晕工具制作宣传文字；使用椭圆工具、路径查找器面板和渐变工具制作标志图形。

13.3.2 案例设计

本案例设计流程如图 13-37 所示。

绘制背景效果　　　　　添加产品素材　　　　　添加宣传文字　　　　　最终效果

图 13-37

13.3.3 案例制作

1．制作背景效果

（1）按 Ctrl+N 组合键新建一个文档，宽度为 210mm，高度为 297mm，取向竖向，颜色模式为 CMYK，单击"确定"按钮。选择"矩形"工具■，绘制一个与页面大小相等的矩形。双击"渐变"工具■，弹出"渐变"控制面板，在色带上设置 2 个渐变滑块，分别将渐变滑块的位置设为 0、100，并设置 C、M、Y、K 的值分别为 0（87、100、0、22）、100（65、100、0、18），其他选项的设置如图 13-38 所示，图形被填充为渐变色，并设置描边色为无，效果如图 13-39 所示。

（2）选择"钢笔"工具，在适当的位置绘制一个图形，设置图形填充色的 C、M、Y、K 值分别为 50、100、0、0，填充图形，并设置描边色为无，效果如图 13-40 所示。

图 13-38　　　　　　图 13-39　　　　　　图 13-40

（3）选择"旋转"工具，按住 Alt 键的同时，在需要的位置单击鼠标确定旋转中心点，如图 13-41 所示，弹出"旋转"对话框，设置如图 13-42 所示，单击"复制"按钮，效果如图 13-43 所示。连续按 Ctrl+D 组合键，复制多个图形，效果如图 13-44 所示。

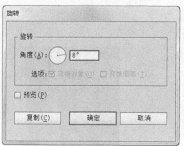

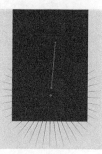

图 13-41　　　　　　图 13-42　　　　　　图 13-43　　　　　　图 13-44

（4）选择"椭圆"工具，按住 Alt+Shift 组合键的同时，从旋转的中心点开始绘制圆形，设置图形填充色的 C、M、Y、K 值分别为 50、100、0、0，填充图形，并设置描边色为无，效果如图 13-45 所示。选择"选择"工具，将需要的图形同时选取，如图 13-46 所示。

图 13-45　　　　　　图 13-46

（5）选择"窗口 > 路径查找器"命令，在弹出的面板中单击需要的按钮，如图 13-47 所示，效果如图 13-48 所示。

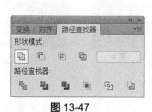

图 13-47　　　　　　图 13-48

225

（6）选择"矩形"工具 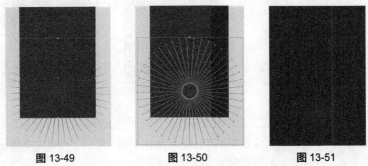，在适当的位置绘制一个矩形，如图 13-49 所示。选择"选择"工具，将矩形和图形同时选取，如图 13-50 所示，按 Ctrl+7 组合键，创建剪贴蒙版，效果如图 13-51 所示。

图 13-49   图 13-50   图 13-51

（7）选择"选择"工具，选取需要的图形。选择"窗口 > 透明度"命令，在弹出的面板中进行设置，如图 13-52 所示，效果如图 13-53 所示。

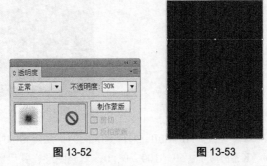

图 13-52   图 13-53

2．添加产品图片和宣传文字

（1）选择"文件 > 置入"命令，弹出"置入"对话框，选择光盘中的"Ch13 > 素材 > 制作汽车海报 > 01"文件，单击"置入"按钮，置入文件。单击属性栏中的"嵌入"按钮，嵌入图片，并调整其大小，效果如图 13-54 所示。

（2）选择"选择"工具，将图片选取，按住 Alt 键的同时，分别拖曳图片到适当的位置，复制图片，并调整其大小，效果如图 13-55 所示。选取需要的图片，连续按 Ctrl+ [组合键，后移图片，效果如图 13-56 所示。

图 13-54   图 13-55   图 13-56

（3）选择"选择"工具，将复制的两个图片同时选取，在"透明度"面板中的设置如图 13-57 所示，效果如图 13-58 所示。按 Ctrl+O 组合键，打开光盘中的"Ch13 > 素材 > 制作汽车海报 > 02"

226

文件，选择"选择"工具 ，选取需要的图形，复制并将其粘贴到正在编辑的页面中，效果如图
13-59 所示。

图 13-57　　　　　　　图 13-58　　　　　　　图 13-59

（4）选择"文字"工具 ，在图形上分别输入需要的文字，选择"选择"工具 ，在属性栏中
分别选择合适的字体和文字大小，分别设置文字填充色的 C、M、Y、K 值为 5、0、90、0 和白色，
填充文字，效果如图 13-60 所示。

（5）选择"选择"工具 ，选取需要的文字。选择"倾斜"工具 ，向右拖曳文字上方的控制
手柄倾斜文字，效果如图 13-61 所示。选择"选择"工具 ，将输入的文字同时选取，按住 Alt 键的
同时，拖曳文字，复制文字。分别设置文字填充色的 C、M、Y、K 值为 35、100、35、10 和 75、100、
0、0，填充文字，效果如图 13-62 所示。将复制的文字同时选取，连续按 Ctrl+ [组合键，后移文字，
效果如图 13-63 所示。

图 13-60　　　　　　　　　　　　图 13-61

图 13-62　　　　　　　　　　　　图 13-63

（6）用上述方法输入需要的文字，并分别填充适当的颜色，旋转其角度后，效果如图 13-64 所
示。选择"光晕"工具 ，在适当的位置单击并拖曳光标绘制光晕，效果如图 13-65 所示。连续按
Ctrl+ [组合键，后移图形，效果如图 13-66 所示。

图 13-64　　　　　　　　图 13-65　　　　　　　图 13-66

3．制作标志图形

（1）选择"椭圆"工具 ⬭，按住 Shift 键的同时，绘制圆形，如图 13-67 所示。选择"选择"工具 ⬈，按住 Alt 键的同时，将圆形拖曳到适当的位置，复制圆形，效果如图 13-68 所示。

（2）选择"选择"工具 ⬈，将两个圆形同时选取。在"路径查找器"面板中单击需要的按钮，如图 13-69 所示，效果如图 13-70 所示。

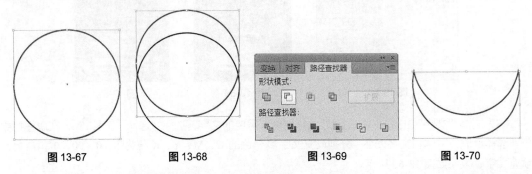

图 13-67　　　　图 13-68　　　　图 13-69　　　　图 13-70

（3）双击"渐变"工具 ▦，弹出"渐变"控制面板，在色带上设置 2 个渐变滑块，分别将渐变滑块的位置设为 0、100，并设置 C、M、Y、K 的值分别为 0（62、0、10、0）、100（97、80、23、0），其他选项的设置如图 13-71 所示，图形被填充为渐变色，并设置描边色为无，效果如图 13-72 所示。

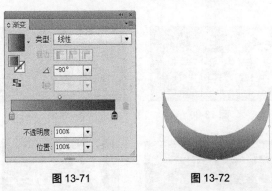

图 13-71　　　　　　　　　图 13-72

（4）选择"选择"工具 ⬈，按住 Alt 键的同时，将图形拖曳到适当的位置，复制图形，并调整其位置和角度，效果如图 13-73 所示。在"渐变"控制面板中更改"角度"的设置，如图 13-74 所示，图形被填充为渐变色，并设置描边色为无，效果如图 13-75 所示。

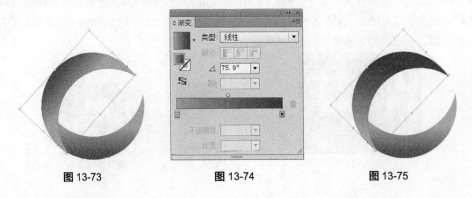

图 13-73　　　　　　图 13-74　　　　　　图 13-75

（5）用相同的方法制作另一个图形，效果如图 13-76 所示。选择"矩形"工具▣，绘制两个矩形，如图 13-77 所示。选择"选择"工具▶，将两个矩形同时选取，在"路径查找器"面板中单击需要的按钮，如图 13-78 所示，效果如图 13-79 所示。

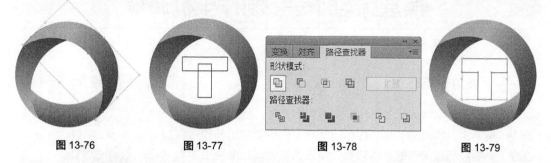

图 13-76　　　　图 13-77　　　　　　图 13-78　　　　　　图 13-79

（6）保持图形的选取状态。双击"渐变"工具▣，弹出"渐变"控制面板，在色带上设置 2 个渐变滑块，分别将渐变滑块的位置设为 15、100，并设置 C、M、Y、K 的值分别为 15（0、0、0、0）、100（60、51、48、0），其他选项的设置如图 13-80 所示，图形被填充为渐变色，并设置描边色为无，效果如图 13-81 所示。

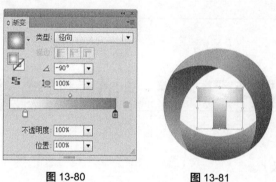

图 13-80　　　　　　图 13-81

（7）选择"选择"工具▶，将标志图形同时选取，拖曳到适当的位置，效果如图 13-82 所示。选择"文字"工具Ｔ，在标志后输入需要的文字，选择"选择"工具▶，在属性栏中选择合适的字体并设置文字大小，设置文字填充色的 C、M、Y、K 值分别为 0、0、0、30，填充文字，效果如图 13-83 所示。汽车广告制作完成。

图 13-82　　　　　　图 13-83

课堂练习 1——制作手机海报

练习知识要点

使用置入命令添加产品图片，使用文字工具、创建轮廓命令、钢笔工具和星形工具制作标题文字，使用渐变工具和混合工具制作标题文字的立体效果，使用钢笔工具、渐变工具和文字工具添加介绍性文字，最终效果如图 13-84 所示。

图 13-84

效果所在位置

光盘/Ch13/效果/制作手机海报.ai。

课堂练习 2——制作演唱会海报

练习知识要点

使用矩形工具、置入命令、透明度面板和创建剪切蒙版命令制作背景图片，使用文字工具、字符面板、段落面板和对齐面板添加介绍文字，最终效果如图 13-85 所示。

效果所在位置

光盘/Ch13/效果/制作演唱会海报.ai。

图 13-85

课后习题 1——制作蛋糕海报

📖 习题知识要点

使用矩形工具、钢笔工具和复制命令制作背景效果，使用文字工具、创建轮廓命令和直接选择工具制作标题文字，使用置入命令置入产品图片，使用文字工具、字符面板、椭圆工具和星形工具添加介绍性文字，最终效果如图 13-86 所示。

图 13-86

📖 效果所在位置

光盘/Ch13/效果/制作蛋糕海报.ai。

课后习题 2——制作旅游海报

📖 习题知识要点

使用置入命令和透明度面板制作图片的融合效果，使用矩形工具和创建剪切蒙版命令制作背景效果，使用文字工具、透明度面板和字符面板添加宣传文字，最终效果如图 13-87 所示。

图 13-87

📖 效果所在位置

光盘/Ch13/效果/制作旅游海报.ai。

第 14 章　广告设计

广告以多样的形式出现在城市中，是城市商业发展的写照。广告通过电视、报纸、霓虹灯等媒体来发布。好的户外广告要强化视觉冲击力，抓住观众的视线。本章以多种题材的广告为例，讲解广告的设计方法和制作技巧。

课堂学习目标	／ 了解广告的概念
	／ 了解广告的本质和功能
	／ 掌握广告的设计思路和过程
	／ 掌握广告的制作方法和技巧

14.1　广告设计概述

广告是为了某种特定的需要，通过一定的媒体形式公开而广泛地向公众传递信息的宣传手段，它的本质是传播。平面广告的效果如图 14-1 所示。

图 14-1

14.2　制作冰箱广告

14.2.1　案例分析

本例是为北京美凌冰箱有限公司设计制作的产品宣传广告。宣传主题为激情夏日、清凉生活，要求能展示出产品强大的功能特点，带给人清凉舒爽的感受。

在设计制作中，首先通过雪地和清凉的光线营造出冰凉舒爽的环境，让人在炎炎夏日感觉到冰爽的感觉。产品图片置于页面的中轴线上，能瞬间抓住人们的视线，达到宣传的效果。细线形文字和蓝色文字的结合，与宣传的主题和整体环境相呼应，增强了画面的整体感。数字的设计直观醒目，突出产品特色，让人一目了然。

本案例将使用置入命令、矩形工具和创建剪贴蒙版命令制作背景效果，使用置入命令和透明度面板添加光照效果，使用文字工具、字符面板和创建轮廓命令制作文字效果。

14.2.2　案例设计

本案例的设计流程如图 14-2 所示。

制作背景效果　　　添加阳光和产品图片　　　添加宣传语　　　最终效果

图 14-2

14.2.3　案例制作

（1）按 Ctrl+N 组合键新建一个文档，宽度为 210mm，高度为 297mm，取向为竖向，颜色模式为 CMYK，单击"确定"按钮。选择"文件 > 置入"命令，弹出"置入"对话框，选择光盘中的"Ch14 > 素材 > 制作冰箱广告 > 01"文件，单击"置入"按钮，置入文件。单击属性栏中的"嵌入"按钮，嵌入图片，并调整其大小，效果如图 14-3 所示。选择"矩形"工具 ，绘制一个与页面大小相等的矩形，如图 14-4 所示。

图 14-3　　　　　　　　　　　　　　图 14-4

（2）选择"选择"工具 ，将矩形和图片同时选取，按 Ctrl+7 组合键，创建剪贴蒙版，效果如图 14-5 所示。选择"文件 > 置入"命令，弹出"置入"对话框，选择光盘中的"Ch14 > 素材 > 制作冰箱广告 > 02"文件，单击"置入"按钮，置入文件。单击属性栏中的"嵌入"按钮，嵌入图片，并调整其大小，效果如图 14-6 所示。

（3）选择"窗口 > 透明度"命令，在弹出的"透明度"面板中进行设置，如图 14-7 所示，效果如图 14-8 所示。

图 14-5   图 14-6   图 14-7   图 14-8

（4）选择"文件 > 置入"命令，弹出"置入"对话框，选择光盘中的"Ch14 > 素材 > 制作冰箱广告 > 03"文件，单击"置入"按钮，置入文件。单击属性栏中的"嵌入"按钮，嵌入图片，并调整其大小，效果如图 14-9 所示。在"透明度"面板中进行设置，如图 14-10 所示，效果如图 14-11 所示。

图 14-9   图 14-10   图 14-11

（5）选择"文件 > 置入"命令，弹出"置入"对话框，选择光盘中的"Ch14 > 素材 > 制作冰箱广告 > 04、05"文件，单击"置入"按钮，置入文件。单击属性栏中的"嵌入"按钮，嵌入图片，并分别调整其大小，效果如图 14-12 所示。

（6）选择"文字"工具 T，在适当的位置输入需要的文字。选择"窗口 > 文字 > 字符"命令，在弹出的"字符"面板中进行设置，如图 14-13 所示，按 Enter 键确认操作，效果如图 14-14 所示。

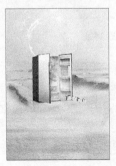

图 14-12   图 14-13   图 14-14

（7）用相同的方法输入其他文字。选择"选择"工具，选取右侧的文字，在"字符"面板中进行设置，如图 14-15 所示，按 Enter 键确认操作。选择"文字 > 文字方向 > 垂直"命令，垂直排列文字，效果如图 14-16 所示。选取中间的文字，选择"文字 > 创建轮廓"命令，将文字转换为轮廓，效果如图 14-17 所示。

图 14-15

图 14-16

图 14-17

（8）保持文字的选取状态，设置文字填充色的 C、M、Y、K 值分别为 90、20、0、0，填充文字，效果如图 14-18 所示。选择"文件 > 置入"命令，弹出"置入"对话框，选择光盘中的"Ch14 > 素材 > 制作冰箱广告 > 06"文件，单击"置入"按钮，置入文件。单击属性栏中的"嵌入"按钮，嵌入图片，并调整其大小，效果如图 14-19 所示。

图 14-18

图 14-19

（9）选择"选择"工具，选取需要的文字，按 Ctrl+C 组合键，复制文字，按 Ctrl+F 组合键，将复制的文字粘在前面。连续按 Ctrl+] 组合键，将图形前移，效果如图 14-20 所示。将图形和图片同时选取，按 Ctrl+7 组合键，创建剪贴蒙版，效果如图 14-21 所示。

图 14-20

图 14-21

（10）选择"文字"工具，在适当的位置输入需要的文字，在"字符"面板中进行设置，如图 14-22 所示，按 Enter 键确认操作，效果如图 14-23 所示。

（11）选择"文字"工具，选取需要的文字，设置文字填充色的 C、M、Y、K 值分别为 90、20、0、0，填充文字，效果如图 14-24 所示。选择"矩形"工具，绘制一个矩形，设置矩形填充色的 C、M、Y、K 值分别为 90、20、0、0，填充矩形，并设置描边色为无，效果如图 14-25 所示。

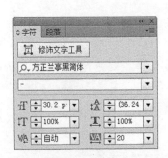

图 14-22　　　　　　　　　　　　　　　**图 14-23**

图 14-24　　　　　　　　　　　　　　　**图 14-25**

（12）选择"文字"工具 T ，在适当的位置输入需要的文字，填充文字为白色，在"字符"面板中进行设置，如图 14-26 所示，按 Enter 键确认操作，效果如图 14-27 所示。

图 14-26　　　　　　　　　　　　　　　**图 14-27**

（13）选择"直线段"工具 ／ ，在适当的位置绘制直线，填充描边色为白色，效果如图 14-28 所示。选择"选择"工具 ，按住 Alt 键的同时，拖曳鼠标到适当的位置，复制直线，效果如图 14-29 所示。连续按 Ctrl+D 组合键，复制多条直线，效果如图 14-30 所示。

图 14-28　　　　　　　　　**图 14-29**　　　　　　　　　**图 14-30**

（14）选择"文字"工具 T ，在适当的位置分别输入需要的文字，选择"选择"工具 ，在属性栏中分别选择合适的字体和文字大小，效果如图 14-31 所示。用相同的方法再次输入需要的文字，如图 14-32 所示。选择"文字 > 创建轮廓"命令，将文字转换为轮廓，效果如图 14-33 所示。选择"直接选择"工具 ，分别调整节点到适当的位置，效果如图 14-34 所示。选择"文字"工具 T ，选取需要的文字，设置文字填充色的 C、M、Y、K 值分别为 0、0、0、90，填充文字，效

236

果如图 14-35 所示。

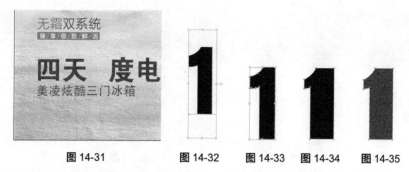

图 14-31　　　图 14-32　　图 14-33　图 14-34　图 14-35

（15）选择"钢笔"工具，在适当的位置绘制图形，填充为白色，并设置描边色为无，效果如图 14-36 所示。选择"矩形"工具，在适当的位置绘制一个矩形，填充为黑色，并设置描边色为无，效果如图 14-37 所示。用相同的方法再绘制一个白色矩形，效果如图 14-38 所示。

（16）选择"选择"工具，按住 Alt 键的同时，拖曳鼠标到适当的位置，复制图形，效果如图 14-39 所示。连续按 Ctrl+D 组合键，复制多个矩形，效果如图 14-40 所示。将所有图形同时选取，拖曳到适当的位置，效果如图 14-41 所示。

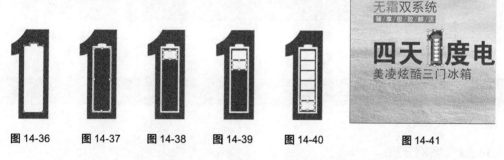

图 14-36　　　图 14-37　　　图 14-38　　　图 14-39　　　图 14-40　　　　　图 14-41

（17）选择"文件 > 置入"命令，弹出"置入"对话框，选择光盘中的"Ch14 > 素材 > 制作冰箱广告 > 07"文件，单击"置入"按钮，置入文件。单击属性栏中的"嵌入"按钮，嵌入图片，并调整其大小，效果如图 14-42 所示。

（18）按 Ctrl+O 组合键，打开光盘中的"Ch14 > 素材 > 制作冰箱广告 > 08"文件，按 Ctrl+A 组合键，全选图形，复制并将其粘贴到正在编辑的页面中，效果如图 14-43 所示。

图 14-42　　　　　　　　　　　　　　图 14-43

（19）选择"文字"工具，在适当的位置输入需要的文字，在"字符"面板中进行设置，如图 14-44 所示，按 Enter 键确认操作，效果如图 14-45 所示。用相同的方法输入其他文字，效果如图 14-46

237

所示。冰箱广告制作完成，效果如图 14-47 所示。

图 14-44

图 14-45

图 14-46

图 14-47

14.3 制作红酒广告

14.3.1 案例分析

本案例是为进口红酒设计制作的宣传广告。宣传主题为品味经典、成就未来，要求能展示出公司的经营理念和经营方针，使人产生参与的欲望。

在设计制作中，首先使用充满活力且华丽醒目的橙色，抓住人们的视线，通过图片的叠加在突出产品制作工艺的同时，体现出公司专业和严谨的工作态度。产品图片和花瓣的添加增添了尊贵的气息，展示出较高的品味感。文字的设计简洁、直观、醒目，给人大气、舒适的印象，让人印象深刻。中轴线的设计构图，更能集中人们的视线，达到宣传的目的。

本案例将使用置入命令和透明度面板制作背景效果，使用文字工具和投影命令添加宣传文字，使用直线段工具绘制装饰线条。

14.3.2 案例设计

本案例设计流程如图 14-48 所示。

制作背景效果　　　添加花瓣和产品图片　　　添加宣传语　　　最终效果

图 14-48

14.3.3 案例制作

（1）按 Ctrl+N 组合键新建一个文档，宽度为 215mm，高度为 275mm，取向为竖向，颜色模式为 CMYK，单击"确定"按钮。选择"文件 > 置入"命令，弹出"置入"对话框，选择光盘中的"Ch14 > 素材 > 制作红酒广告 > 01"文件，单击"置入"按钮，置入文件。单击属性栏中的"嵌入"按钮，嵌入图片，并调整其大小，效果如图 14-49 所示。

（2）选择"文件 > 置入"命令，弹出"置入"对话框，选择光盘中的"Ch14 > 素材 > 制作红酒广告 > 02"文件，单击"置入"按钮，置入文件。单击属性栏中的"嵌入"按钮，嵌入图片，并调整其大小和位置，效果如图 14-50 所示。

图 14-49　　　　　　图 14-50

（3）选择"选择"工具 ，选取需要的图片。选择"窗口 > 透明度"命令，在弹出的"透明度"面板中进行设置，如图 14-51 所示，效果如图 14-52 所示。

图 14-51　　　　　　图 14-52

（4）选择"文件 > 置入"命令，弹出"置入"对话框，选择光盘中的"Ch14 > 素材 > 制作红

酒广告 > 03"文件，单击"置入"按钮，置入文件。单击属性栏中的"嵌入"按钮，嵌入图片，并调整其大小和位置，效果如图 14-53 所示。

（5）选择"文件 > 置入"命令，弹出"置入"对话框，选择光盘中的"Ch14 > 素材 > 制作红酒广告 > 04、05"文件，单击"置入"按钮，置入文件。单击属性栏中的"嵌入"按钮，嵌入图片，并分别调整其大小和位置，效果如图 14-54 所示。

图 14-53　　　　　　　　　图 14-54

（6）选择"文字"工具 T ，在适当的位置分别输入需要的文字，选择"选择"工具 ，在属性栏中分别选择合适的字体和文字大小，填充为白色，效果如图 14-55 所示。选取需要的文字，选择"文字 > 创建轮廓"命令，将文字转换为轮廓。

图 14-55

（7）选择"选择"工具 ，将需要的文字同时选取，选择"效果 > 风格化 > 投影"命令，在弹出的对话框中进行设置，如图 14-56 所示，单击"确定"按钮，效果如图 14-57 所示。

图 14-56　　　　　　　　　图 14-57

（8）选择"文字"工具 T ，在适当的位置分别输入需要的文字，选择"选择"工具 ，在属性栏中分别选择合适的字体和文字大小，分别设置文字填充色的 C、M、Y、K 值为 5、7、23、0 和 13、17、45、0，填充文字，效果如图 14-58 所示。

图 14-58

（9）按 Ctrl+O 组合键，打开光盘中的"Ch14 > 素材 > 制作红酒广告 > 06"文件，按 Ctrl+A 组合键，全选图形，复制并将其粘贴到正在编辑的页面中，效果如图 14-59 所示。

图 14-59

（10）选择"直线段"工具 ╱，在适当的位置绘制直线，设置直线描边色的 C、M、Y、K 值分别为 13、17、45、0，填充直线，效果如图 14-60 所示。用相同的方法再绘制一条直线，并填充相同的颜色，效果如图 14-61 所示。选择"选择"工具 ▶，按住 Alt 键的同时，拖曳鼠标到适当的位置，复制直线，效果如图 14-62 所示。用相同的方法再次复制直线，效果如图 14-63 所示。

图 14-60

图 14-61

图 14-62

图 14-63

（11）选择"文字"工具 T，在适当的位置输入需要的文字，选择"选择"工具 ▶，在属性栏中选择合适的字体和文字大小，设置文字填充色的 C、M、Y、K 值分别为 13、17、45、0，填充文字，效果如图 14-64 所示。红酒广告制作完成，效果如图 14-65 所示。

图 14-64

图 14-65

课堂练习 1——制作化妆品广告

📖 **练习知识要点**

使用置入命令制作背景效果，使用文字工具和字符面板添加宣传文字，最终效果如图 14-66 所示。

📖 **效果所在位置**

光盘/Ch14/效果/制作化妆品广告.ai。

图 14-66

课堂练习 2——制作果汁广告

📖 **练习知识要点**

使用矩形工具、渐变工具和置入命令制作背景效果，使用文字工具、字符面板、创建轮廓命令和矩形工具制作宣传语，使用钢笔工具、文字工具、旋转工具和椭圆工具制作其他文字，最终效果如图 14-67 所示。

📖 **效果所在位置**

光盘/Ch14/效果/制作果汁广告.ai。

图 14-67

课后习题 1——制作相机广告

📖 **习题知识要点**

　　使用矩形工具、置入命令和创建剪切蒙版工具制作背景图片，使用文字工具、字符面板、创建轮廓命令和渐变工具制作介绍性文字，最终效果如图 14-68 所示。

📖 **效果所在位置**

　　光盘/Ch14/效果/制作相机广告.ai。

图 14-68

课后习题 2——制作家居广告

📖 **习题知识要点**

　　使用矩形工具、置入命令和创建剪切蒙版工具制作宣传图片，使用文字工具、创建轮廓命令和渐变工具制作宣传语，使用钢笔工具和文字工具添加路径文字，最终效果如图 14-69 所示。

📖 **效果所在位置**

　　光盘/Ch14/效果/制作家居广告.ai。

图 14-69

第 15 章　杂志设计

杂志是比较专项的宣传媒介之一，它具有目标受众准确、实效性强、宣传力度大、效果明显等特点。时尚生活类杂志的设计可以轻松活泼、色彩丰富。版式内的图文编排可以灵活多变，但要注意把握风格的整体性。本章以多个杂志栏目为例，讲解杂志的设计方法和制作技巧。

课堂学习目标	
	／ 了解杂志设计的特点和要求
	／ 了解杂志设计的主要设计要素
	／ 掌握杂志栏目的设计思路和过程
	／ 掌握杂志栏目的制作方法和技巧

15.1　杂志设计的概述

随着社会的发展，杂志已经逐渐变成一个多方位多媒体集合的产物。杂志的设计不同于其他的广告设计，其主要是根据杂志所属的行业和杂志的内容来进行设计和排版的，这点在封面上尤其突出。

15.1.1　封面

杂志封面的设计是一门艺术类的学科。不管是用什么形式去表现，必须按照杂志本身的一些特性和规律去设计。杂志封面上的元素一般分为 3 部分：杂志名称 LOGO 和杂志月号、杂志栏目和文章标题、条形码，如图 15-1 所示。

图 15-1

15.1.2　目录

目录又叫目次，是全书内容的纲领，它显示出结构层次的先后，设计要眉目清楚、条理分明，才有助于读者迅速了解全部内容，如图 15-2 所示。目录可以放在前面或者后面。科技书籍的目录必须放在前面，起指导作用。文艺书籍的目录也可放在书的末尾。

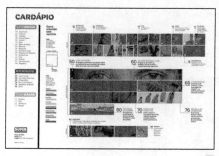

图 15-2

15.1.3　内页

杂志的内页设计是以文字为主、图片为辅的形式。文字又包括正文部分、大标题、小标题等，如图 15-3 所示。整个文字和图片又在一定的内芯尺寸范围之内，这部分是整个杂志的重要部分，位于整个杂志的中间部分。上面是页眉，下面是页码。

图 15-3

15.2　制作杂志封面

15.2.1　案例分析

新娘杂志是一本为即将步入婚姻殿堂的女性奉献的新婚类杂志。杂志的主要内容是介绍和新婚相关的如服饰美容、婚嫁现场、蜜月新居等信息。本杂志在封面设计上，要营造出时尚和现代的氛围，通过对杂志内容的精心设计，表现出大气、新潮的感觉。

在设计制作中，首先用炫酷的模特照片来作为杂志封面的背景，展示出时尚、现代的杂志风格。通过对杂志名称文字的艺术化处理，表现出杂志简洁大气又不失时代气息的形象。通过不同样式的栏目标题表达出杂志的核心内容。封面中文字与图形的编排布局要相对集中紧凑，使页面布局合理有序。

本案例将使用置入命令、矩形工具和创建剪贴蒙版命令制作背景效果，使用文字工具、字符面板、直线选择工具和创建轮廓命令制作文字效果，使用投影命令添加文字投影，使用钢笔工具和文字工具制作路径文字。

15.2.2　案例设计

本案例设计流程如图 15-4 所示。

制作背景图片　　制作杂志名称和期刊号　　最终效果

图 15-4

15.2.3　案例制作

（1）按 Ctrl+N 组合键，新建一个文档，宽度为 210mm，高度为 297mm，取向为竖向，颜色模式为 CMYK，单击"确定"按钮。选择"文件 > 置入"命令，弹出"置入"对话框，选择光盘中的"Ch15 > 素材 > 制作杂志封面 > 01"文件，单击"置入"按钮，置入文件。单击属性栏中的"嵌入"按钮，嵌入图片，并调整其大小，效果如图 15-5 所示。

（2）选择"矩形"工具▣，绘制一个与页面大小相等的矩形，如图 15-6 所示。选择"选择"工具▶，将矩形和图片同时选取，按 Ctrl+7 组合键，创建剪贴蒙版，效果如图 15-7 所示。选择"文字"工具Ｔ，在适当的位置输入需要的文字，选择"选择"工具▶，在属性栏中选择合适的字体和文字大小，设置文字填充色的 C、M、Y、K 值分别为 0、50、100、0，填充文字，效果如图 15-8 所示。

图 15-5　　　　　　　　　　　　图 15-6

图 15-7　　　　图 15-8

（3）选择"选择"工具 ↖，选取文字，向左拖曳右侧中间的控制手柄到适当的位置，效果如图 15-9 所示。选择"文字 > 创建轮廓"命令，将文字转换为轮廓，效果如图 15-10 所示。

图 15-9

图 15-10

（4）选择"直接选择"工具 ↖，圈选需要的节点并将其拖曳到适当的位置，效果如图 15-11 所示。选择"矩形"工具 ▢，绘制一个矩形，填充为黑色，并设置描边色为无，效果如图 15-12 所示。

图 15-11

图 15-12

（5）选择"文字"工具 T，在适当的位置输入需要的文字，设置文字填充色的 C、M、Y、K 值分别为 0、35、85、0，填充文字。选择"窗口 > 文字 > 字符"命令，在弹出的"字符"面板中进行设置，如图 15-13 所示，按 Enter 键确认操作，效果如图 15-14 所示。

图 15-13

图 15-14

（6）选择"文字"工具 T，在适当的位置输入需要的文字，选择"选择"工具 ↖，在属性栏中选择合适的字体和文字大小，设置文字填充色的 C、M、Y、K 值分别为 50、70、80、70，填充文字，效果如图 15-15 所示。

（7）保持文字的选取状态。选择"效果 > 风格化 > 投影"命令，弹出对话框，将投影颜色的 C、M、Y、K 值分别设置为 0、53、91、0，其他选项的设置如图 15-16 所示，单击"确定"按钮，效果如图 15-17 所示。

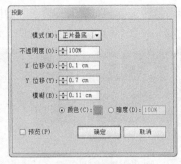

图 15-15   图 15-16   图 15-17

（8）选择"矩形"工具 ▣，绘制一个矩形，设置图形填充色的 C、M、Y、K 值分别为 0、80、95、0，填充图形，并设置描边色为无，效果如图 15-18 所示。选择"文字"工具 T，在适当的位置输入需要的文字，选择"选择"工具 ▶，在属性栏中选择合适的字体和文字大小，填充文字为白色，效果如图 15-19 所示。

图 15-18   图 15-19

（9）选择"椭圆"工具 ●，按住 Shift 键的同时，在适当的位置绘制圆形，设置图形描边色的 C、M、Y、K 值分别为 0、80、95、0，填充描边，效果如图 15-20 所示。在属性栏中将"描边粗细"选项设为 18pt，效果如图 15-21 所示。

图 15-20   图 15-21

（10）选择"椭圆"工具 ●，按住 Alt+Shift 组合键的同时，以圆形的中心为圆心绘制圆形，填充为白色，并设置描边色为无，效果如图 15-22 所示。选择"窗口 > 透明度"命令，在弹出的"透明度"面板中进行设置，如图 15-23 所示，效果如图 15-24 所示。

图 15-22

图 15-23

图 15-24

（11）选择"文字"工具 T，在适当的位置输入需要的文字，选择"选择"工具 ，在属性栏中选择合适的字体和文字大小，设置文字填充色的 C、M、Y、K 值分别为 0、80、95、0，填充文字，效果如图 15-25 所示。按 Alt+向上方向键，调整文字的行距，效果如图 15-26 所示。

图 15-25

图 15-26

（12）选择"椭圆"工具 ，按住 Alt+Shift 组合键的同时，以圆形的中心为圆心绘制圆形，如图 15-27 所示。选择"文字"工具 T，在路径上单击插入光标，输入需要的文字，并将文字选取，在属性栏中选择合适的字体和文字大小，效果如图 15-28 所示。

图 15-27

图 15-28

（13）选择"文字"工具 T，在适当的位置分别输入需要的文字，选择"选择"工具 ，在属性栏中分别选择合适的字体和文字大小，效果如图 15-29 所示。

（14）按 Ctrl+O 组合键，打开光盘中的"Ch15 > 素材 > 制作杂志封面 > 02"文件，按 Ctrl+A 组合键，全选图形，复制并将其粘贴到正在编辑的页面中，效果如图 15-30 所示。

图 15-29

图 15-30

（15）选择"文字"工具 $\boxed{T}$ ，在适当的位置输入需要的文字，选择"选择"工具 $\boxed{\nwarrow}$ ，在属性栏中选择合适的字体和文字大小，填充文字为白色。选取文字，向右拖曳右侧中间的控制手柄到适当的位置，效果如图 15-31 所示。选择"文字 > 创建轮廓"命令，将文字转换为轮廓，效果如图 15-32 所示。

图 15-31   图 15-32

（16）选择"椭圆"工具 $\boxed{\bigcirc}$ ，按住 Shift 键的同时，在适当的位置绘制圆形，填充为白色，并设置描边色为无，效果如图 15-33 所示。选择"选择"工具 $\boxed{\nwarrow}$ ，按住 Alt 键的同时，将圆形拖曳到适当的位置，复制圆形，效果如图 15-34 所示。

图 15-33   图 15-34

（17）选择"选择"工具 $\boxed{\nwarrow}$ ，将文字和圆形同时选取，设置图形描边色的 C、M、Y、K 值分别为 0、80、95、0，填充描边。选择"窗口 > 描边"命令，在弹出的面板中进行设置，如图 15-35 所示，效果如图 15-36 所示。

图 15-35   图 15-36

（18）选择"矩形"工具 $\boxed{\square}$ ，绘制一个矩形，设置图形填充色的 C、M、Y、K 值分别为 0、80、95、0，填充图形，并设置描边色为无，效果如图 15-37 所示。选择"文字"工具 $\boxed{T}$ ，在适当的位置输入需要的文字，选择"选择"工具 $\boxed{\nwarrow}$ ，在属性栏中选择合适的字体和文字大小，填充文字为白色，效果如图 15-38 所示。

图 15-37   图 15-38

（19）选择"文字"工具 $\boxed{T}$ ，在适当的位置输入需要的文字，选择"选择"工具 $\boxed{\nwarrow}$ ，在属性栏中选择合适的字体和文字大小，填充文字为白色，效果如图 15-39 所示。选取文字，向右拖曳右侧中间的控制手柄到适当的位置，效果如图 15-40 所示。

图 15-39　　　　　　　　　　　图 15-40

（20）保持文字选取状态。选择"效果 > 风格化 > 投影"命令，弹出对话框，选项的设置如图 15-41 所示，单击"确定"按钮，效果如图 15-42 所示。

图 15-41　　　　　　　　　　　图 15-42

（21）选择"文字"工具 T，在适当的位置分别输入需要的文字，选择"选择"工具，在属性栏中分别选择合适的字体和文字大小，效果如图 15-43 所示。选取需要的文字，设置文字填充色的 C、M、Y、K 值分别为 50、70、80、70，填充文字，效果如图 15-44 所示。杂志封面制作完成，效果如图 15-45 所示。

图 15-43　　　　　　　　图 15-44　　　　　　图 15-45

15.3　制作旅游栏目

15.3.1　案例分析

本案例是为新婚杂志制作的旅游栏目，该旅游杂志旨在帮助新婚夫妇规划最优秀的蜜月旅游路线、向读者介绍各种旅行知识、提供一切热门旅行资讯，栏目精炼内容新鲜。要求设计应符合杂志定位，明确主题。

在设计制作过程中，使用大篇幅的摄影图片让人们对景区景色有了大致的了解，同时带给人视觉上的美感，抓住读者的视线，引发其参与欲望。使用醒目的栏目标题设计、美景图片和介绍性文字并进行合理编排，在展现出宣传主题的同时，增加画面的活泼性，达到宣传的目的。整体编排丰富活泼，让人印象深刻。

本案例将使用置入命令、矩形工具和创建剪贴蒙版命令制作图片效果，使用椭圆工具、矩形工具和文字工具制作栏目标题，使用文字工具、直线段工具和字符面板添加栏目内容。

15.3.2　案例设计

本案例设计流程如图 15-46 所示。

制作景区图片　　　　　　　　　　制作栏目名称

添加介绍内容　　　　　　　　　　最终效果

图 15-46

15.3.3　案例制作

（1）按 Ctrl+N 组合键新建一个文档，宽度为 420mm，高度为 297mm，取向为横向，颜色模式为 CMYK，单击"确定"按钮。选择"矩形"工具 ▣，绘制一个矩形，如图 15-47 所示。选择"文件 > 置入"命令，弹出"置入"对话框，选择光盘中的"Ch15 > 素材 > 制作旅游栏目 > 01"文件，单击"置入"按钮，置入文件。单击属性栏中的"嵌入"按钮，嵌入图片，并调整其大小，效果如图 15-48 所示。

（2）选择"矩形"工具 ▣，绘制一个矩形，如图 15-49 所示。选择"选择"工具 ▸，将矩形和图片同时选取，按 Ctrl+7 组合键，创建剪贴蒙版，效果如图 15-50 所示。

（3）选择"矩形"工具 ▣，再绘制一个矩形，填充为白色，并设置描边色为无，效果如图 15-51 所示。选择"文件 > 置入"命令，弹出"置入"对话框，选择光盘中的"Ch15 > 素材 > 制作旅游栏目 > 02"文件，单击"置入"按钮，置入文件。单击属性栏中的"嵌入"按钮，嵌入图片，并调整其大小和位置，效果如图 15-52 所示。

图 15-47

图 15-48

图 15-49

图 15-50

图 15-51

图 15-52

（4）选择"选择"工具 ▶，将矩形和图片同时选取，在左上角拖曳鼠标旋转到适当的角度，效果如图 15-53 所示。选择"文件 > 置入"命令，弹出"置入"对话框，选择光盘中的"Ch15 > 素材 > 制作旅游栏目 > 03、04"文件，单击"置入"按钮，置入文件。单击属性栏中的"嵌入"按钮，嵌入图片，并分别调整其大小和位置，效果如图 15-54 所示。

图 15-53

图 15-54

（5）选择"选择"工具 ▶，选取需要的图形和图片，连续按 Ctrl+] 组合键前移图形，效果如图 15-55 所示。按 Ctrl+O 组合键，打开光盘中的"Ch15 > 素材 > 制作旅游栏目 > 05"文件，按 Ctrl+A

组合键全选图形，复制并将其粘贴到正在编辑的页面中，效果如图 15-56 所示。

图 15-55   图 15-56

（6）选择"椭圆"工具 ，按住 Shift 键的同时，在适当的位置绘制圆形，设置图形填充色的 C、M、Y、K 值分别为 0、100、100、0，填充图形，并设置描边色为无，效果如图 15-57 所示。选择"矩形"工具，绘制一个矩形，填充为黑色，并设置描边色为无，效果如图 15-58 所示。

（7）选择"直线段"工具，按住 Shift 键的同时，在适当的位置绘制直线，设置直线描边色的 C、M、Y、K 值分别为 0、100、100、0，填充直线，效果如图 15-59 所示。选择"选择"工具，按住 Shift+Alt 组合键的同时，水平向右拖曳鼠标到适当的位置，复制直线，效果如图 15-60 所示。

图 15-57   图 15-58   图 15-59   图 15-60

（8）双击"混合"工具，在弹出的"混合选项"对话框中进行设置，如图 15-61 所示，单击"确定"按钮，分别在两条直线上单击鼠标，图形混合后的效果如图 15-62 所示。

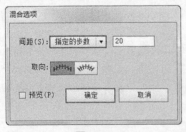

图 15-61   图 15-62

（9）选择"文字"工具，在适当的位置输入需要的文字，填充文字为白色。选择"窗口 > 文字 > 字符"命令，在弹出的"字符"面板中进行设置，如图 15-63 所示，按 Enter 键确认操作，效果如图 15-64 所示。

（10）选择"文字"工具，在适当的位置输入需要的文字，设置文字填充色的 C、M、Y、K 值分别为 0、0、0、40，填充文字。在"字符"面板中进行设置，如图 15-65 所示，按 Enter 键确认操作，效果如图 15-66 所示。

图 15-63　　　　　　图 15-64　　　　　　图 15-65　　　　　　图 15-66

（11）选择"文字"工具 T，在适当的位置输入需要的文字。在"字符"面板中进行设置，如图 15-67 所示，按 Enter 键确认操作，效果如图 15-68 所示。

图 15-67　　　　　　　　　图 15-68

（12）选择"文字"工具 T，在适当的位置输入需要的文字，设置文字填充色的 C、M、Y、K 值分别为 0、0、0、50，填充文字。在"字符"面板中进行设置，如图 15-69 所示，按 Enter 键确认操作，效果如图 15-70 所示。

图 15-69　　　　　　　　图 15-70

（13）选择"直线段"工具 ╱，按住 Shift 键的同时，在适当的位置绘制直线，设置直线描边色的 C、M、Y、K 值分别为 0、0、0、34，填充直线，效果如图 15-71 所示。选择"文字"工具 T，在适当的位置输入需要的文字。在"字符"面板中进行设置，如图 15-72 所示，按 Enter 键确认操作，效果如图 15-73 所示。

图 15-71　　　　　　　　图 15-72　　　　　　　　图 15-73

（14）选择"矩形"工具 ▣，绘制一个矩形，设置图形填充色的 C、M、Y、K 值分别为 0、100、100、10，填充图形，并设置描边色为无，效果如图 15-74 所示。选择"文字"工具 T，在适当的位置输入需要的文字，选择"选择"工具 ▶，在属性栏中选择合适的字体和文字大小，填充文字为白色，效果如图 15-75 所示。选择"选择"工具 ▶，将矩形和文字同时选取，在右上角拖曳鼠标旋转到适当的角度，效果如图 15-76 所示。

图 15-74　　　　　　　图 15-75　　　　　　　图 15-76

（15）选择"文字"工具 T，在适当的位置输入需要的文字，选择"选择"工具 ▶，在属性栏中选择合适的字体和文字大小，效果如图 15-77 所示。选择"直线段"工具 ╱，按住 Shift 键的同时，在适当的位置绘制直线，设置直线描边色的 C、M、Y、K 值分别为 0、0、0、70，填充直线，效果如图 15-78 所示。

图 15-77　　　　　　　　　　图 15-78

（16）选择"文字"工具 T，在适当的位置输入需要的文字，在"字符"面板中设置文字的字体、大小和字距，设置文字填充色的 C、M、Y、K 值分别为 0、0、0、80，填充文字，效果如图 15-79 所示。用相同的方法输入下方文字，效果如图 15-80 所示。旅游栏目制作完成，效果如图 15-81 所示。

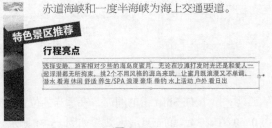

图 15-79

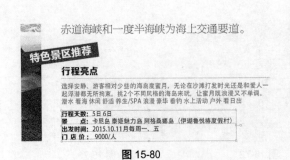

图 15-80

图 15-81

课堂练习 1——制作服饰栏目

练习知识要点

使用置入命令、矩形工具、椭圆工具和创建剪贴蒙版命令制作图片效果，使用复制粘贴命令和文字工具修改栏目标题，使用文字工具和字符面板添加栏目内容，使用投影命令为文字添加投影，最终效果如图 15-82 所示。

效果所在位置

光盘/Ch15/效果/制作服饰栏目.ai。

图 15-82

课堂练习 2——制作家具栏目

练习知识要点

使用复制粘贴命令和文字工具修改栏目标题，使用置入命令、矩形工具、创建剪贴蒙版命令和旋转工具制作图片效果，使用椭圆工具和圆角矩形工具绘制钟表效果，使用文字工具和字符面板添加栏目内容，最终效果如图 15-83 所示。

效果所在位置

光盘/Ch15/效果/制作家具栏目.ai。

图 15-83

课后习题 1——制作婚礼栏目

习题知识要点

使用置入命令、矩形工具、创建剪贴蒙版命令和旋转工具制作图片效果，使用文字工具修改栏目标题，使用文字工具、矩形工具和字符面板添加栏目内容，使用投影命令为文字添加投影，最终效果如图 15-84 所示。

效果所在位置

光盘/Ch15/效果/制作婚礼栏目.ai。

图 15-84

课后习题 2——制作珠宝栏目

习题知识要点

使用置入命令置入人物和珠宝图片，使用矩形工具和画笔面板制作栏目框，使用文字工具和字符面板添加栏目内容，最终效果如图 15-85 所示。

效果所在位置

光盘/Ch15/效果/制作珠宝栏目.ai。

图 15-85

第 16 章　书籍装帧设计

精美的书籍装帧设计可以使读者享受到更加愉悦的阅读体验。书籍装帧整体设计所考虑的项目包括开本设计、封面设计、版本设计、使用材料等内容。本章以多个类别的书籍封面为例，讲解封面的设计方法和制作技巧。

课堂学习目标	／ 了解书籍装帧设计的概念
	／ 了解书籍装帧的主体设计要素
	／ 掌握书籍封面的设计思路和过程
	／ 掌握书籍封面的制作方法和技巧

16.1　书籍装帧设计概述

书籍装帧设计是指书籍的整体设计。它包括的内容很多，封面、扉页和插图设计是其中的三大主体设计要素。

16.1.1　书籍结构图

书籍结构图效果如图 16-1 所示。

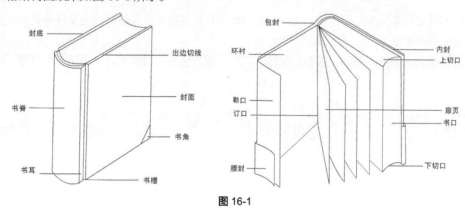

图 16-1

16.1.2　封面

封面是书籍的外表和标志，兼有保护书籍内文页和美化书籍外在形态的作用，是书籍装帧的重要组成部分，如图 16-2 所示。封面包括平装和精装两种。

要把握书籍的封面设计，就要注意把握书籍封面的 5 个要素：文字、材料、图案、色彩和工艺。

图 16-2

16.1.3 扉页

扉页是指封面或环衬页后的那一页。上面所载的文字内容与封面的要求类似，但要比封面文字的内容详尽。扉页的背面可以空白，也可以适当加一点图案作装饰点缀。

扉页除向读者介绍书名、作者名和出版社名外，还是书的入口和序曲，因而是书籍内部设计的重点，它的设计能表现出书籍的内容、时代精神和作者风格。

16.1.4 插图

插图设计是活跃书籍内容的一个重要因素。有了它，更能发挥读者的想象力和对内容的理解力，并获得一种艺术的享受。

16.1.5 正文

书籍的核心和最基本的部分是正文，它是书籍设计的基础。正文设计的主要任务是方便读者，减少阅读的困难和疲劳，同时给读者以美的享受。

正文包括几大要素：开本、版心、字体、行距、重点标志、段落起行、页码、页标题、注文以及标题。

16.2 制作文学书籍封面

16.2.1 案例分析

本案例是一本介绍说话技巧的书籍封面设计，书名是"天啊！难道这就是谎话？！"，书的内容是介绍如何正确运用说话技巧使生活和工作更加得心应手。在设计上要通过对书名的设计和其他图形的编排，制作出醒目且不失活泼的封面。

在设计制作中，首先使用不透明的卡通形象作为背景，在体现封面活泼感的同时，增添了沉稳的气息。黄色的图形位于书籍中心，强化了视觉冲击力，同时突出书名。书名的不规则排列和颜色变化，使书籍的主题内容更加醒目突出，一目了然。卡通形象的添加使整个设计生动活泼而不呆板，增加了学习的乐趣，让读者有学习的欲望。

本案例将使用透明度面板、镜像工具和复制命令制作背景图案；使用钢笔工具、混合工具和透明度面板制作装饰曲线；使用文字工具输入书籍名称和介绍文字；使用符号库面板添加需要的符号图形。

16.2.2　案例设计

本案例设计流程如图 16-3 所示。

制作背景效果　　　　　制作封面　　　　　制作封底　　　　　最终效果

图 16-3

16.2.3　案例制作

1．制作背景效果

（1）按 Ctrl+N 组合键，弹出"新建文档"对话框，选项的设置如图 16-4 所示，单击"确定"按钮，如图 16-5 所示。按 Ctrl+R 组合键，显示标尺。

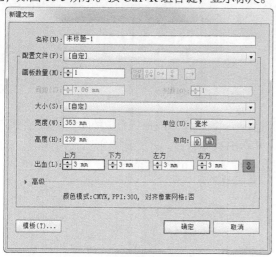

图 16-4

图 16-5

（2）选择"选择"工具 ，在左侧的标尺上拖曳出参考线，在属性栏中将"X"选项设置为 169mm，设置参考线。用相同的方法在 184mm 处设置参考线，效果如图 16-6 所示。按 Ctrl+O 组合键，打开光盘中的"Ch16 > 素材 > 制作文学书籍封面 > 01"文件，选择"选择"工具 ，选取需要的图形，复制并将其粘贴到正在编辑的页面中，效果如图 16-7 所示。

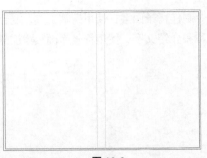

图 16-6

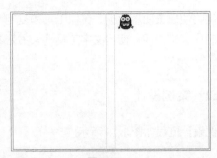

图 16-7

（3）选择"选择"工具 ，选取图形。选择"窗口 > 透明度"命令，在弹出的面板中进行设置，如图 16-8 所示，效果如图 16-9 所示。

图 16-8

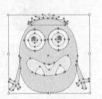

图 16-9

（4）保持图形的选取状态，按住 Alt+Shift 组合键的同时，拖曳图形到适当的位置，复制图形，效果如图 16-10 所示。选择"镜像"工具 ，按住 Shift 键的同时，拖曳鼠标镜像图像，效果如图 16-11 所示。

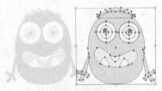

图 16-10

图 16-11

（5）选择"选择"工具 ，将两个图形同时选取，按住 Alt+Shift 组合键的同时，拖曳图形到适当的位置，复制图形，效果如图 16-12 所示。按 Ctrl+D 组合键，再次复制图形，效果如图 16-13 所示。将上方的图形同时选取，如图 16-14 所示。按住 Alt+Shift 组合键的同时，垂直向下拖曳图形到适当的位置，复制图形，效果如图 16-15 所示。

图 16-12   图 16-13   图 16-14   图 16-15

（6）连续按 Ctrl+D 组合键，再次复制多个图形，效果如图 16-16 所示。选择"选择"工具 ，将复制的图形同时选取，如图 16-17 所示，按住 Alt+Shift 组合键的同时，水平向左拖曳图形到适当的位置，复制图形，效果如图 16-18 所示。

（7）选择"钢笔"工具 ，在适当的位置绘制曲线，设置图形描边色的 C、M、Y、K 值分别为 0、0、0、20，填充描边，效果如图 16-19 所示。选择"选择"工具 ，将曲线选取，在按住

Alt+Shift 组合键的同时，水平向右拖曳曲线到适当的位置，复制曲线，效果如图 16-20 所示。

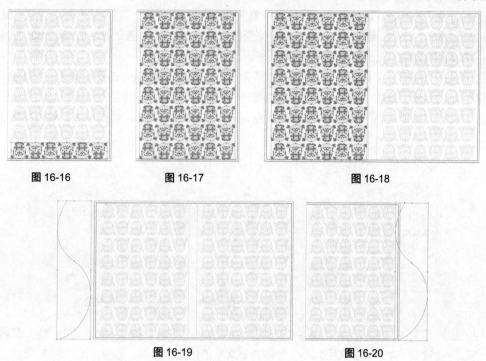

图 16-16　　　　　　　图 16-17　　　　　　　图 16-18

图 16-19　　　　　　　　　　　图 16-20

（8）双击"混合"工具，在弹出的"混合选项"对话框中进行设置，如图 16-21 所示，单击"确定"按钮，分别在两条曲线上单击鼠标，图形混合后的效果如图 16-22 所示。保持图形的选取状态。在"透明度"面板中进行设置，如图 16-23 所示，效果如图 16-24 所示。

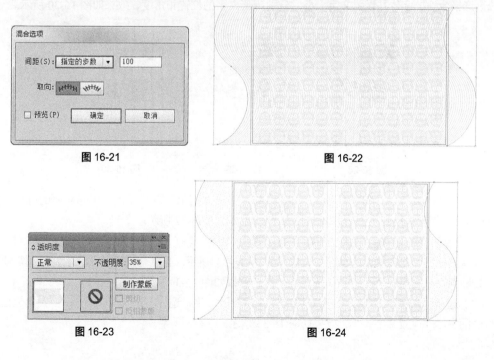

图 16-21　　　　　　　　　　　　图 16-22

图 16-23　　　　　　　　　　　　图 16-24

263

2．制作封面效果

（1）选择"圆角矩形"工具 ◉，在页面中需要的位置单击，弹出"圆角矩形"对话框，设置如图 16-25 所示，单击"确定"按钮。设置图形填充色的 C、M、Y、K 值分别为 0、0、100、0，填充图形，并设置描边色为无，效果如图 16-26 所示。

（2）选择"选择"工具 ▶，选取绘制的圆角矩形，按 Ctrl+C 组合键复制图形，按 Ctrl+F 组合键原位粘贴图形。按住 Alt+Shift 组合键的同时，拖曳控制手柄等比例缩小图像，设置图形填充色为无，设置图形描边色的 C、M、Y、K 值分别为 0、100、100、0，填充描边，效果如图 16-27 所示。

图 16-25　　　　　　　　图 16-26　　　　　　　　图 16-27

（3）选择"文字"工具 Ｔ，在页面中分别输入需要的文字，选择"选择"工具 ▶，在属性栏中分别选择合适的字体并设置文字大小，分别调整文字的位置和角度，效果如图 16-28 所示。按住 Shift 键的同时，将需要的文字同时选取，设置文字填充色的 C、M、Y、K 值分别为 0、100、100、0，填充文字，效果如图 16-29 所示。

（4）选择"文字"工具 Ｔ，在页面中分别输入需要的文字，选择"选择"工具 ▶，在属性栏中分别选择合适的字体并设置文字大小，分别调整文字的位置和角度，效果如图 16-30 所示。

图 16-28　　　　　　　　图 16-29　　　　　　　　图 16-30

（5）选择"窗口 > 符号库 > 花朵"命令，弹出"花朵"控制面板，选择需要的符号，如图 16-31 所示，将其拖曳到页面中并调整其大小，效果如图 16-32 所示。

（6）选择"窗口 >01"文件，切换到打开的 01 文件，选择"选择"工具 ▶，选取需要的文件，复制并将其粘贴到正在编辑的页面中，效果如图 16-33 所示。再次切换文件，选取并复制需要的图形，粘贴到正在编辑的页面中，并调整其大小，效果如图 16-34 所示。

（7）选择"文字"工具 Ｔ，在页面中输入需要的文字，选择"选择"工具 ▶，在属性栏中选择合适的字体并设置文字大小，效果如图 16-35 所示。

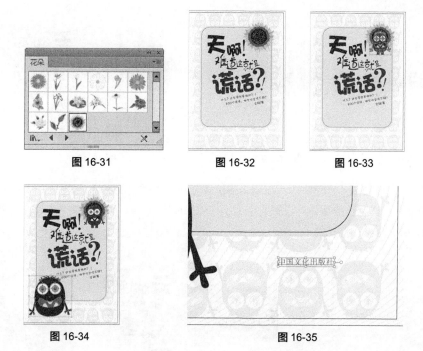

图 16-31　　　　　　　图 16-32　　　　　　　图 16-33

图 16-34　　　　　　　　　　　图 16-35

3．制作封底和书脊

（1）选择"选择"工具，选取封面上的花朵图形，按住 Alt 键的同时，将其拖曳到适当的位置，复制图形，并调整其大小，效果如图 16-36 所示。用相同的方法复制封面上的图形和文字，并调整其位置和大小，效果如图 16-37 所示。

图 16-36

图 16-37

（2）按 Ctrl+O 组合键，打开光盘中的"Ch16＞素材＞制作文学书籍封面＞02"文件，选择"选择"工具，选取需要的图形，复制并将其粘贴到正在编辑的页面中，效果如图 16-38 所示。选择"文字"工具，在页面中输入需要的文字，选择"选择"工具，在属性栏中选择合适的字体并设置文字大小，效果如图 16-39 所示。

（3）选择"矩形"工具，在书脊处绘制一个矩形，设置图形填充色的 C、M、Y、K 值分别为 0、0、100、0，填充图形，并设置描边色为无，效果如图 16-40 所示。选择"选择"工具，选取封面上的图形，按住 Alt 键的同时，将其拖曳到适当的位置，复制图形，并调整其大小，效果如图 16-41 所示。

图 16-38

图 16-39

图 16-40　　　　　　　图 16-41

（4）选择"直排文字"工具，在适当的位置分别输入需要的文字，选择"选择"工具，在属性栏中分别选择合适的字体并设置文字大小，效果如图 16-42 所示。文学书籍封面制作完成，效果如图 16-43 所示。

图 16-42　　　　　　　图 16-43

16.3　制作旅行书籍封面

16.3.1　案例分析

本案例是一本旅行类书籍的封面设计。书的内容讲解的是不同地域的旅途美景，在封面设计上要通过对书名的设计和风景图片的编排，表现出旅行路上的美景，营造出放松休闲的氛围。

在设计过程中，使用大量的留白与黄绿色的背景营造出安宁、平静的氛围，通过景色图片的摆放展示出书籍介绍的美景，加深人们的印象。使用简洁直观的文字展示书籍名称，使读者的清晰明了，一目了然，达到宣传的目的。在封底和书脊的设计上巧妙地使用文字和图形组合，增加读者对书籍的兴趣，增强读者的购书欲望。

本案例将使用矩形工具、复制命令和镜像工具制作背景效果；使用矩形工具、风格化命令和创建剪贴蒙版命令制作图片效果；使用文字工具和字符面板添加书名和介绍性文字；使用直线段工具、混合工具和创建剪贴蒙版命令制作装饰线条。

16.3.2　案例设计

本案例设计流程如图 16-44 所示。

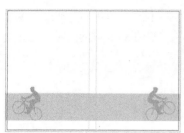
制作背景效果

制作封面

制作封底

最终效果

图 16-44

16.3.3　案例制作

1．制作书籍背景

（1）按 Ctrl+N 组合键，弹出"新建文档"对话框，选项的设置如图 16-45 所示，单击"确定"按钮。按 Ctrl+R 组合键，显示标尺。选择"选择"工具 ▶，在左侧的标尺上拖曳出参考线，在属性栏中将"X"选项设置为 169mm，设置参考线。用相同的方法在 184mm 处设置参考线，效果如图 16-46 所示。

图 16-45

图 16-46

（2）选择"矩形"工具 ▭，在适当的位置绘制一个矩形，设置图形填充色的 C、M、Y、K 值分别为 20、0、100、0，填充图形，并设置描边色为无，效果如图 16-47 所示。按 Ctrl+O 组合键，打开光盘中的"Ch16 > 素材 > 制作旅行书籍封面 > 01"文件，选择"选择"工具 ▶，选取需要的图形，复制并将其粘贴到正在编辑的页面中，效果如图 16-48 所示。

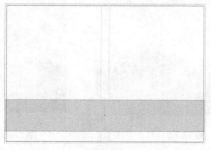
图 16-47

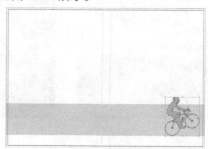
图 16-48

（3）选择"选择"工具 ，选取图形。在按住 Alt+Shift 组合键的同时，水平向左拖曳图形到适当的位置，复制图形，效果如图 16-49 所示。选择"镜像"工具 ，按住 Shift 键的同时，拖曳鼠标镜像图像，效果如图 16-50 所示。

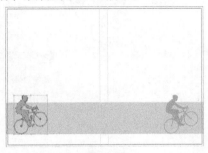

图 16-49

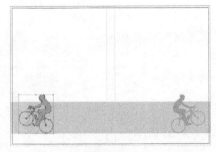

图 16-50

2．制作封面效果

（1）选择"矩形"工具 ，在适当的位置绘制一个矩形，如图 16-51 所示。选择"效果 > 风格化 > 投影"命令，在弹出的对话框中进行设置，如图 16-52 所示，单击"确定"按钮，效果如图 16-53 所示。

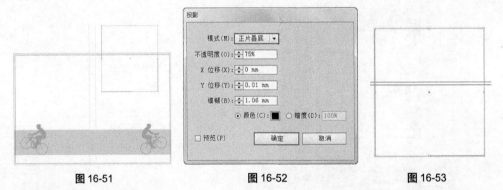

图 16-51　　　　　　　　　　图 16-52　　　　　　　　　　图 16-53

（2）选择"文件 > 置入"命令，弹出"置入"对话框，选择光盘中的"Ch08 > 素材 > 制作旅行书籍封面 > 02"文件，单击"置入"按钮，置入文件。单击属性栏中的"嵌入"按钮，嵌入图片，并调整其大小，效果如图 16-54 所示。选择"矩形"工具 ，在适当的位置绘制一个矩形，如图 16-55 所示。选择"选择"工具 ，将矩形和图片同时选取，按 Ctrl+7 组合键，创建剪贴蒙版，效果如图 16-56 所示。

图 16-54

图 16-55

图 16-56

（3）将图片和相框同时选取，拖曳鼠标调整其角度，效果如图 16-57 所示。选择"矩形"工具 ▣，在适当的位置绘制一个矩形，如图 16-58 所示。选择"选择"工具 ▶，将矩形和旋转的图形同时选取，按 Ctrl+7 组合键，创建剪贴蒙版，效果如图 16-59 所示。

图 16-57　　　　　　　　图 16-58　　　　　　　　图 16-59

（4）选择"文字"工具 T，在图片上输入需要的文字，选择"选择"工具 ▶，在属性栏中选择合适的字体并设置文字大小，设置文字填充色的 C、M、Y、K 值分别为 30、50、75、10，填充文字，并旋转其角度，效果如图 16-60 所示。选择"窗口 > 透明度"命令，在弹出的面板中进行设置，如图 16-61 所示，效果如图 16-62 所示。

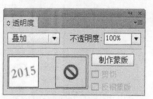

图 16-60　　　　　　　　图 16-61　　　　　　　　图 16-62

（5）选择"椭圆"工具 ⬭，按住 Shift 键的同时，在适当的位置绘制圆形，填充图形为黑色，并设置描边色为无，效果如图 16-63 所示。选择"文字"工具 T，在圆形上输入需要的文字，选择"窗口 > 文字 > 字符"命令，弹出"字符"面板，选项的设置如图 16-64 所示，按 Enter 键确认操作。填充文字为白色，效果如图 16-65 所示。

图 16-63　　　　　　　　图 16-64　　　　　　　　图 16-65

（6）选择"选择"工具 ▶，选取需要的文字，设置文字填充色的 C、M、Y、K 值分别为 0、0、0、50，填充文字，效果如图 16-66 所示。用相同的方法输入下方的文字，并分别填充适当的颜色，效果如图 16-67 所示。

图 16-66　　　　　　　　　图 16-67

（7）选择"文字"工具 T，在页面上输入需要的文字，选择"选择"工具 ▶，在属性栏中选择合适的字体并设置文字大小，效果如图 16-68 所示。再次输入需要的文字，在"字符"面板中的设置如图 16-69 所示，按 Enter 键确认操作。设置文字填充色的 C、M、Y、K 值分别为 35、60、80、25，填充文字，效果如图 16-70 所示。

图 16-68　　　　　　　图 16-69　　　　　　　图 16-70

（8）选择"文字"工具 T，在页面上分别输入需要的文字，选择"选择"工具 ▶，在属性栏中分别选择合适的字体并设置文字大小，分别填充适当的颜色，效果如图 16-71 所示。将需要的文字同时选取，旋转到适当角度，效果如图 16-72 所示。

图 16-71　　　　　　　　　图 16-72

（9）选择"文字"工具 T，在页面上分别输入需要的文字，选择"选择"工具 ▶，在属性栏中分别选择合适的字体并设置文字大小，效果如图 16-73 所示。

图 16-73

（10）选择"直排文字"工具⊞，在适当的位置输入需要的文字，选择"选择"工具▶，在属性栏中选择合适的字体并设置文字大小，效果如图 16-74 所示。选择"直线段"工具／，在按住 Shift 键的同时绘制直线，效果如图 16-75 所示。

图 16-74

图 16-75

（11）选择"直线段"工具／，绘制一条斜线，如图 16-76 所示。选择"选择"工具▶，将直线选取，按住 Alt 的同时，拖曳直线到适当的位置，复制直线，效果如图 16-77 所示。

（12）双击"混合"工具❧，在弹出的"混合选项"对话框中进行设置，如图 16-78 所示，单击"确定"按钮，分别在两条直线上单击鼠标，图形混合后的效果如图 16-79 所示。

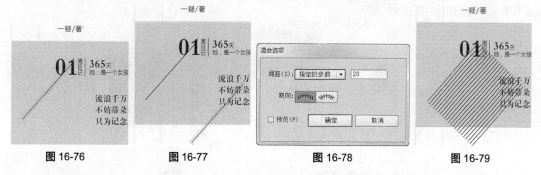

图 16-76　　　　　图 16-77　　　　　图 16-78　　　　　图 16-79

（13）选择"矩形"工具▣，在适当的位置绘制一个矩形，如图 16-80 所示。选择"选择"工具▶，将矩形和直线同时选取，按 Ctrl+7 组合键创建剪贴蒙版，效果如图 16-81 所示。

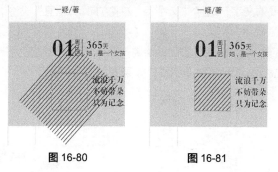

图 16-80　　　　　图 16-81

3．制作封底和书脊

（1）选择"选择"工具▶，将右侧页面中需要的图形和文字同时选取，在按住 Alt 键的同时，将其拖曳到适当的位置，效果如图 16-82 所示。选择"选择"工具▶，选取圆形，按 Ctrl+C 组合键复制图形，按 Ctrl+F 组合键原位粘贴图形。

（2）在按住 Alt+Shift 组合键的同时，拖曳控制手柄等比例放大图像，设置图形填充色为无，设置图形描边色的 C、M、Y、K 值分别为 0、0、0、10，填充描边，效果如图 16-83 所示。用相同的方法继续复制并放大图形，设置图形描边色的 C、M、Y、K 值分别为 0、0、0、20，填充描边，效果如图 16-84 所示。

图 16-82

图 16-83

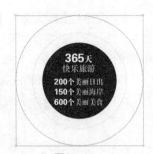
图 16-84

（3）按 Ctrl+O 组合键，打开光盘中的"Ch16> 素材 > 制作旅行书籍封面 >03"文件，选择"选择"工具 ，选取需要的图形，复制并将其粘贴到正在编辑的页面中，效果如图 16-85 所示。选择"文字"工具 ，在页面中输入需要的文字，选择"选择"工具 ，在属性栏中选择合适的字体并设置文字大小，效果如图 16-86 所示。

图 16-85

图 16-86

（4）选择"选择"工具 ，选取封面上的文字，在按住 Alt 键的同时，将其拖曳到适当的位置，复制文字。分别选取需要的文字，选择"文字 > 文字方向 > 垂直"命令，垂直排列文字，并调整其位置和大小，效果如图 16-87 所示。

（5）选择"矩形"工具 ，在适当的位置绘制一个矩形，填充图形为黑色，并设置描边色为无，效果如图 16-88 所示。旅行书籍封面制作完成，效果如图 16-89 所示。

图 16-87   图 16-88   图 16-89

课堂练习 1——制作民间皮影书籍封面

练习知识要点

使用直排文字工具、字符面板和直线段工具制作介绍文字，使用置入命令添加皮影图片，使用矩形工具、直排文字工具和创建剪切蒙版命令制作书脊，最终效果如图 16-90 所示。

效果所在位置

光盘/Ch16/效果/制作民间皮影书籍封面.ai。

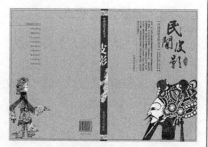

图 16-90

课堂练习 2——制作旅游口语书籍封面

练习知识要点

使用文字工具、字符面板、直线段工具、圆角矩形工具和直排文字工具制作书名和介绍文字，使用矩形工具、复制粘贴命令和创建剪切蒙版命令制作风景图片，使用椭圆工具和文字工具制作封底路径文字，最终效果如图 16-91 所示。

效果所在位置

光盘/Ch16/效果/制作旅游口语书籍封面.ai。

图 16-91

课后习题 1——制作心理学书籍封面

习题知识要点

使用置入命令和图片制作背景，使用矩形工具和路径查找器面板制作书名底图，使用文字工具、字符面板、创建轮廓命令和钢笔工具制作书名和介绍性文字，最终效果如图 16-92 所示。

效果所在位置

光盘/Ch16/效果/制作心理学书籍封面.ai。

图 16-92

课后习题 2——制作儿童教育书籍封面

习题知识要点

使用文字工具、矩形工具、椭圆工具、钢笔工具和字符面板制作书名，使用创建轮廓命令和编组命令制作书名编组，使用文本绕排命令创建书名的绕排效果，使用透明度面板制作封底文字，最终效果如图 16-93 所示。

效果所在位置

光盘/Ch16/效果/制作儿童教育书籍封面.ai。

图 16-93

第 17 章　包装设计

包装代表着一个商品的品牌形象。好的包装设计可以让商品在同类产品中脱颖而出，吸引消费者的注意力并引发其购买行为。包装设计可以起到美化商品及传达商品信息的作用，更可以极大地提高商品的价值。本章以多个类别的包装为例，讲解包装的设计方法和制作技巧。

课堂学习目标	／ 了解包装的概念
	／ 了解包装的功能和分类
	／ 掌握包装的设计思路和过程
	／ 掌握包装的制作方法和技巧

17.1　包装设计概述

包装最主要的功能是保护商品，其次是美化商品和传达信息。好的包装设计除了遵循设计中的基本原则外，还要着重研究消费者的心理活动，才能在同类商品中脱颖而出，如图 17-1 所示。

图 17-1

按包装在流通中的作用分类，可分为运输包装和销售包装。

按包装材料分类，可分为纸板、木材、金属、塑料、玻璃和陶瓷、纤维织品、复合材料等包装。

按销售市场分类，可分为内销商品包装和出口商品包装。

按商品种类分类，可分成建材商品包装、农牧水产品商品包装、食品和饮料商品包装、轻工日用品商品包装、纺织品和服装商品包装、化工商品包装、医药商品包装、机电商品包装、电子商品包装、兵器包装等。

17.2　制作麻辣香锅包装

17.2.1　案例分析

本例是为某食品公司设计制作的麻辣香锅包装。主要针对的客户是喜欢吃辣、喜欢美食，喜欢速食主义的人们。要求能展示出食物的主要特点，使消费者产生购买的欲望。

在设计制作过程中，首先通过上方的红色背景展示出食物辣的特点，同时表现出蓄势待发的能量感，并与下方沉稳的土黄色形成对比。破形的宣传语设计易使人们联想到传统的八卦图案，巧妙地吸引人们的视线，达到宣传的目的。实物图片与介绍文字的完美结合，使人们对产品的印象更加深刻，易使人产生购买欲望。

本案例将使用矩形工具绘制背景色块，使用置入命令、矩形工具和创建剪贴蒙版命令制作产品图片，使用内发光命令制作圆形的内发光效果，使用椭圆工具和路径查找器面板添加高光图形，使用圆角矩形工具和文字工具制作介绍文字，使用复制粘贴命令和透明度面板制作包装袋效果。

17.2.2　案例设计

本案例设计流程如图 17-2 所示。

制作背景效果　　　　　添加食物图片　　　　　添加宣传语　　　　　最终效果

图 17-2

17.2.3　案例制作

（1）按 Ctrl+N 组合键新建一个文档，宽度为 130mm，高度为 180mm，取向为竖向，颜色模式为 CMYK，单击"确定"按钮。选择"矩形"工具，绘制一个矩形，设置图形填充色的 C、M、Y、K 值分别为 35、100、100、0，填充图形，并设置描边色为无，效果如图 17-3 所示。在下方再绘制一个矩形，设置图形填充色的 C、M、Y、K 值分别为 10、20、45、0，填充图形，并设置描边色为无，效果如图 17-4 所示。

　　　　图 17-3　　　　　　　　　　**图 17-4**

（2）按 Ctrl+O 组合键，打开光盘中的"Ch17 > 素材 > 制作麻辣香锅包装 > 01"文件，按 Ctrl+A

组合键全选图形，复制并将其粘贴到正在编辑的页面中，效果如图 17-5 所示。

（3）选择"文件 > 置入"命令，弹出"置入"对话框，选择光盘中的"Ch17 > 素材 > 制作麻辣香锅包装> 02"文件，单击"置入"按钮，置入文件。单击属性栏中的"嵌入"按钮，嵌入图片，并调整其大小和位置，效果如图 17-6 所示。

（4）选择"矩形"工具 ▣，绘制一个与页面大小相等的矩形，如图 17-7 所示。选择"选择"工具 ▶，将矩形和图片同时选取，按 Ctrl+7 组合键创建剪贴蒙版，效果如图 17-8 所示。

图 17-5

图 17-6

图 17-7

图 17-8

（5）选择"椭圆"工具 ●，按住 Shift 键的同时，在适当的位置绘制圆形，填充为黑色，并设置描边色为无，效果如图 17-9 所示。选择"效果 > 风格化 > 内发光"命令，在弹出的对话框中进行设置，如图 17-10 所示，单击"确定"按钮，效果如图 17-11 所示。

图 17-9

图 17-10

图 17-11

（6）选择"椭圆"工具 ●，按住 Shift 键的同时，在适当的位置绘制圆形，填充为黑色，并设置描边色为无，效果如图 17-12 所示。用相同的方法再绘制一个圆形，并填充为白色，去除描边色，效果如图 17-13 所示。

图 17-12

图 17-13

（7）选择"选择"工具 ▶，将两个圆形同时选取。选择"窗口 > 路径查找器"命令，在弹出的面板中单击需要的按钮，如图 17-14 所示，效果如图 17-15 所示。保持图形的选取状态，填充为白色，效果如图 17-16 所示。

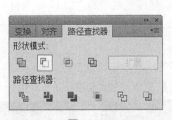
图 17-14

图 17-15

图 17-16

（8）选择"效果 > 风格化 > 羽化"命令，在弹出的对话框中进行设置，如图 17-17 所示，单击"确定"按钮，效果如图 17-18 所示。用相同的方法制作下方的图形，效果如图 17-19 所示。

图 17-17

图 17-18

图 17-19

（9）选择"椭圆"工具 ，按住 Shift 键的同时，在适当的位置绘制圆形，填充为白色，并设置描边色为无，效果如图 17-20 所示。选择"钢笔"工具 ，在适当的位置绘制图形，填充图形为黑色，并设置描边色为无，效果如图 17-21 所示。

（10）选择"选择"工具 ，将两个图形同时选取。在"路径查找器"面板中单击需要的按钮，如图 17-22 所示，效果如图 17-23 所示。

图 17-20

图 17-21

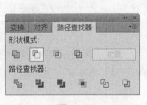
图 17-22

图 17-23

（11）双击"渐变"工具 ，弹出"渐变"控制面板，在色带上设置 2 个渐变滑块，分别将渐变滑块的位置设为 0、100，并设置 C、M、Y、K 的值分别为 0（0、28、68、0）、100（0、0、0、0），其他选项的设置如图 17-24 所示，图形被填充为渐变色，效果如图 17-25 所示。

（12）按 Ctrl+O 组合键，打开光盘中的"Ch17 > 素材 > 制作麻辣香锅包装 > 03"文件，按 Ctrl+A 组合键全选图形，复制并将其粘贴到正在编辑的页面中，效果如图 17-26 所示。用相同的方法复制并粘贴 04 素材文件到适当的位置，效果如图 17-27 所示。

图 17-24

图 17-25

图 17-26

图 17-27

（13）选择"圆角矩形"工具 ，在适当的位置单击，在弹出的对话框中进行设置，如图 17-28 所示，单击"确定"按钮。填充为黑色，并设置描边色为无，效果如图 17-29 所示。选择"直排文字"工具 ，在适当的位置输入需要的文字，选择"选择"工具 ，在属性栏中选择合适的字体和文字大小，填充文字为白色，效果如图 17-30 所示。

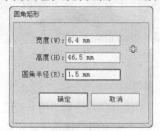

图 17-28

图 17-29

图 17-30

（14）按 Ctrl+O 组合键，打开光盘中的"Ch17 > 素材 > 制作麻辣香锅包装 > 05"文件，按 Ctrl+A 组合键全选图形，复制并将其粘贴到正在编辑的页面中，效果如图 17-31 所示。选择"窗口 > 透明度"命令，在弹出的面板中进行设置，如图 17-32 所示，效果如图 17-33 所示。选择"选择"工具 ，选取需要的图形，连续按 Ctrl+] 组合键，前移图形，效果如图 17-34 所示。

图 17-31

图 17-32

图 17-33

图 17-34

（15）按 Ctrl+O 组合键，打开光盘中的"Ch17 > 素材 > 制作麻辣香锅包装 > 06"文件，按 Ctrl+A 组合键全选图形，复制并将其粘贴到正在编辑的页面中，效果如图 17-35 所示。选择"文字"工具 ，在适当的位置输入需要的文字，填充文字为白色。选择"窗口 > 文字 > 字符"命令，在弹出的"字符"面板中进行设置，如图 17-36 所示，按 Enter 键确认操作，效果如图 17-37 所示。

（16）用上述方法分别输入需要的白色文字，效果如图 17-38 所示。选择"选择"工具 ，将需要的文字同时选取，拖曳右上角的控制手柄旋转文字到适当的角度，效果如图 17-39 所示。

图 17-35

图 17-36

图 17-37

图 17-38

图 17-39

（17）选择"文字"工具 T，在适当的位置输入需要的文字，选择"选择"工具 ，在属性栏中选择合适的字体和文字大小，效果如图 17-40 所示。按 Ctrl+O 组合键，打开光盘中的"Ch17 > 素材 > 制作麻辣香锅包装 > 07"文件，按 Ctrl+A 组合键全选图形，复制并将其粘贴到正在编辑的页面中，效果如图 17-41 所示。

（18）保持图形的选取状态。在"透明度"面板中进行设置，如图 17-42 所示，效果如图 17-43 所示。麻辣香锅包装制作完成。

图 17-40

图 17-41

图 17-42

图 17-43

17.3 制作红枣酪包装

17.3.1 案例分析

本案例是为乳品公司设计制作的红枣酪包装盒效果图。这款乳品包装的设计要求造型简洁，着重宣传产品的口感及质量，整体设计要体现出品质与精致感。

在设计制作中，使用白色与深紫红作为包装设计的主体，在突出产品质量的同时，给人沉稳大气的印象，点缀亮丽的玫红色，吸引人们的视线，达到宣传的目的。运用倾倒的牛奶图形作为主体，使画面具有空间感及设计感，形成动静结合的画面。文字的设计简洁清晰，让人一目了然，宣传性强。整体包装简洁大气，充分体现出产品的特色与品质。

本案例将使用矩形工具和钢笔工具绘制包装背景图，使用文字工具、创建轮廓命令和钢笔工具添加包装名称，使用椭圆工具、文字工具和字符面板添加介绍文字，使用椭圆工具、渐变工具、矩形工具和混合工具绘制包装盖，使用圆角矩形工具和钢笔工具绘制盒顶和侧面。

17.3.2　案例设计

本案例设计流程如图 17-44 所示。

| 制作包装正面 | 制作盒盖 | 制作立体效果 | 最终效果 |

图 17-44

17.3.3　案例制作

1．制作包装主体

（1）按 Ctrl+N 组合键新建一个文档，宽度为 210mm，高度为 297mm，取向为竖向，颜色模式为 CMYK，单击"确定"按钮。选择"矩形"工具，绘制一个与页面大小相等的矩形，设置图形填充色的 C、M、Y、K 值分别为 0、0、0、30，填充图形，并设置描边色为无，效果如图 17-45 所示。再绘制一个矩形，填充图形为白色，并设置描边色为无，效果如图 17-46 所示。

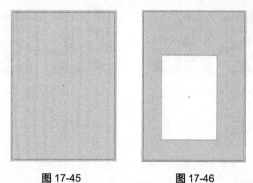

图 17-45　　　　　　　　　　图 17-46

（2）选择"钢笔"工具，在适当的位置绘制图形，设置图形填充色的 C、M、Y、K 值分别为 80、100、65、55，填充图形，并设置描边色为无，效果如图 17-47 所示。按 Ctrl+O 组合键，打开光盘中的"Ch17 > 素材 > 制作红枣酪包装 > 01"文件，选择"选择"工具 ，选取需要的图形，复制并将其粘贴到正在编辑的页面中，效果如图 17-48 所示。

图 17-47　　　　　　　　图 17-48

（3）选择"文字"工具 ，在页面中输入需要的文字，选择"选择"工具 ，在属性栏中选择合适的字体并设置文字大小，设置文字填充色的 C、M、Y、K 值分别为 77、100、65、54，填充文字，效果如图 17-49 所示。选择"文字 > 创建轮廓"命令，将文字转换为轮廓，效果如图 17-50所示。

图 17-49　　　　　　　　图 17-50

（4）选择"钢笔"工具 ，在适当的位置分别绘制需要的图形，设置图形填充色的 C、M、Y、K 值分别为 77、100、65、54，填充图形，并设置描边色为无，效果如图 17-51 所示。选择"选择"工具 ，将需要的图形同时选取，按 Ctrl+G 组合键将其编组，效果如图 17-52 所示。

图 17-51　　　　　　　　　　　　　　图 17-52

（5）选择"文字"工具 ，在适当的位置输入需要的文字。选择"窗口 > 文字 > 字符"命令，在弹出的"字符"面板中进行设置，如图 17-53 所示，按 Enter 键确认操作，效果如图 17-54所示。

（6）选择"文字"工具 ，选取需要的文字，在"字符"面板中进行设置，如图 17-55 所示，按 Enter 键确认操作，效果如图 17-56 所示。保持文字的选取状态，设置图形填充色的 C、M、Y、K 值分别为 13、94、22、0，填充文字，效果如图 17-57 所示。

图 17-53

图 17-54

图 17-55

图 17-56　　　　　　　　　图 17-57

（7）选择"椭圆"工具 ，按住 Shift 键的同时，在适当的位置绘制圆形，设置图形填充色的 C、M、Y、K 值分别为 35、60、80、25，填充图形，并设置描边色为无，效果如图 17-58 所示。选择"选择"工具，选取圆形，在按住 Alt+Shift 组合键的同时，拖曳图形到适当的位置，复制图形，效果如图 17-59 所示。连续按 Ctrl+D 组合键，再次复制多个图形，效果如图 17-60 所示。

图 17-58

图 17-59　　　　　　　　　图 17-60

（8）选择"文字"工具，在适当的位置输入需要的文字，填充文字为白色。在"字符"面板中进行设置，如图 17-61 所示，按 Enter 键确认操作，效果如图 17-62 所示。

图 17-61

图 17-62

283

（9）选择"椭圆"工具 ，按住 Shift 键的同时，在适当的位置绘制圆形，设置图形描边色的 C、M、Y、K 值分别为 0、35、85、0，填充描边，效果如图 17-63 所示。选择"窗口 > 描边"命令，在弹出的面板中进行设置，如图 17-64 所示，按 Enter 键确认操作，效果如图 17-65 所示。

图 17-63

图 17-64

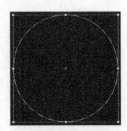
图 17-65

（10）选择"椭圆"工具 ，按住 Alt+Shift 组合键的同时，以圆形的中心为圆心绘制圆形，设置图形描边色的 C、M、Y、K 值分别为 0、35、85、0，填充描边，效果如图 17-66 所示。选择"钢笔"工具 ，在适当的位置绘制曲线，填充描边色白色，效果如图 17-67 所示。

（11）选择"文字"工具 T ，在曲线上单击插入光标，输入需要的文字，并将文字选取，在属性栏中选择合适的字体和文字大小，设置文字填充色的 C、M、Y、K 值分别为 0、50、100、0，填充文字，效果如图 17-68 所示。

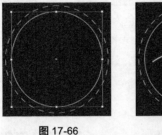
图 17-66

图 17-67

图 17-68

（12）选择"文字"工具 T ，在页面中输入需要的文字，选择"选择"工具 ，在属性栏中选择合适的字体并设置文字大小，设置文字填充色的 C、M、Y、K 值分别为 0、0、100、0，填充文字，效果如图 17-69 所示。

（13）选择"星形"工具 ，在适当的位置拖曳鼠标绘制星形，设置图形填充色的 C、M、Y、K 值分别为 0、50、100、0，填充图形，并设置描边色为无，效果如图 17-70 所示。用相同的方法绘制其他星形，并填充相同的颜色，效果如图 17-71 所示。

图 17-69

图 17-70

图 17-71

（14）选择"圆角矩形"工具 ，在页面中需要的位置单击，弹出"圆角矩形"对话框，设置如图 17-72 所示，单击"确定"按钮。设置图形填充色的 C、M、Y、K 值分别为 25、40、65、0，填充图形，并设置描边色为无，效果如图 17-73 所示。

图 17-72　　　　　　　　　　　　　　　图 17-73

（15）选择"文字"工具 T，在页面中输入需要的文字，选择"选择"工具 ，在属性栏中选择合适的字体并设置文字大小，填充文字为白色，效果如图 17-74 所示。选择"文字"工具 T，在页面中再次输入需要的文字，选择"选择"工具 ，在属性栏中选择合适的字体并设置文字大小，设置文字填充色的 C、M、Y、K 值分别为 25、40、65、0，填充文字，效果如图 17-75 所示。

图 17-74　　　　　　　　　　　　　　　图 17-75

（16）选择"钢笔"工具 ，在适当的位置绘制图形，设置图形填充色的 C、M、Y、K 值分别为 0、95、20、0，填充图形，并设置描边色为无，效果如图 17-76 所示。用相同的方法再次绘制图形并填充相同的颜色，效果如图 17-77 所示。

（17）选择"文字"工具 T，在标志右侧输入需要的文字，选择"选择"工具 ，在属性栏中选择合适的字体并设置文字大小，设置文字填充色的 C、M、Y、K 值分别为 0、95、20、0，填充文字，效果如图 17-78 所示。将标志和文字同时选取，拖曳到适当的位置，效果如图 17-79 所示。

图 17-76　　　图 17-77　　　　　　图 17-78　　　　　　　　图 17-79

（18）选择"椭圆"工具 ，按住 Shift 键的同时，在适当的位置绘制圆形，效果如图 17-80 所示。选择"文字"工具 T，在圆形中输入需要的文字，选择"选择"工具 ，在属性栏中选择合适的字体并设置文字大小，效果如图 17-81 所示。

图 17-80　　　　　　　　　　　　　　　　图 17-81

2．制作盖、侧面和阴影

（1）选择"矩形"工具 ，绘制一个矩形，设置图形填充色的 C、M、Y、K 值分别为 0、0、0、10，填充图形，并设置描边色为无，效果如图 17-82 所示。选择"直接选择"工具 ，分别选取需要的锚点，并拖曳到适当的位置，效果如图 17-83 所示。

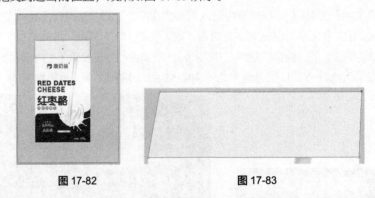

图 17-82　　　　　　　　　　　　　　　　图 17-83

（2）选择"选择"工具 ，选取图形，连续按 Ctrl+[组合键，将图形后移，效果如图 17-84 所示。选择"矩形"工具 ，绘制一个矩形，如图 17-85 所示。选择"椭圆"工具 ，在适当的位置绘制一个椭圆形，如图 17-86 所示。选择"选择"工具 ，将两个图形同时选取，如图 17-87 所示。

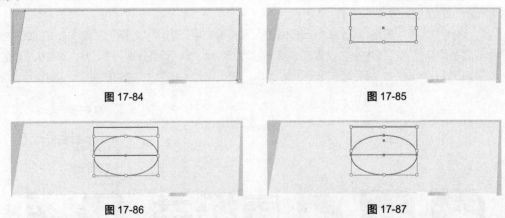

图 17-84　　　　　　　　　　　　　　　　图 17-85

图 17-86　　　　　　　　　　　　　　　　图 17-87

（3）选择"窗口 > 路径查找器"命令，在弹出的面板中单击需要的按钮，如图 17-88 所示，效果如图 17-89 所示。

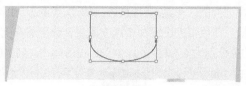

图 17-88   图 17-89

（4）保持图形的选取状态。设置图形填充色的 C、M、Y、K 值分别为 0、95、20、0，填充图形，并设置描边色为无，效果如图 17-90 所示。选择"矩形"工具 ▣ ，绘制一个矩形，设置图形填充色的 C、M、Y、K 值分别为 50、100、0、0，填充图形，并设置描边色为无，效果如图 17-94 所示。选择"选择"工具 ▶ ，将矩形选取，按住 Alt 键的同时，向右拖曳图形到适当的位置，复制图形，效果如图 17-92 所示。

图 17-90   图 17-91   图 17-92

（5）保持图形的选取状态。设置图形填充色的 C、M、Y、K 值分别为 0、95、20、0，填充图形，并设置描边色为无，效果如图 17-93 所示。双击"混合"工具 ▧ ，在弹出的"混合选项"对话框中进行设置，如图 17-94 所示，单击"确定"按钮，分别在两个图形上单击鼠标，图形混合后的效果如图 17-95 所示。

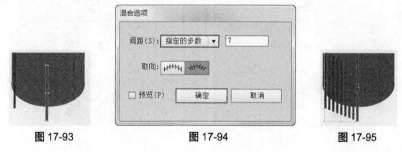

图 17-93   图 17-94   图 17-95

（6）选择"选择"工具 ▶ ，将混合图形选取，按住 Alt 键的同时，向右拖曳图形到适当的位置，复制图形，效果如图 17-96 所示。选择"镜像"工具 ▨ ，在按住 Shift 键的同时，拖曳鼠标镜像图形，效果如图 17-97 所示。

（7）选择"选择"工具 ▶ ，选取需要的图形，按 Ctrl+C 组合键复制图形，按 Ctrl+F 组合键原位粘贴图形。连续按 Ctrl+] 组合键，前移图形，效果如图 17-98 所示。将图形和混合图形同时选取，按 Ctrl+7 组合键创建剪贴蒙版，效果如图 17-99 所示。

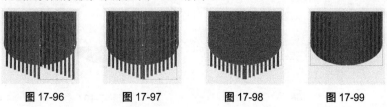

图 17-96   图 17-97   图 17-98   图 17-99

（8）选择"椭圆"工具 ，在适当的位置绘制一个椭圆形。双击"渐变"工具 ，弹出"渐变"控制面板，在色带上设置 3 个渐变滑块，分别将渐变滑块的位置设为 0、55、100，并设置 C、M、Y、K 的值分别为 0（0、100、0、0）、55（0、55、0、0）、100（0、100、0、0），其他选项的设置如图 17-100 所示，图形被填充为渐变色，并设置描边色为无，效果如图 17-101 所示。

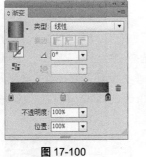

图 17-100　　　　　　　　　　图 17-101

（9）选择"椭圆"工具 ，在适当的位置绘制一个椭圆形，填充为白色，并设置描边色为无。选择"选择"工具 ，拖曳右上角的控制手柄旋转到适当的角度，效果如图 17-102 所示。选择"窗口 > 透明度"命令，在弹出的面板中进行设置，如图 17-103 所示，效果如图 17-104 所示。连续按 Ctrl+ [组合键，后移图形，效果如图 17-105 所示。

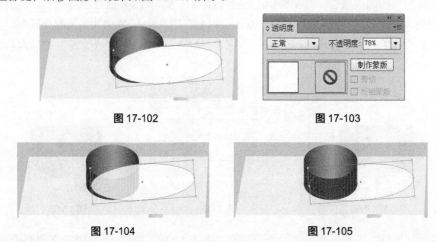

图 17-102　　　　　　　　　　图 17-103

图 17-104　　　　　　　　　　图 17-105

（10）选择"圆角矩形"工具 ，在页面中需要的位置单击，弹出"圆角矩形"对话框，设置如图 17-106 所示，单击"确定"按钮。填充图形为白色，并设置描边色为无，效果如图 17-107 所示。

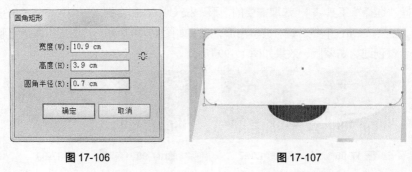

图 17-106　　　　　　　　　　图 17-107

（11）选择"选择"工具　，选取图形，连续按 Ctrl+ [组合键，后移图形，效果如图 17-108 所示。选择"圆角矩形"工具　，在适当的位置绘制图形，设置图形填充色的 C、M、Y、K 值分别为 0、0、0、30，填充图形，并设置描边色为无，效果如图 17-109 所示。

图 17-108　　　　　　　　　　　　　　　图 17-109

（12）选择"钢笔"工具　，在适当的位置绘制图形，设置图形填充色的 C、M、Y、K 值分别为 0、0、0、50，填充图形，并设置描边色为无，效果如图 17-110 所示。用相同的方法再绘制一个图形，设置图形填充色的 C、M、Y、K 值分别为 13、94、22、0，填充图形，并设置描边色为无，效果如图 17-111 所示。

（13）选择"椭圆"工具　，在适当的位置绘制椭圆形，设置图形填充色的 C、M、Y、K 值分别为 0、0、0、50，填充图形，并设置描边色为无，效果如图 17-112 所示。选择"选择"工具　，选取椭圆形，连续按 Ctrl+ [组合键，后移图形，效果如图 17-113 所示。红枣酪包装绘制完成。

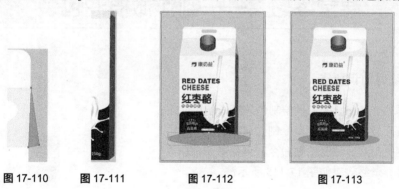

图 17-110　　　图 17-111　　　　　　图 17-112　　　　　　　图 17-113

课堂练习 1——制作茶叶包装盒

练习知识要点

使用置入命令、矩形工具和创建剪切蒙版命令制作包装主体，使用矩形工具和倾斜工具制作包装侧面，最终效果如图 17-114 所示。

效果所在位置

光盘/Ch17/效果/制作茶叶包装盒.ai。

图 17-114

课堂练习 2——制作橄榄油包装

练习知识要点

使用钢笔工具和渐变工具绘制包装瓶，使用文字工具、字符面板和创建轮廓命令制作包装名称和宣传语，使用钢笔工具、复制粘贴命令和创建剪切蒙版命令制作标签，最终效果如图 17-115 所示。

效果所在位置

光盘/Ch17/效果/制作橄榄油包装.ai。

图 17-115

课后习题 1——制作耳机包装

习题知识要点

使用直线段工具和描边工具绘制包装盒分割线，使用置入命令置入产品图片，使用文字工具、倾斜工具、字符面板、创建轮廓命令和渐变工具制作包装名称和介绍性文字，最终效果如图 17-116 所示。

效果所在位置

光盘/Ch17/效果/制作耳机包装.ai。

图 17-116

课后习题 2——制作口香糖包装

习题知识要点

使用圆角矩形工具和颗粒风格化效果制作底图，使用圆角矩形工具、矩形工具、路径查找器面板和投影命令绘制牙齿，使用钢笔工具和高斯模糊效果命令绘制嘴唇和胡子，使用文字工具、字符面板和旋转工具添加介绍文字，最终效果如图 17-117 所示。

效果所在位置

光盘/Ch17/效果/制作口香糖包装.ai。

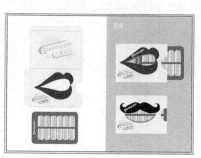

图 17-117

第 18 章 VI 设计

VI 是企业形象设计的整合，它通过具体的符号将企业理念、文化特质、企业规范等抽象概念充分进行表达，以标准化、系统化的方式，塑造企业形象和传播企业文化。本章以龙祥科技发展有限公司的 VI 设计为例，讲解基础系统和应用系统中各个项目的设计方法和制作技巧。

课堂学习目标	/ 了解VI设计的概念
	/ 掌握 VI 设计的内容
	/ 掌握整套 VI 的设计思路和过程
	/ 掌握整套 VI 的制作方法和技巧

18.1 VI 设计概述

在品牌营销的今天，VI（视觉识别系统）设计对现代企业非常重要。没有 VI 设计，就意味着企业的形象将淹没于商海之中，让人辨别不清；就意味着企业是一个缺少灵魂的赚钱机器；就意味着企业的产品与服务毫无个性，消费者对企业毫无眷恋；就意味着企业团队的涣散和士气的低落。VI 设计如图 18-1 所示。

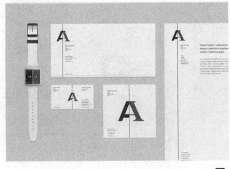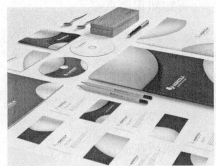

图 18-1

VI 设计一般包括基础和应用两大部分。

基本部分包括标志、标准字、标准色、标志和标准字的组合。

应用部分包括办公用品（信封、信纸、名片、请柬、文件夹等）、企业外部建筑环境（公共标识牌、路标指示牌等）、企业内部建筑环境（各部门标识牌、广告牌等）、交通工具（大巴士、货车等）、服装服饰（管理人员制服、员工制服、文化衫、工作帽、胸卡等）等。

18.2　制作标志

18.2.1　案例分析

本案例是为建景国际流通有限公司设计制作的标志。建景国际流通有限公司是一家专门的房地产流通公司，因此在标志设计上要体现出企业的经营内容、企业文化和发展方向；在设计语言和手法上要以单纯、简洁、易识别的物象、图形和文字符号进行表达。

在设计制作中，通过对英文字母"e"的变形处理，展示企业的高科技和国际化。将两个变形后的字母结合，形成一个完整的形状，体现出严谨、认真的工作态度和圆融、干练的经营理念。中间的距离有流通之感，与公司主营项目相呼应。整个标志设计简洁明快，主题清晰明确。

本案例将使用钢笔工具和渐变工具绘制图形，使用复制粘贴命令、矩形工具和路径查找器面板制作剪切图形，使用椭圆工具和渐变工具制作投影，使用文字工具、创建轮廓命令、矩形工具和直接选择工具制作标志文字。

18.2.2　案例设计

本案例设计流程如图 18-2 所示。

绘制标志形状　　　　　　　　　　添加阴影效果

制作标志图形　　　　　　　　　　制作标志文字

图 18-2

18.2.3　案例制作

（1）按 Ctrl+N 组合键新建一个文档，宽度为 297mm，高度为 210mm，取向为横向，颜色模式为 CMYK，单击"确定"按钮。选择"钢笔"工具，在适当的位置绘制图形，如图 18-3 所示。双击"渐变"工具，弹出"渐变"控制面板，在色带上设置 2 个渐变滑块，分别将渐变滑块的位置设为 15、100，并设置 C、M、Y、K 的值分别为 15（0、0、0、0）、100（73、66、63、20），其他选项的设置如图 18-4 所示，图形被填充为渐变色，并设置描边色为无，效果如图 18-5 所示。选择"渐变"工具，拖曳渐变控制点到适当的位置，效果如图 18-6 所示。

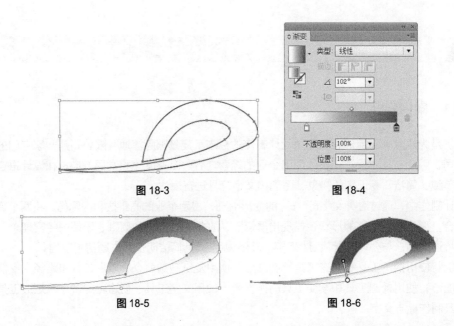

图 18-3   图 18-4

图 18-5   图 18-6

（2）选择"选择"工具 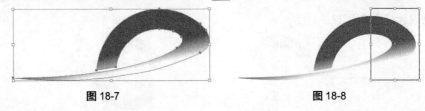，选取需要的图形，按 Ctrl+C 组合键复制图形，按 Ctrl+F 组合键原位粘贴图形，如图 18-7 所示。选择"矩形"工具 ▣，绘制一个矩形，如图 18-8 所示。

图 18-7   图 18-8

（3）选择"选择"工具，将复制的图形和矩形同时选取，如图 18-9 所示。选择"窗口 > 路径查找器"命令，在弹出的面板中进行设置，如图 18-10 所示，剪切后的效果如图 18-11 所示。按 Ctrl+Shift+G 组合键取消编组。选取不需要的图形，如图 18-12 所示，按 Delete 键删除图形。

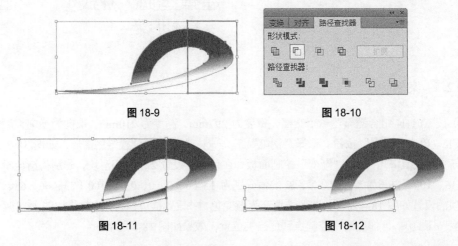

图 18-9   图 18-10

图 18-11   图 18-12

（4）选择"选择"工具，选取需要的图形，如图 18-13 所示。设置图形填充色的 C、M、Y、

K 值分别为 73、66、63、20，填充图形，效果如图 18-14 所示。

图 18-13　　　　　　　　　　　图 18-14

（5）选择"选择"工具 ，选取需要的图形，按 Ctrl+C 组合键复制图形，按 Ctrl+F 组合键原位粘贴图形。将复制的图形旋转到适当的角度，并拖曳到适当的位置，效果如图 18-15 所示。在"渐变"控制面板中，将色带上的 2 个渐变滑块的位置分别设为 0、100，并设置 C、M、Y、K 的值分别为 0（80、60、100、45）、100（50、10、100、0），其他选项的设置如图 18-16 所示，图形被填充为渐变色，效果如图 18-17 所示。选择"渐变"工具 ，拖曳渐变控制点到适当的位置，效果如图 18-18 所示。

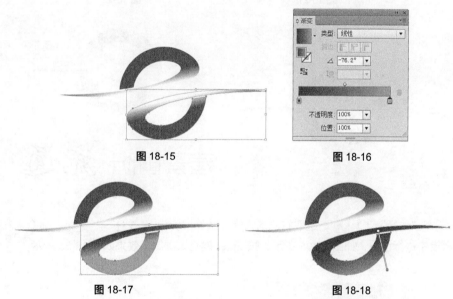

图 18-15　　　　　　　　　　　图 18-16

图 18-17　　　　　　　　　　　图 18-18

（6）选择"钢笔"工具 ，在适当的位置绘制图形，如图 18-19 所示。设置图形填充色的 C、M、Y、K 值分为 50、10、100、0，填充图形，并设置描边色为无，效果如图 18-20 所示。

图 18-19　　　　　　　　　　　图 18-20

（7）选择"椭圆"工具 ，在适当的位置绘制一个椭圆形，如图 18-21 所示。双击"渐变"工具 ，弹出"渐变"控制面板，在色带上设置 2 个渐变滑块，分别将渐变滑块的位置设为 0、100，并设置 C、M、Y、K 的值分别为 0（0、0、0、42）、100（0、0、0、0），将右侧渐变滑块的"不透明度"选项设为 4%，其他选项的设置如图 18-22 所示，图形被填充为渐变色，并设置描边色为无，效果如图 18-23 所示。

（8）选择"文字"工具 T ，在页面中分别输入需要的文字，选择"选择"工具 ↖ ，在属性栏中分别选择合适的字体并设置文字大小，效果如图 18-24 所示。

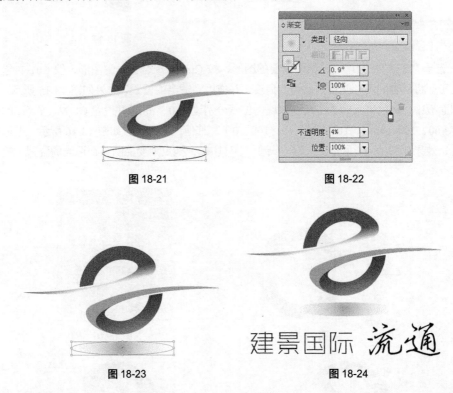

图 18-21   图 18-22

图 18-23   图 18-24

（9）选择"选择"工具 ↖ ，选取右侧的文字。选择"窗口 > 文字 > 字符"命令，在弹出的"字符"面板中进行设置，如图 18-25 所示，按 Enter 键确认操作，效果如图 18-26 所示。

图 18-25   图 18-26

（10）选择"选择"工具 ↖ ，选取左侧的文字。选择"文字 > 创建轮廓"命令，将文字转换为轮廓，效果如图 18-27 所示。选择"椭圆"工具 ◯ ，按住 Shift 键的同时，在适当的位置绘制圆形，填充为黑色，并设置描边色为无，效果如图 18-28 所示。

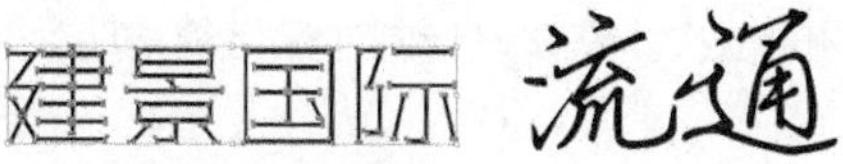

图 18-27 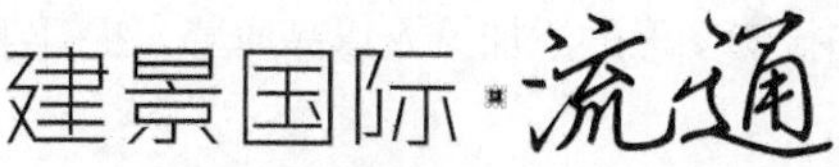　　　　　　　　　图 18-28

（11）选择"直接选择"工具 ，圈选需要的锚点，如图 18-29 所示。按 Delete 键删除选取的锚点，如图 18-30 所示。选择"矩形"工具 ，绘制一个矩形，设置图形填充色的 C、M、Y、K 值分别为 50、10、100、0，填充图形，并设置描边色为无，效果如图 18-31 所示。选择"直接选择"工具 ，选取需要的锚点，并拖曳到适当的位置，效果如图 18-32 所示。

图 18-29　　　　　　图 18-30　　　　　　图 18-31　　　　　　图 18-32

（12）选择"直接选择"工具 ，圈选需要的锚点，并拖曳到适当的位置，效果如图 18-33 所示。选择"钢笔"工具 ，分别在适当的位置绘制图形，填充为黑色，并设置描边色为无，效果如图 18-34 所示。标志图形制作完成，效果如图 18-35 所示。

建景　景国际

图 18-33　　　　　　　　　　　　　　图 18-34

图 18-35

18.3　制作模板

18.3.1　案例分析

制作模板是 VI 设计基础部分中的一项内容。设计要求制作一个模板，要具有实用性，能将 VI 设计的基础部分和应用部分快速地分类总结。

在设计制作过程中，使用深蓝色的背景给人稳重的印象，增加人们对公司的信任感。渐变图形的应用和投影图形的添加给人以品质感，提升了公司的档次。整体设计制作风格简洁明快，符合企业需求。

本案例将使用矩形工具、钢笔工具和转换锚点工具绘制模板背景，使用矩形工具、直接选择工具和渐变工具绘制渐变条，使用文本工具和直线段工具添加文字，使用复制粘贴命令和填充面板制作彩带，使用椭圆工具、渐变工具和后移命令制作投影。

18.3.2　案例设计

本案例设计流程如图 18-36 所示。

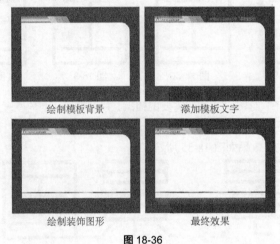

绘制模板背景　　　　　　　　　添加模板文字

绘制装饰图形　　　　　　　　　最终效果

图 18-36

18.3.3　案例制作

（1）按 Ctrl+N 组合键新建一个文档，宽度为 297mm，高度为 210mm，取向为横向，颜色模式为 CMYK，单击"确定"按钮。选择"矩形"工具，绘制一个与页面大小相等的矩形，设置图形填充色的 C、M、Y、K 值分别为 86、70、52、13，填充图形，并设置描边色为无，效果如图 18-37 所示。用相同的方法再绘制一个矩形，填充为白色，并设置描边色为无，效果如图 18-38 所示。

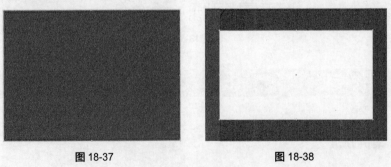

图 18-37　　　　　　　　　　　　　图 18-38

（2）选择"钢笔"工具，分别在适当的位置单击鼠标添加锚点，如图 18-39 所示。再单击右上角的锚点，删除锚点，如图 18-40 所示。选择"转换锚点"工具，分别拖曳需要的锚点到适当的位置，调整锚点，效果如图 18-41 所示。

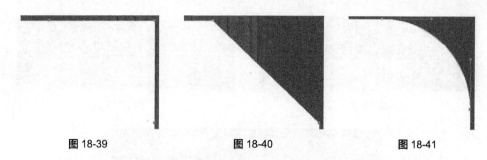

图 18-39　　　　　　　　　图 18-40　　　　　　　　　图 18-41

（3）选择"矩形"工具 ▣，绘制一个矩形，如图 18-42 所示。选择"直接选择"工具 ▸，选取需要的锚点，并拖曳到适当的位置，效果如图 18-43 所示。

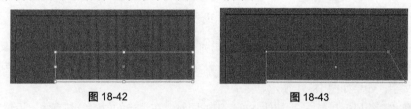

图 18-42　　　　　　　　　　　　　图 18-43

（4）双击"渐变"工具 ▣，弹出"渐变"控制面板，在色带上设置 3 个渐变滑块，分别将渐变滑块的位置设为 0、57、100，并设置 C、M、Y、K 的值分别为 0（100、0、0、0）、57（19、0、0、0）、100（100、0、0、0），其他选项的设置如图 18-44 所示，图形被填充为渐变色，并设置描边色为无，效果如图 18-45 所示。

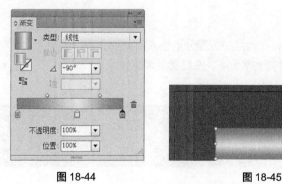

图 18-44　　　　　　　　　　图 18-45

（5）选择"选择"工具 ▸，选取图形，按 Ctrl+ [组合键，将图形后移，效果如图 18-46 所示。按住 Alt 键的同时，将其拖曳到适当的位置，复制图形，效果如图 18-47 所示。

图 18-46　　　　　　　　　　图 18-47

（6）保持图形的选取状态。设置图形填充色的 C、M、Y、K 值分别为 15、4、82、0，填充图形，效果如图 18-48 所示。按 Ctrl+ [组合键，将图形后移，效果如图 18-49 所示。用相同的方法制作其他图形，效果如图 18-50 所示。

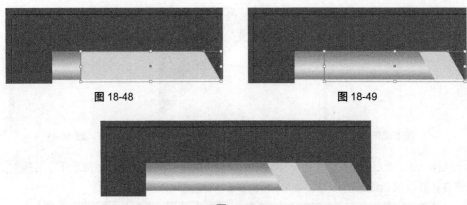

图 18-48   图 18-49

图 18-50

（7）选择"文字"工具 T，在适当的位置分别输入需要的文字，选择"选择"工具 ↖，在属性栏中分别选择合适的字体并设置文字大小，设置文字填充色的 C、M、Y、K 值分别为 100、100、0、0，填充文字，效果如图 18-51 所示。

（8）选择"直线段"工具 ∕，按住 Shift 键的同时，在适当的位置绘制直线，设置直线描边色的 C、M、Y、K 值分别为 100、100、0、0，填充直线，效果如图 18-52 所示。

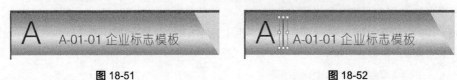

图 18-51   图 18-52

（9）选择"文字"工具 T，在适当的位置分别输入需要的文字，选择"选择"工具 ↖，在属性栏中分别选择合适的字体并设置文字大小，设置文字填充色的 C、M、Y、K 值分别为 62、30、21、0，填充文字，效果如图 18-53 所示。

图 18-53

（10）选择"选择"工具 ↖，选取右侧的文字。选择"窗口 > 文字 > 字符"命令，在弹出的"字符"面板中进行设置，如图 18-54 所示，按 Enter 键确认操作，效果如图 18-55 所示。

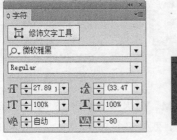

图 18-54   图 18-55

（11）选择"文字"工具 $\boxed{T}$，选取需要的文字，在"字符"面板中进行设置，如图 18-56 所示，按 Enter 键，确认操作，效果如图 18-57 所示。

图 18-56

图 18-57

（12）选择"直线段"工具 $\boxed{/}$，按住 Shift 键的同时，在适当的位置绘制直线，设置直线描边色的 C、M、Y、K 值分别为 62、30、21、0，填充直线，效果如图 18-58 所示。

图 18-58

（13）选择"矩形"工具 $\boxed{\blacksquare}$，绘制一个矩形，设置图形填充色的 C、M、Y、K 值分别为 0、50、100、0，填充图形，并设置描边色为无，效果如图 18-59 所示。选择"选择"工具 $\boxed{\blacktriangleright}$，按住 Alt 键的同时，拖曳图形到适当的位置，复制矩形。设置图形填充色的 C、M、Y、K 值分别为 0、80、95、0，填充图形，效果如图 18-60 所示。用相同的方法复制图形，并填充适当的颜色，效果如图 18-61 所示。

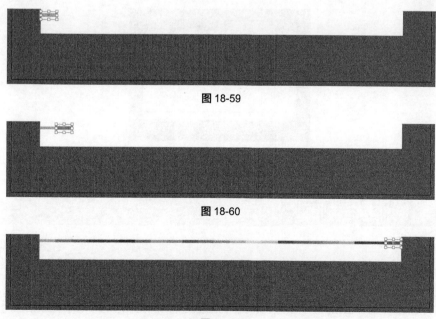

图 18-59

图 18-60

图 18-61

（14）选择"椭圆"工具 ◎，在适当的位置绘制一个椭圆形，如图 18-62 所示。双击"渐变"工具 ▣，弹出"渐变"控制面板，在色带上设置 2 个渐变滑块，分别将渐变滑块的位置设为 0、74，并设置 C、M、Y、K 的值分别为 0（100、46、0、49）、74（0、0、0、0），将右侧渐变滑块的"不透明度"选项设为 0，其他选项的设置如图 18-63 所示，图形被填充为渐变色，并设置描边色为无，效果如图 18-64 所示。

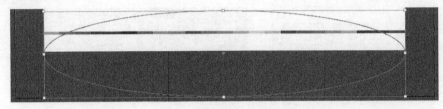

图 18-62

图 18-63

图 18-64

（15）选择"选择"工具 ▶，选取图形，连续按 Ctrl+ [组合键，将图形后移。模板制作完成，效果如图 18-65 所示。

图 18-65

18.4 制作标志制图

18.4.1 案例分析

标志制图是 VI 设计基础部分中的一项内容。通过设计的规范化和标准化，企业在应用标志时可更加规范，即使在不同环境下使用，也不会发生变化。

在设计制作过程中，通过网格规范标志，通过标注使标志的相关信息更加准确，在企业进行相关应用时要严格按照标志制图的规范操作。

本案例将使用复制粘贴命令添加模板和标志图形，使用矩形网格工具绘制网格，使用选择工具和填充面板制作黑白标志图形，使用矩形工具和椭圆形工具绘制标志边框。

18.4.2　案例设计

本案例设计流程如图 18-66 所示。

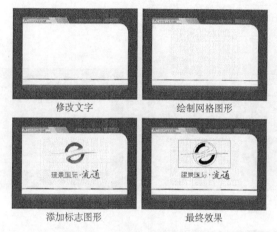

修改文字　　　　　　　　绘制网格图形

添加标志图形　　　　　　最终效果

图 18-66

18.4.3　案例制作

（1）按 Ctrl+N 组合键新建一个文档，宽度为 297mm，高度为 210mm，取向为横向，颜色模式为 CMYK，单击"确定"按钮。按 Ctrl+O 组合键，打开光盘中的"Ch18 > 效果 > 制作标志模板"文件，按 Ctrl+A 组合键全选图形，复制并将其粘贴到正在编辑的页面中，效果如图 18-67 所示。选择"文字"工具 T，分别选取需要的文字，并对其进行修改，效果如图 18-68 所示。

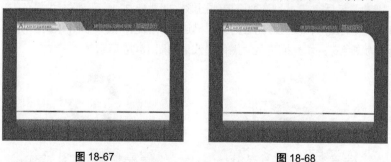

图 18-67　　　　　　　　　　　　　　　　**图** 18-68

（2）选择"矩形网格"工具，在适当的位置单击，在弹出的对话框中进行设置，如图 18-69 所示，单击"确定"按钮，矩形网格绘制完成。选择"选择"工具，将其拖曳到适当的位置，效果如图 18-70 所示。

（3）保持图形的选取状态，设置图形描边色的 C、M、Y、K 值分别为 0、0、0、40，填充描边，效果如图 18-71 所示。按 Ctrl+O 组合键，打开光盘中的 "Ch18 > 效果 > 制作标志" 文件，按 Ctrl+A 组合键全选图形，复制并将其分别粘贴到正在编辑的页面中，调整其大小和位置，效果如图 18-72 所示。

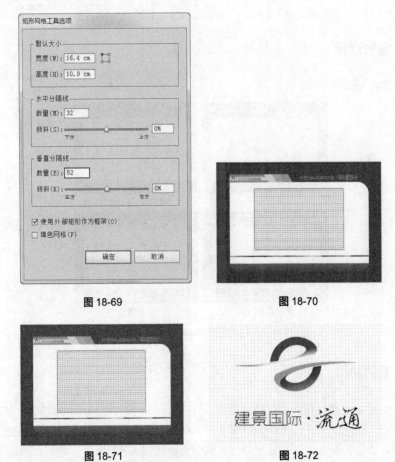

图 18-69   图 18-70

图 18-71   图 18-72

（4）选择 "选择" 工具 ，分别选取需要的图形，如图 18-73 所示，填充为黑色，效果如图 18-74 所示。再次选取需要的图形，设置填充色为无，描边色为黑色，效果如图 18-75 所示。再次选取需要的图形，填充为白色，并填充描边色为黑色，效果如图 18-76 所示。

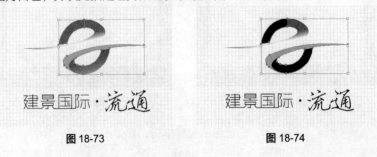

图 18-73   图 18-74

图 18-75　　　　　　　　　　　　图 18-76

（5）选择"椭圆"工具 ，按住 Shift 键的同时，在适当的位置绘制圆形，如图 18-77 所示。选择"矩形"工具 ，绘制一个矩形，如图 18-78 所示。

图 18-77　　　　　　　　　　　　图 18-78

（6）选择"选择"工具 ，选取需要的图形，填充为黑色，如图 18-79 所示。标志制图绘制完成，效果如图 18-80 所示。

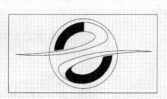

图 18-79

图 18-80

课堂练习 1——制作标志组合规范

练习知识要点

使用文本工具修改需要的文字，使用形状工具调整文字间距，使用直线段工具和描边面板绘制分割线，最终效果如图18-81 所示。

效果所在位置

光盘/Ch18/效果/制作标志组合规范.ai。

图 18-81

课堂练习 2——制作标准色

练习知识要点

使用文本工具修改需要的文字，使用文本工具和矩形工具添加标准色，最终效果如图 18-82 所示。

效果所在位置

光盘/Ch18/效果/制作标准色.ai。

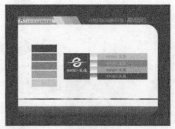

图 18-82

课后习题 1——制作名片

习题知识要点

使用文本工具修改需要的文字，使用矩形工具绘制名片底图，使用钢笔工具绘制分割线，使用文本工具和字符面板添加内容文字，最终效果如图 18-83 所示。

效果所在位置

光盘/Ch18/效果/制作名片.ai。

图 18-83

课后习题 2——制作信封

习题知识要点

使用复制、粘贴命令和创建剪切蒙版命令制作封口，使用直接选择工具对圆角矩形的节点进行编辑，使用"剪切"按钮断开图形的节点，使用描边面板对矩形应用轮廓，使用文本和字符面板添加公司信息，最终效果如图 18-84 所示。

效果所在位置

光盘/Ch18/效果/制作信封.ai。

图 18-84

课后习题 3——制作纸杯

习题知识要点

使用直接选择工具对图形的节点进行调整，使用复制、粘贴命令和创建剪切蒙版命令制作纸杯反面，使用文字工具和字符面板添加公司信息，最终效果如图 18-85 所示。

效果所在位置

光盘/Ch18/效果/制作纸杯.ai。

图 18-85

课后习题 4——制作档案袋

习题知识要点

使用矩形工具绘制档案袋底图，使用直线段工具和文字工具添加表格，使用椭圆工具和直线段工具绘制袋扣，使用复制、粘贴命令和创建剪切蒙版命令制作封口，最终效果如图 18-86 所示。

效果所在位置

光盘/Ch18/效果/制作档案袋.ai。

图 18-86